"十四五"职业教育国家规划教材

U0179573

综合布线技术

◎ 周华 主编

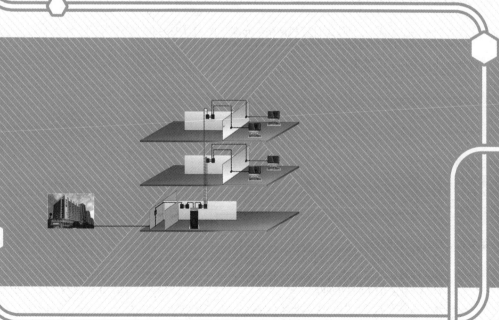

清华大学出版社
北京

内 容 简 介

本书基于真实工程业务场景，以培养工程设计、施工、验收和管理等岗位技能为目的，依据《综合布线系统工程设计规范》（GB 50311—2016）和《综合布线系统工程验收规范》（GB 50312—2016）等国家标准编写而成。本书内容按照典型工作任务和工程项目流程，突出项目设计和岗位技能训练，以项目为驱动带动知识点的学习，围绕"以训促战，以战促训，训战结合"方式进行核心技能教学设计，通过"以用促学、边用边学、以训促战、边战边训"来激发学生的学习兴趣。

本书提供了大量的设计图样，层次清晰、图文并茂、操作实用性强。本书可以作为高等职业院校、职教本科和应用型大学计算机网络技术、物联网技术等专业的教学用书，也可以作为综合布线行业、智能管理系统行业和安全技术防范行业技术人员的参考书。

本书配有电子教案、课件、动画和微课视频，读者可扫描书中的二维码观看或下载，也可登录清华大学出版社官方网站免费下载使用。

图书在版编目（CIP）数据

综合布线技术/周华主编. —北京：清华大学出版社，2021.1（2024.8重印）
ISBN 978-7-302-56089-0

Ⅰ.①综…　Ⅱ.①周…　Ⅲ.①计算机网络—布线　Ⅳ.①TP393.03

中国版本图书馆 CIP 数据核字（2020）第 136996 号

责任编辑：王剑乔
封面设计：刘　键
责任校对：袁　芳
责任印制：宋　林

出版发行：清华大学出版社
　　　　　网　　　址：https://www.tup.com.cn, https://www.wqbook.com
　　　　　地　　　址：北京清华大学学研大厦A座　　　　邮　　编：100084
　　　　　社 总 机：010-83470000　　　　　　　　　　邮　　购：010-62786544
　　　　　投稿与读者服务：010-62776969, c-service@tup.tsinghua.edu.cn
　　　　　质量反馈：010-62772015, zhiliang@tup.tsinghua.edu.cn
　　　　　课件下载：https://www.tup.com.cn, 010-83470410
印 装 者：北京嘉实印刷有限公司
经　　销：全国新华书店
开　　本：185mm×260mm　　　　印　张：20.25　　　　字　　数：428千字
版　　次：2021年1月第1版　　　　　　　　　　印　　次：2024年8月第6次印刷
定　　价：59.00元

产品编号：089325-02

前　　言

党的二十大报告指出，教育、科技、人才是全面建设社会主义现代化国家的基础性、战略性支撑。必须坚持科技是第一生产力、人才是第一资源、创新是第一动力，深入实施科教兴国战略、人才强国战略、创新驱动发展战略，开辟发展新领域新赛道，不断塑造发展新动能新优势。

因此，我们要深化高校企业联动改革，推进人才培养模式创新，进一步深化产教融合、校企合作、协同育人，促进人才培养与产业需求紧密衔接，有效支撑我国综合布线技术产业发展。通过校企深度合作实现产学合作、产教融合、科教协同，共同制定培养目标和培养方案、共同建设课程与开发教材、共建实验室、合作培养培训师资和合作开展研究等，鼓励行业企业参与到教育教学各个环节中，促进人才培养与产业需求紧密结合。要按照工程逻辑构建项目化课程，梳理课程知识点，开展学习成果导向的课程体系重构，建立工作能力和课程体系之间的对应关系，构建遵循工程逻辑和教育规律的课程体系。

"综合布线技术"是计算机网络技术、物联网技术等专业的一门核心课程，根据人才需求调研和分析，我国需要大量综合布线工程设计、施工和管理等高技术技能型人才。本书以工作任务为驱动，围绕"训战结合"方式进行设计。

本书为省级精品在线开放课程项目建设教材，按照《综合布线系统工程设计规范》（GB 50311—2016）、《综合布线系统工程验收规范》（GB 50312—2016）等国家标准和技术白皮书的指导意见，以贵州电子信息职业技术学院新校区等典型真实综合布线工程为载体，根据工作场景提炼的典型工作任务与工作流程，遵循先设计再施工后验收的主线，以工程技术为核心，从简单到复杂，从单一到综合，进行岗位职业分析与课程内容选取，加入新标准、新技术、新工艺等内容，重构课程体系，构建了"项目化、任务式"的教材结构，通过"以训促战，以战促训，训战结合"的方式进行核心技能教学设计，真正实现了教学内容对接工作任务，同时将行业标准和规范巧妙灵活地融入教材中，注重职业素养、工匠精神的培养，使教材更具有生命力，更凸显"职业性、实践性"，更有利于培养学生的实践能力、创新能力、工匠精神和职业素养。

本书涉及综合布线工程设计、施工和管理等主要领域，共分为 5 个项目。项目 1 为综合布线工程设计，主要介绍综合布线系统工程设计规范、综合布线系统的基本概念、综合布线系统的组成、各子系统的设计原则和设计步骤等知识。项目 2 为综合布线工程施工，主要介绍施工员岗前培训、管道和桥架工程施工、水平子系统和管理间子系统等各子系统工程施工和线缆测试。项目 3 为综合布线工程验收，主要介绍综合布线工程验收步骤、验收程序和组织、施工前准备检查、环境验收、器材检查、缆线的敷设与保护方式检查、设备安装检查等各项检查。项目 4 为综合布线工程管理与监理，主要介绍综合布线工程项目管理的概念和组织机构、综合布线工程项目管理基本规定和综合布线工程监理等内容。项目 5 为综合布线工程招投标，主要介绍综合布线工程招标和投标的概念、过程和文件编制等内容。

本书为新形态教材，书中共包含 100 多个精致微课视频，多个动画和 1 个学习闯关游戏，所有微课、动画和学习闯关游戏均以二维码分别镶嵌在书中对应位置，以帮助学生更好地学习本书内容。

本书整体架构为主体知识、理论链接、实践链接和注意事项。主体知识仅编写真实工程的完成过程和内容，相关知识用理论链接、实践链接和注意事项进行碎片式补充，主线分明，编排简洁。

本书由贵州电子信息职业技术学院周华担任主编，编写了项目 2~3，杭州电子科技大学吴亦立担任副主编，编写了项目 1、4~5。

在本书的编写过程中，得到了贵州电子信息职业技术学院新校区工程建设单位南京朗高工程公司、中电国基南方集团有限公司、上海市教育科学研究院、贵州新知教育科技有限公司等企业的大力支持，在此感谢南京朗高工程公司杨勇、中电国基南方集团有限公司叶常郁等工程师提出了工程技术意见，上海市教育科学研究院杨黎明教授提出了教材编写思路意见，贵州新知教育科技有限公司提供了视频制作支持。

由于编者水平有限，书中难免存在不足之处，敬请广大读者批评、指正。

编　者
2023 年 12 月

课程思政参考

本书教案、课件及高清图

目　　录

项目 1 综合布线工程设计

任务 1-1 某高校建设信息中心、行政办公楼、学术交流中心、学术公寓、教学楼、艺术楼、实训楼、创意楼和图书馆等多栋建筑物，其中艺术楼共 6 层，网络布线设计师小吴在学习综合布线系统概念和组成等基础知识后，通过分析艺术楼综合布线工程的需求，为艺术楼各个子系统进行弱电布线设计。

某高校艺术楼每层楼建筑平面图如图 1-0-1 至图 1-0-6 所示。

艺术楼一层建筑平面图如图 1-0-1 所示。

艺术楼二层建筑平面图如图 1-0-2 所示。

艺术楼三层建筑平面图如图 1-0-3 所示。

艺术楼四层建筑平面图如图 1-0-4 所示。

艺术楼五层建筑平面图如图 1-0-5 所示。

艺术楼六层建筑平面图如图 1-0-6 所示。

任务 1-2 某局新建一栋办公楼，该栋楼共 4 层，每层建筑平面图如图 1-0-7 至图 1-0-10 所示，设计工程师小张根据需求分析对办公楼进行弱电布线设计。

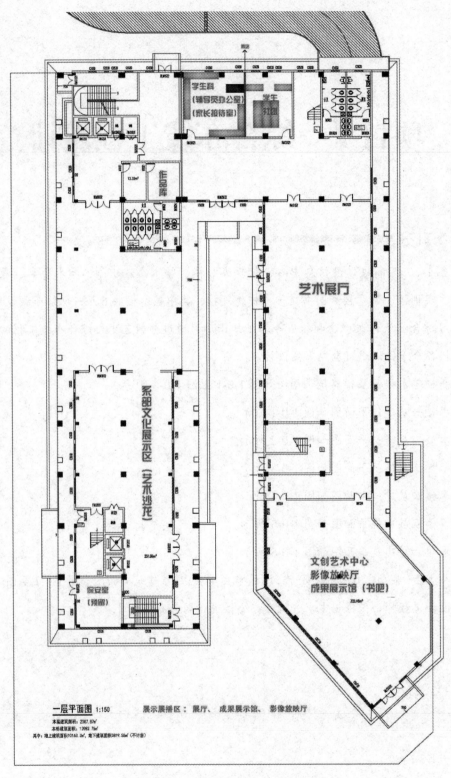

图 1-0-1 艺术楼一层建筑平面图

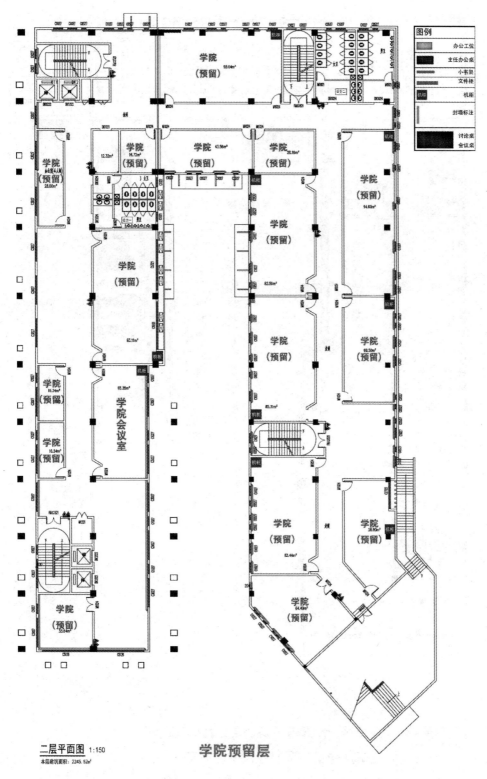

二层平面图 1:150
本层建筑面积：2245.52m²

学院预留层

图 1-0-2 艺术楼二层建筑平面图

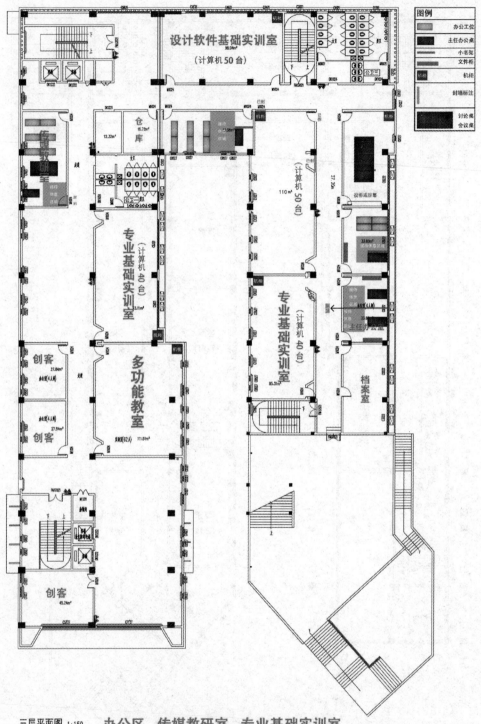

三层平面图 1:150   办公区、传媒教研室、专业基础实训室
本层建筑面积:1910.895㎡   摄影工作室、系部会议室、创客

图 1-0-3　艺术楼三层建筑平面图

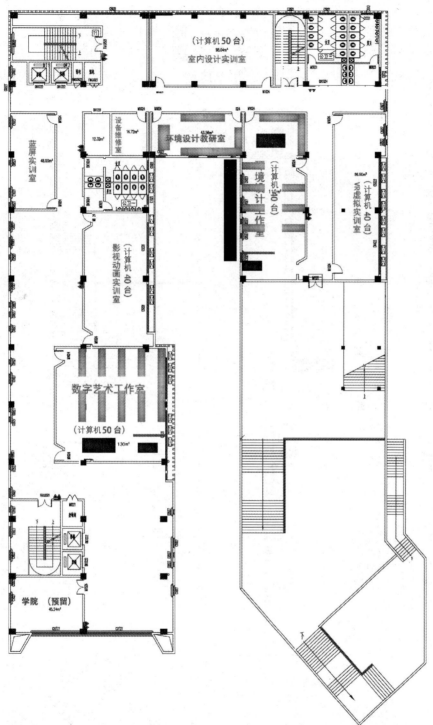

四层平面图 1:150　创意工场：数字艺术设计中心（影视动画实训室、数字艺术工作室）
本层建筑面积：1644.33m²　　　　　　环境艺术设计中心（环境设计工作室、室内设计实训室）

图 1-0-4　艺术楼四层建筑平面图

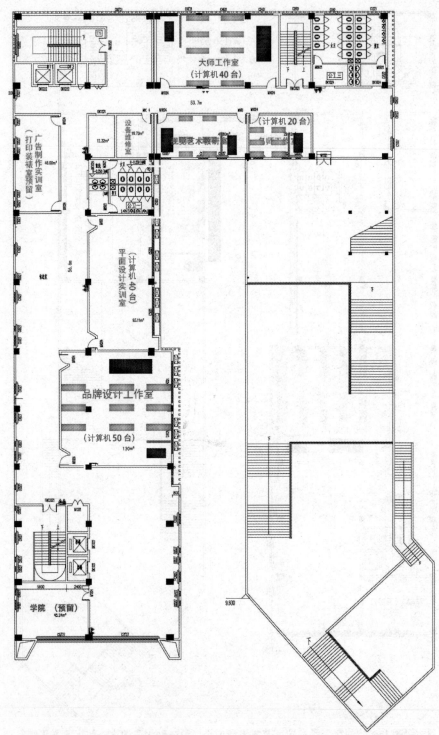

图 1-0-5 艺术楼五层建筑平面图

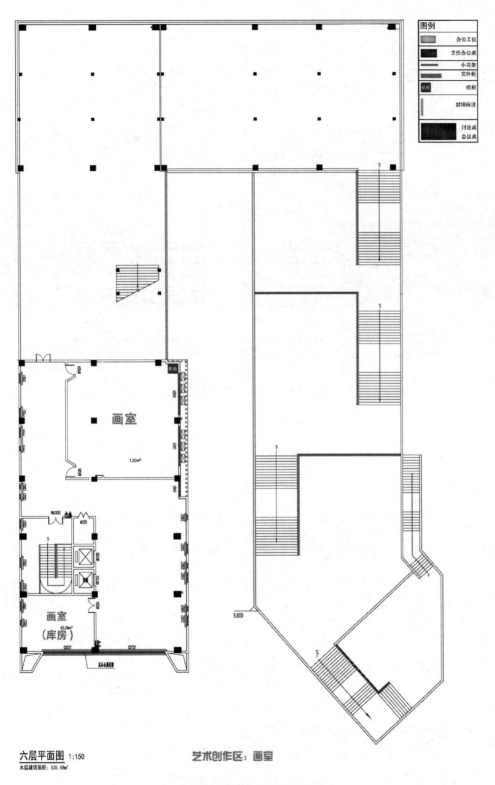

六层平面图 1:150

本层建筑面积：535.58㎡

艺术创作区：画室

图 1-0-6 艺术楼六层建筑平面图

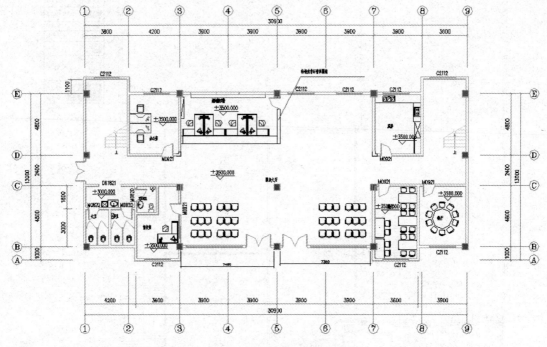

图 1-0-7　办公楼一层建筑平面图

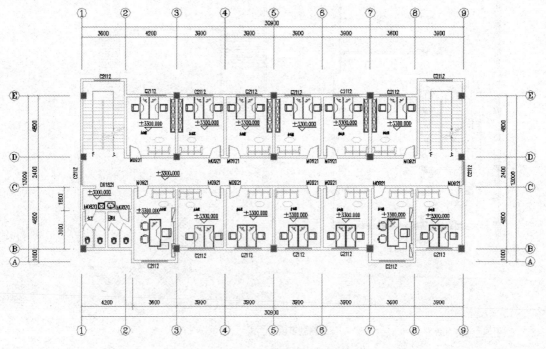

图 1-0-8　办公楼二层建筑平面图

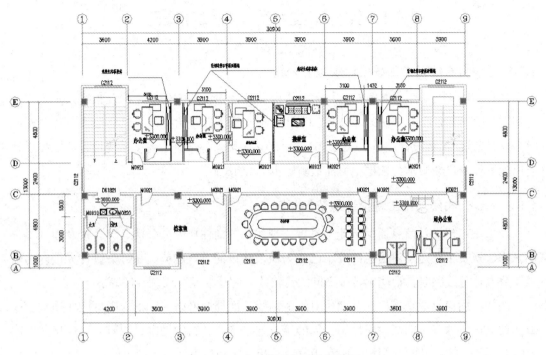

图 1-0-9 办公楼三层建筑平面图

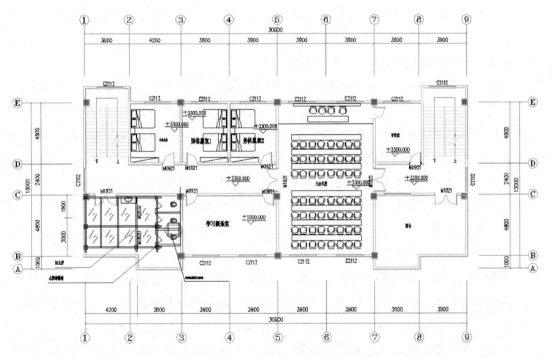

图 1-0-10 办公楼四层建筑平面图

1.1 综合布线系统工程设计规范

1.1.1 《综合布线系统工程设计规范》公告

2016 年 8 月 26 日，中华人民共和国住房和城乡建设部公告了《综合布线系统工程设计规范》（GB 50311—2016），该规范于 2017 年 4 月 1 日开始执行。综合布线工程要按照《综合布线系统工程设计规范》（GB 50311—2016）国家标准进行各子系统设计。工程设计要以国家标准最新版本为依据，目前最新版本为 2016 版。

1.1.2 《综合布线系统工程设计规范》总则

随着城市建设及信息通信事业的发展，现代化的商住楼、办公楼、综合楼及园区等各类民用建筑及工业建筑对信息的要求已成为城市建设的发展趋势。在过去设计大楼内的语音及数据业务线路时，常使用各种不同的传输线、配线插座及连接器件等。

例如，用户电话交换机通常使用对绞电话线，而局域网络（LAN）则可能使用对绞线或同轴电缆，这些不同的设备使用不同的传输线来构成各自的网络；同时，连接这些不同布线的插头、插座及配线架均无法互相兼容，相互之间达不到共用的目的。

现在将所有语音、数据、图像及多媒体业务的设备布线网络组合在一套标准的布线系统中，并且将各种设备终端插头插入标准的插座内已成为可能。在综合布线系统中，当终端设备的位置需要变动时，利用布线配线系统，只需进行布线连接关系变更和调整即可，而不需要再布放新的缆线以及安装新的插座。

综合布线系统使用一套由共用配件所组成的配线系统，将各个不同制造厂商的各类设备综合在一起同时工作，均可相互兼容。其开放的结构可以作为各种不同工业产品标准的基准，使得配线系统具有更大的适用性和灵活性，而且可以利用最低的成本在最小的干扰下对设于工作地点的终端设备重新安排与规划。大楼智能化建设中的建筑设备、监控、出入口控制等系统的设备在提供满足 TCP/IP 协议接口时，也可使用综合布线系统作为信息的传输介质，为大楼的集中监测、控制与管理打下良好的基础。

综合布线系统以一套单一的配线系统综合通信网络、信息网络及控制网络，可以使相互间的信号实现互联互通。

综合布线系统设施及管线的建设应纳入建筑与建筑群相应的规划设计之中。工程设计时，应根据工程项目的性质、功能、环境条件和近/远期用户需求进行设计，并应考虑施工和维护方便，确保综合布线系统工程的质量和安全，做到技术先进、经济合理。

在确定建筑物或建筑群的功能与需求以后，规划能适应智能化发展要求的相应综合布线系统设施和预埋管线，防止今后增设或改造时造成工程的复杂性和费用的浪费。

综合布线系统应与信息设施系统、信息化应用系统、公共安全系统、建筑设备管理系统等统筹规划、相互协调，并按照各系统信息的传输要求优化设计。

1.1.3 《综合布线系统工程设计规范》目录

《综合布线系统工程设计规范》(GB 50311—2016)目录如下。

1　总则

2　术语和缩略语

3　系统设计

4　光纤到用户单元通信设施

5　系统配置设计

6　性能指标

7　安装工艺要求

8　电气防护及接地

9　防火

附录 A　系统指标

附录 B　8 位模块式通用插座端子支持的通信业务

附录 C　缆线传输性能与传输距离

 理论链接 1

综合布线常用国际标准

由国际标准化组织(ISO)、美国电子工业协会(EIA)和美国国家标准学会(ANSI)等组织制定了下列综合布线常用国际标准，如表 1-1-1 所示。

表 1-1-1　综合布线国际标准

序号	综合布线国际标准（部分）
1	《信息技术——用户建筑物综合布线》(ISO/IEC 11801：1995（E）)
2	《建筑物布线标准》(EN 50173)
3	《商业建筑物电信布线标准》(TIA/EIA 569A)
4	《非屏蔽双绞线布线系统传输性能现场测试规范》(TIA/EIA TSB—67)

 理论链接 2

我国常用综合布线标准

我国综合布线标准主要包括国家标准、行业标准和协会标准三类。

综合布线标准会根据实际情况由发布单位进行制定和修订，相关单位和人员都要使用国家各相关标准最新修订的版本，目前各规范最新编号如表 1-1-2 所示。

表 1-1-2 综合布线国家标准、行业标准和协会标准（部分）

序号	标准名称	编号	发布单位	类型
1	综合布线系统工程设计规范	GB 50311—2016	中华人民共和国住房和城乡建设部	国家标准
2	综合布线系统工程验收规范	GB 50312—2016		
3	智能建筑工程质量验收规范	GB 50339—2016		
4	智能建筑设计标准	GB 50311—4—2015		
5	通信管道工程施工及验收技术规范	GB 50371—4—2018		
6	建设工程项目管理规范	GB/T 50326—2017		
7	建设工程监理规范	GB 50319—2017		
8	大楼通信综合布线系统第 1 部分	YD/T 926.1—2018	中华人民共和国工业和信息化部	行业标准
9	综合布线系统电气特性通用测试方法	YD/T 1011—3—2013		
10	城市住宅建筑综合布线系统工程设计规程	CECS 119—2016	中国工程建设标准化协会	协会标准

1.2 综合布线系统概念

根据《综合布线系统工程设计规范》（GB 50311—2016）中的定义，综合布线系统是用通信电缆、光缆、各种软电缆及有关连接硬件构成的通用布线系统，是能支持语音、数据、图像、多媒体等业务信息传递的标准应用系统。

综合布线系统采用模块化结构，在综合布线系统工程设计中，将其划分为 7 个子系统，分别是工作区子系统、水平子系统、管理间子系统、垂直子系统、设备间子系统、进线间子系统和建筑群子系统。综合布线系统构成如图 1-2-1 所示。

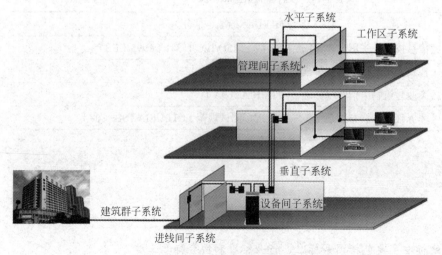

图 1-2-1 综合布线系统构成

综合布线系统构成

1.2.1 工作区子系统

工作区子系统由水平子系统的信息插座模块 TO 延伸到终端设备处的连接缆线及适配器组成。它包括信息插座模块、终端设备处的连接线缆及适配器。工作区子系统常见的终端设备有计算机、电话机和电视机等，相对应工作区的信息插座就有计算机网络插座、电话语音插座和有线电视插座等，并配有相应的连接线缆。

工作区子系统可支持电话机、计算机、电视机、传真机、监视及控制等终端设备的设置和安装，如图 1-2-2 所示。

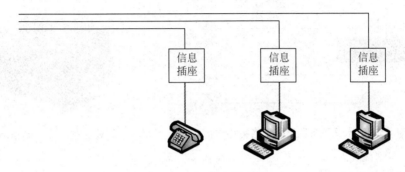

图 1-2-2　工作区子系统

在综合布线系统中一个独立的需要设置终端设备 TE 的区域被划分为一个工作区，即一个独立的工作区通常是一部电话机或一台计算机终端设备。

1.2.2 水平子系统

水平子系统又称为配线子系统，指从工作区信息插座至楼层管理间（FD-TO）的部分。它提供楼层管理间到用户工作区的通信缆线和端接设施，如图 1-2-3 所示，是从工作区的信息插座开始到管理间子系统的配线架，由用户信息插座模块至管理间配线设备（FD）的水平电缆、管理间的配线设备及设备缆线和跳线等组成。水平子系统一般总是在一个楼层上，与信息插座和管理间连接。水平子系统通道可以使用双绞线，也可以根据需要选择光缆。

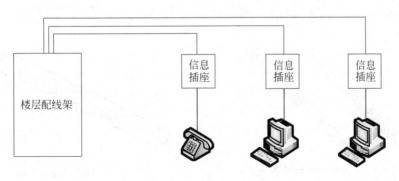

图 1-2-3　水平子系统

水平子系统在工程中范围广、距离长、材料用量大、成本占到总造价的 50% 以上，而且布线拐弯多、施工复杂，水平子系统的设计和施工会直接影响工程质量。

水平子系统通常采用星形网络拓扑结构，它以楼层配线设备（FD）为主节点，各工作区信息插座为分节点，配线设备与各信息插座之间采用独立的线路连接，形成以配线设备为中心，并向工作区信息插座辐射的星形网络，如图 1-2-4 所示，RJ-45 信息模块结构如图 1-2-5 所示。

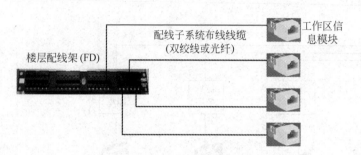

图 1-2-4　水平子系统星形网络拓扑结构　　　　图 1-2-5　RJ-45 信息模块结构

1.2.3　管理间子系统

管理间子系统（FD）又称为电信间或者配线间，它是垂直子系统和水平子系统的连接管理系统，对工作区、电信间布线路径环境中的配线设备、缆线、信息插座模块等设施按一定的模式进行标识、记录和管理。管理间子系统连接了垂直子系统和水平垂直子系统，由 RJ-45 网络配线架、110 语音跳线架、理线架、跳线和楼层机柜等组成，通常设置在每个楼层的中间位置，利用布线配线系统，可以方便地对水平子系统的布线连接关系进行变更和调整。管理间子系统如图 1-2-6 所示。

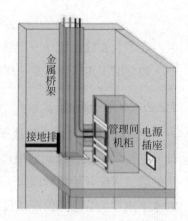

图 1-2-6　管理间子系统

作为管理间的设备，主要有用于信息点集成的 RJ-45 网络配线架和用于语音点集成的 110 语音跳线架。双绞线配线架正反面如图 1-2-7 所示，110 语音跳线架如图 1-2-8 所示。

图 1-2-7　双绞线配线架正反面　　　　　　图 1-2-8　110 语音跳线架

信息点的线缆是通过 RJ-45 网络配线架进行管理的，有 24 口、48 口网络配线架等，应根据信息点的数量合理、经济地选择配线架。

而语音点的线缆是通过 110 语音跳线架进行管理的，分为 50 回、100 回跳线架等。

众多的线缆通过理线架进行理线，再通过绑扎带将线绑扎在机柜上。理线架如图 1-2-9 所示，尼龙扎带如图 1-2-10 所示。

图 1-2-9　理线架　　　　　　图 1-2-10　尼龙扎带

管理间以配线架为主要设备，用来端接水平子系统和垂直子系统缆线，如图 1-2-11 所示。用户可以在管理间中更改、增加、绞接和扩展缆线，从而改变缆线路由。

图 1-2-11　管理间子系统设备

在管理间场地面积满足的情况下，还可在管理间设置缆线竖井、电位接地体、电源插座、配电箱等设施，以及设置建筑物安防、消防、监控、无线信号等系统的布缆线槽，并安装相应的功能模块。

1.2.4　垂直子系统

在《综合布线系统工程设计规范》（GB 50311—2016）国家标准中，垂直子系统又称为干线子系统，是由设备间至电信间的主干缆线、安装在设备间的建筑物配线设备（BD）及设备缆线和跳线组成。通常由大对数铜缆或光缆组成，它的一端接于设备机房的主配线架上，另一端通常接在楼层管理间的各个管理配线架上。垂直子系统如图 1-2-12 所示。

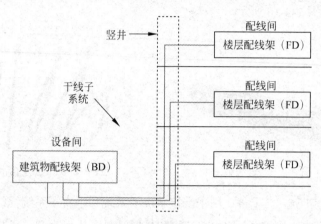

图 1-2-12 垂直子系统

垂直子系统用主干电缆作为各楼层之间通信的通道，使整个布线系统组成一个有机的整体，垂直子系统是综合布线系统中非常关键的组成部分，垂直主干线缆和水平子系统线缆之间的连接需要通过楼层管理间的配线架和跳线来实现。

在实际工程中，大多数建筑物都是垂直向高空发展的，因此很多情况下会采用垂直型的布线方式。但是也有很多建筑物是横向发展的，如飞机场候机厅、工厂仓库等建筑，这时也会采用水平型的主干布线方式。因此，主干线缆的布线路由既可能是垂直型的，也可能是水平型的，或是两者的综合。

1.2.5 设备间子系统

设备间子系统（BD）又称为网络中心机房或信息中心机房，它是结构化布线系统的管理中枢，整个建筑物或大楼的各种信号都经过各类通信线缆汇集到该子系统。它由电缆、光缆、连接器和相关支撑硬件组成，通过缆线把各个设备互连起来。为便于设备的搬运、各种汇接的方便，设备间的位置通常选定在每一座大楼的第 1~3 层，智能建筑物一般都有独立的设备间。设备间子系统如图 1-2-13 所示。

设备间子系统是建筑物中进行配线管理、网络管理和信息交换的场地，是数据、语音垂直主干缆线终接的场所，也是建筑群的缆线进入建筑物的场所，还是建筑物配线设备、交换机设备等的安装场所。设备间子系统通过电缆、光缆把各种公用系统设备互连起来，如图 1-2-13 所示。设备间子系统为接地和连接设

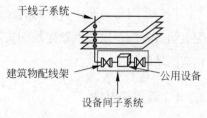

图 1-2-13 设备间子系统

施、保护装置提供控制环境，对面积、门窗、天花板、电源、照明、散热、接地都有一定的要求。

1.2.6   进线间子系统

进线间子系统是建筑物外部通信和信息管线的入口部位，可以作为入口设施和建筑群配线设备的安装场地。《综合布线系统工程设计规范》（GB 50311—2016）要求在建筑物前期的设计中增加进线间，在进线间缆线入口处的管孔数量要满足建筑物之间、外部接入业务及多家运营商缆线接入的需求，建议留有3孔的余量。一般通过地埋管线进入建筑物内部，宜在土建阶段实施。

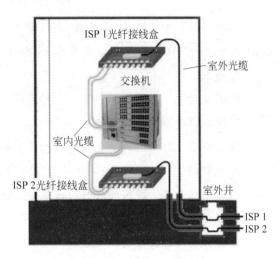

图 1-2-14   进线间子系统

在单栋智能化建筑物或由连体的多栋建筑物构成的建筑群体内，宜设不少于一个进线间，其位置一般位于地下层，外部信息通信网络引入的缆线和管道宜从两个不同方向或路由引入进线间，这样有利于两路管线与外部管道网沟通。进线间与建筑物外红线范围内的人孔或手孔可采用管道或通道的方式互连。

进线间子系统如图 1-2-14 所示。

1.2.7   建筑群子系统

建筑群子系统（CD）又称为楼宇子系统。建筑群由两个及以上建筑物组成，这些建筑物彼此之间要进行语音、数据、图像和监控等信息交流，建筑群子系统主要实现建筑物

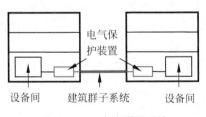

图 1-2-15   建筑群子系统

与建筑物之间的通信连接。其系统组成包括连接各建筑物之间的线缆、建筑群子系统所需的各种硬件，如电缆、光缆、通信设备、连接部件以及防止电缆的浪涌电压进入建筑物的电气保护设备等。它由连接多个建筑物之间的主干缆线、建筑群配线设备及设备缆线和跳线组成。建筑群子系统如图 1-2-15 所示。

 理论链接 1

综合布线系统特点

（1）兼容性优。

（2）开放性好。

（3）灵活性强。

（4）可靠性高。

（5）经济性优。

 理论链接2

综合布线系统名词术语

根据2016年住房和城乡建设部等部门颁布的《综合布线系统工程设计规范》（GB 50311—2016）的规定，常用名词术语有以下几种情况。

1. 布线

能够支持电子信息设备相连的各种缆线、跳线、插接软线和连接器件组成的系统。

2. 建筑群子系统

建筑群子系统由配线设备、建筑物之间的干线缆线、设备缆线、跳线等组成。

3. 电信间

放置电信设备、缆线终接的配线设备，并进行缆线交接的一个空间。

4. 工作区

需要设置终端设备的独立区域。

5. 信道

连接两个应用设备的端到端的传输通道，如图1-2-16所示。

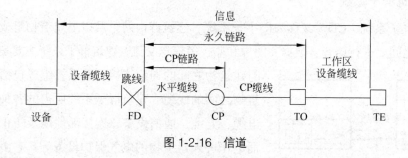

图 1-2-16　信道

6. 链路

一个CP链路或是一个永久链路。

7. 永久链路

信息点与楼层设备间设备之间的传输线路。它不包括工作区缆线和连接楼层配线设备的设备缆线、跳线，但可以包括一个CP链路。

8. 集合点

楼层配件设备与工作区信息点之间水平缆线路由中的连接点。

9. 集合点链路

楼层配线设备和集合点（CP）之间，包括两端的连接器件在内的永久性链路。

10. 建筑群配线设备

终接建筑群主干缆线的配线设备。

11. 建筑物配线设备

为建筑物主干缆线或建筑群主干缆线终接的配线设备。

12. 楼层配线设备

终接水平缆线和其他布线子系统缆线的配线设备。

13. 入口设施

提供符合相关规范的机械与电气特性的连接器件，使得外部网络缆线引入建筑物内。

14. 连接器件

用于连接电缆线对和光缆光纤的一个器件或一组器件。

15. 光纤适配器

将光纤连接器实现光学连接的器件。

16. 建筑群主干缆线

用于在建筑群内连接建筑群配线设备与建筑物配线设备的缆线。

17. 建筑物主干缆线

入口设施至建筑物配线设备，建筑物配线设备至楼层配线设备、建筑物内楼层配线设备之间相连的缆线。

18. 水平缆线

楼层配件设备至信息点之间的连接缆线。

19. 集合点缆线

连接集合点至工作区信息点的缆线。

20. 信息点

缆线终接的信息插座模块。

21. 设备缆线

通信设备连接到配线设备的缆线。

22. 跳线

不带连接器件或带连接器件的电缆线对和带连接器件的光纤，用于配线设备之间进行连接。

23. 缆线

光缆和电缆的统称。

24. 光缆

由单芯或多芯光纤组成的缆线。

25. 线对

由两个相互绝缘的导体对绞组成，通常是一个对绞线对。

26. 对绞电缆

由一个或多个金属导体线对组成的对称电缆。

27. 屏蔽对绞电缆

含有总屏蔽层和 / 或每线对屏蔽层的对绞电缆。

28. 非屏蔽对绞线对

不带有任何屏蔽物的对绞电缆。

29. 插接软线

一端或两端带有连接器件的软电缆。

30. 多用户信息插座

工作区内若干信息插座模块的组合装置。

31. 配线区

根据建筑物的类型、规模、用户单元的密度，以单栋或若干栋建筑物的用户单元组成的配线区域。

32. 配线管网

由建筑外部引入管、建筑物内的竖井、管、桥架等组成的管网。

33. 用户接入点

多家电信业务经营者的电信业务共同接入的部位，是电信业务经营者与建筑建设方的工程界面。

34. 用户单元

建筑物内占有一定空间、使用者或使用业务会发生改变的、需要直接与公用电信网互联互通的用户区域。

35. 光纤到用户单元通信设施

光纤到用户单元工程中，建筑规划用地红线内地下通道、建筑内管槽及通信光缆、光配线设备、用户单元信息配件箱及预留的设备间等设备安装空间。

36. 配线光缆

用户接入点至园区或建筑群光缆的汇聚配线设备之间，或用户接入点是建筑规划用地红线范围内与公用通信管道互通的人（手）孔之间的互通光缆。

37. 用户光缆

用户接入点配线设备至建筑物内用户单元信息配线箱之间相连接的光缆。

38. 户内缆线

用户单元信息配线箱至用户区域内信息插入模块之间相连接的缆线。

39. 信息配线箱

安装于用户单元区域内的完成信息互通与通信业务接入的配线箱体。

40. 桥架

梯架、托盘及槽盒的统称。

 理论链接 3

综合布线系统名词术语及缩略语

根据 2016 年住房和城乡建设部等部门颁布的《综合布线系统工程设计规范》（GB 50311—2016）的规定，常用缩略语如表 1-2-1 所示。

表 1-2-1   综合布线系统常用缩略语

序号	缩 略 语	
1	ACR-F	衰减远端串音比
2	ACR-N	衰减近端串音比
3	BD	建筑物配线设备
4	CD	建筑群配线设备
5	CP	集合点
6	d.c.	直流环路电阻
7	ELTCTL	两端等效横向转换损耗
8	FD	楼层配线设备
9	FEXT	远端串音
10	ID	中间配线设备
11	IEC	国际电工技术委员会
12	IEEE	美国电气及电子工程师学会
13	IL	插入损耗
14	IP	因特网协议
15	ISDN	综合业务数字网
16	ISO	国际标准化组织
17	MUTO	多用户信息插座
18	MPO	多芯推进锁闭光纤连接器件
19	NI	网络接口
20	NEXT	近端串音
21	OF	光纤
22	POE	以太网供电

续表

序号	缩略语	
23	PS NEXT	近端串音功率和
24	PS AACR-F	外部远端串音比功率和
25	PS AACR-F$_{avg}$	外部远端串音比功率和平均值
26	PS ACR-F	衰减远端串音比功率和
27	PS ACR-N	衰减近端串音比功率和
28	PS ANEXT	外部近端串音功率和
29	PS ANEXT$_{avg}$	外部近端串音功率和平均值
30	PS FEXT	远端串音比功率和
31	RL	回波损耗
32	SC	用户连接器件（光纤活动连接器件）
33	SW	交换机
34	SFF	小型光纤连接器件
35	TCL	横向转换转移
36	TCTL	横向转换转移损耗
37	TE	终端设备
38	TO	信息点
39	TIA	美国电信工业协会
40	UL	美国保险商实验所安全标准
41	Vr.m.s	电压有效值

1.3 综合布线系统构成

1.3.1 系统图概念

综合布线系统图直观地反映了信息点的连接关系。它决定了网络应用拓扑图，因为网络综合布线系统是在建筑物建设过程中预埋的管线，网络应用系统只能根据综合布线系统来设置和规划。

综合布线系统结构和特点

1.3.2 系统图构成

1. 综合布线系统基本构成

综合布线系统基本构成如图 1-3-1 所示，一般从建筑群子系统到设备间子系统，通过垂直子系统到管理间子系统，再通过水平子系统到工作区子系统，即通过缆线的连接从 CD → BD → FD → TO。

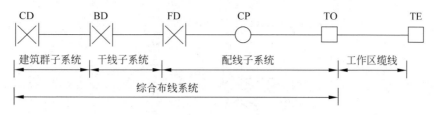

图 1-3-1　综合布线系统基本构成

2. 综合布线系统链路构成

（1）从功能及结构来看，综合布线系统的 7 个子系统密不可分，组成了一个完整的系统。工作区内的终端设备通过水平子系统、垂直子系统构成的链路通道，最终连接到设备间内的应用管理设备。综合布线系统的链路构成如图 1-3-2 所示。

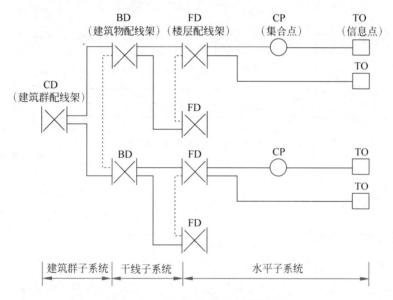

图 1-3-2　综合布线系统的链路构成

综合布线子系统采用开放式星形网络拓扑结构，配线架设置在设备间或电信间中，电缆、光缆安装在两个相邻层次的配线架之间，根据条件敷设在管道、电缆沟、电缆竖井、线槽、桥架、暗管等通道中。

综合布线常规设计布线路由一般用光缆从 CD 连接到 BD，再从 BD 连接到 FD，一般用电缆从 FD 连接到 TO。根据建筑物大小的不同和布线需要，可以灵活布线，《综合布线系统工程设计规范》（GB 50311—2016）允许：BD—BD 之间布线；FD—FD 之间布线；CD—FD 之间布线；BD—TO 之间布线。

在图 1-3-2 中的虚线表示 BD 与 BD 之间、FD 与 FD 之间可以设置主干缆线。

（2）在图 1-3-3 中，两个楼层管理间 FD 配线架可以布线；BD 配线架直接到 TO 信息点可以布线。

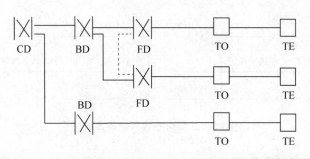

图 1-3-3　综合布线系统 BD 到 TO、FD 到 FD 链路构成

（3）在图 1-3-4 中，FD 可以经过主干缆线直接连至 CD，TO 也可以经过水平缆线直接连至 BD。

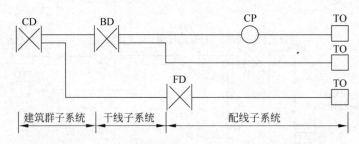

图 1-3-4　综合布线系统 CD 到 FD、BD 到 TO 链路构成

3. 实例：艺术楼综合布线系统

艺术楼综合布线系统图如图 1-3-5 所示。

1.3.3　综合布线系统特点

正是采用这种灵活的布线方式，使得综合布线系统具有以下几个特点。

（1）兼容性。完全独立，与应用系统相对无关，可适用于多种应用系统。

（2）灵活性。采用标准的缆线和连接件，模块化设计，通道都是通用的，支持各种满足 TCP/IP 协议接口的设备接入。

（3）可靠性。采用高品质的布线器材和组合压接技术，构成一套标准的信息传输通道。采用开放式星形拓扑结构，任何链路故障均不会影响到其他链路的运行。

（4）开放性。采用开放式体系结构，每个分支子系统都是相对独立的单元，对每个单元的改动都不会影响其他子系统。

（5）先进性。采用光缆与对绞电缆混合布线方式，所有电缆链路均按八芯对绞电缆配置，极为合理。

（6）经济性。将分散的专业布线综合到统一的、标准化的信息系统中，减少了布线缆线的品种和数量，简化网络结构，统一日常维护管理，减少维护工作量，节约维护管理费用。

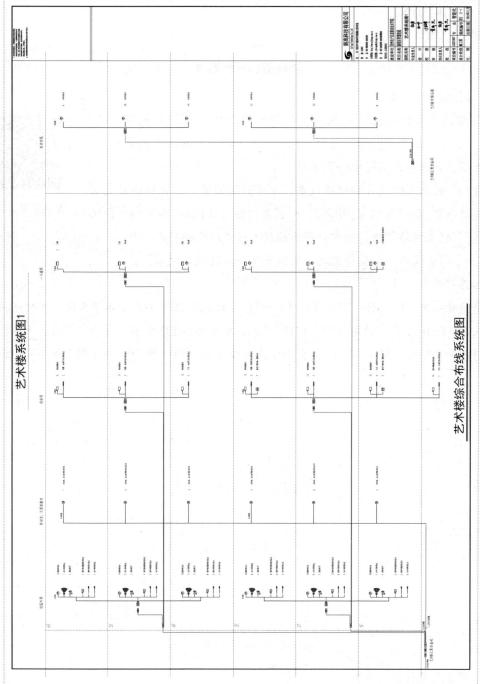

图 1-3-5　艺术楼综合布线系统图

艺术楼综合布线系统图

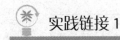 实践链接1

系统图的设计要点

1. 图形符号正确

在系统图设计时，必须使用《综合布线系统工程设计规范》（GB 50311—2016）的图形符号，保证其他技术人员和现场施工人员能够快速读懂图纸，并且在系统图中给予说明。

系统图设计要点

"|×|"代表网络设备和配线设备，左右两边的竖线代表网络配线架，如光纤配线架、铜缆配线架，中间的×代表网络交互设备，如网络交换机。

"□"代表网络插座，如单口网络插座、双口网络插座等。

"—"代表缆线，如室外光缆、室内光缆、双绞线电缆等。

2. 连接关系清楚

清楚地给出 CD—BD、BD—FD、FD—TO 等之间的连接关系。各子系统之间的连接关系，从 CD 到 BD，从 BD 到 FD1、FD2、FD3，从各楼层 FD 分别到每个工作区，一层楼有 12 个 TO 和 TP，二层楼有 22 个 TO 和 TP，三层楼有 22 个 TO 和 TP。系统图如图 1-3-6 所示。

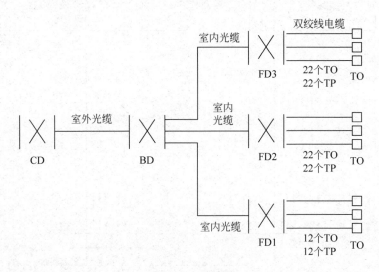

图 1-3-6　系统图

3. 缆线型号标记正确

在系统图中将各系统之间连接的缆线规定清楚，标明是光缆还是电缆，是室外光缆还是室内光缆，详细时还要标明是单模光缆还是多模光缆，如果布线系统设计了多模光缆，在网络设备配置时就必须选用多模光纤模块的交换机。如图 1-3-6 所示，从 CD 到 BD 之间使用的是室外光缆，从 BD 到 FD1、FD2、FD3 之间使用的是室内光缆，从各楼层 FD 到 TO 之间使用的是双绞线电缆。

4. 说明完整

设计说明一般是对图的补充，帮助理解和阅读图纸，对系统图中使用的符号给予说明。例如，增加图形符号说明，对信息点总数和个别特殊需求给予说明等。因此，系统图设计完成后，在图纸的空白位置增加设计说明。

5. 图面布局合理

任何工程图纸都必须注意图面布局合理，比例合适，文字清晰。一般布置在图纸中间位置。

6. 标题栏完整

标题栏是任何工程图纸都不可缺少的内容，一般在图纸的右下角。标题栏一般至少包括以下内容。

（1）建筑工程名称。工程名称要准确。

（2）项目名称。如××项目综合布线系统图。

（3）工种。如弱电施工图。

（4）图纸编号。因为一个项目会设计很多图纸，只有准确地标注图纸编号，才能让工作人员准确、迅速地找到要查找的图纸。

（5）签字。设计人、审核人、审定人等人员签字。

7. 签写日期正确

在实际应用中，可能会经常修改技术文件，日期直接反映文件的有效性，一般是最新日期的文件替代以前日期的文件。

 实践链接2

系统图的设计步骤

1. 创建 Visio 绘图文件

给创建的文件命名，如命名为"某大楼系统图"。

2. 打开 Visio 文件和设置页面

（1）选择"程序"→ Microsoft Office → Microsoft Office Visio →"网络"→"基本网络图"命令，就创建了一个 Visio 绘图文件。

（2）设置页面尺寸。

首先单击页面左上角的"文件"菜单，选择"页面设置"命令，就会出现对话框，然后单击"预定义的大小"，选择A4幅面，选择页面方向为"横向"，最后单击"确认"按钮，这样就完成了页面设置，可以开始系统图的设计了。

3. 设计系统图

（1）绘制配线设备图形。

在页面合适的位置绘制建筑群配线设备图形（CD）、建筑物配线设备图形（BD）、楼层管理间配线设备图形（FD）和工作区网络插座图形（TO）。

（2）设计网络连接关系。

用直线把CD—BD、BD—FD、FD—TO符号连接起来。

（3）设计说明。

为了减少对图纸的误解，一般要在图纸的空白位置增加设计说明，重点说明特殊图形符号和设计要求。

（4）设计标题栏。

标题栏是工程图纸不可缺少的内容，一般在图纸的右下角，包括以下内容。

① 建筑工程名称。

② 项目名称。

③ 工种。

④ 图纸编号。

⑤ 设计人、审核人、审定人等签字。

系统图设计步骤

1.4 综合布线系统设计原则

1.4.1 工作区子系统设计原则

在工作区子系统的设计中主要确定工作区内信息点的数量、种类和位置等。

（1）信息点的数量和种类。信息点的数量一般根据用户实际需要来确定，注意工作区所需的信息模块、信息插座和面板数量要准确。信息点的种类主要有两种：一种是数据信息点；另一种是语音信息点。工作区信息点为电端口时应采用8位模块通用插座，信息点使用RJ-45信息模块和RJ-45水晶头。RJ-45水晶头结构如图1-4-1所示。

光端口宜采用SC或LC光纤连接器件及适配器，SC、LC光纤连接器件如图1-4-2所示，光纤耦合器如图1-4-3所示。

图1-4-1　RJ-45水晶头结构

SC　　　　　　　　LC

图1-4-2　SC、LC光纤连接器件

图1-4-3　光纤耦合器

（2）信息插座的安装位置。信息点的位置一般根据用户实际工作需要来确定。信息插座有86型信息插座和120型信息插座，采用86型信息插座时，一般安装在墙上或柱子上，信息插座盒底距离地面 300mm，或者安装在工作台侧隔板面及邻近的墙面上，信息插座盒底距地 1.0m。如果桌子放置在房间的中间，没有靠墙面摆放，则信息插座一般安装在地面上，采用 120 型地弹插座，并满足防水和抗压要求。安装光纤模块时，光纤的底盒深度不小于 60mm，以保证光纤的预留长度和弯曲半径。86 型信息插座如图 1-4-4 所示，120 型信息插座如图 1-4-5 所示。

图 1-4-4　86 型信息插座

图 1-4-5　120 型信息插座

工作区子系统的设计原则

（3）电源插座的安装位置。每个工作区附近配备不少于两个 220V 电源插座，并带保护接地，以便为数据设备提供电力支持。为了避免干扰，安装位置距离信息插座安装位置应该超过 30cm；否则需做屏蔽处理，工作区电源插座嵌墙暗装，高度与信息插座一致。

（4）跳线长度。信息插座安装位置是根据房间布置确定的，信息插座安装在终端设备近处，根据国家标准，连接信息插座与终端的跳线长度应不超过 5m。同时，网卡接口类型要与跳线接口类型保持一致。各跳线的长度如图 1-4-6 所示。

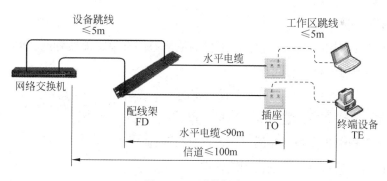

图 1-4-6　跳线长度

（5）工作区适配器的选用。工作区适配器的选用要符合规定，根据《综合布线系统工程设计规范》（GB 50311—2016）按照下列要求选用。

① 设备的连接插座应与连接电缆的插头匹配，不同的插座与插头之间互通时应加装适配器。

② 在连接使用信号的数模转换、光电转换、数据传输速率转换等相应装置时，应采用适配器。

③ 对于网络规定的兼容，应采用协议转换适配器。

④ 各种不同的终端设备或适配器应安装在工作区的适当位置，并应考虑现场的电源与

接地。

（6）对于办公室楼、综合楼等商业建筑物和公共区域大开间的场地，宜按开放型办公室综合布线系统要求进行设计。

（7）在公用电信网络已实现光纤传输的地区，建筑物内设置用户单元时，通信设施工程必须采用光纤到用户单元的方式建设。综合布线系统可以采用光纤到用户单元通信。

① 光纤通信系统是以光波为载体，光导纤维为传输介质的通信方式，起主导作用的是光源、光纤、光发送机和光接收机。

a. 光源：光源是光波产生的根源。

b. 光纤：光纤是传播光束的导体。

c. 光发送机：光发送机负责产生光束，将电信号转换为光信号，再将光信号导入光纤。

d. 光接收机：光接收机负责接收从光纤上传输过来的光信号，并将它转换成电信号，经解码后再做相应处理。

② 光纤系统的主要优点。

a. 传输频带宽，通信容量大，短距离传输时达几千兆的传输速率。

b. 线路损耗低，传输距离远。

c. 抗干扰能力强，应用范围广。

d. 线径细，质量小。

e. 抗化学腐蚀能力强。

f. 光纤制造资源丰富。

（8）新建光纤到用户单元通信设施工程的地下通信管道、配线管网、电信间、设备间等通信设施，必须与建筑工程同步建设。

用户接入点应是光纤到用户单元工程特定的一个逻辑点，设置应符合下列规定。

① 每个光纤配线区应设置一个用户接入点。

② 用户光缆和配线光缆应在用户接入点进行互连。

③ 只有在用户接入点处可进行配线管理。

④ 用户接入点处可设置光分路器。

（9）用户接入点用户侧光纤模块类型与容量应按用户光缆的类型及光缆的光纤芯数的50%或工程实际需要配置。

 理论链接 1

底盒的分类

网络插座按安装位置，可分为地弹式、墙面式、桌面式。

常用底盒分为明装底盒和暗装底盒。暗装底盒有塑料材料制成的，也有金属材料制成的。暗装底盒如图 1-4-7 所示，方形地弹插座如图 1-4-8 所示。

图 1-4-7 暗装底盒

图 1-4-8 方形地弹插座

常见的信息点插座底盒是 86 型底盒，长 86mm、宽 86mm，适合墙面安装，内部空间相对较大，容易接线，与墙体接触面积大，砂浆糊实凝固好后，底盒基本不会松动，如果还想打接线孔，底盒也丝毫无损。

一个底盒只能安装一个面板，且底盒大小必须与面板制式相匹配。底盒内有供固定面板用的螺孔，随面板配有将面板固定在底盒上的螺钉。底盒都预留了穿线孔，有的底盒穿线孔是通的，有的底盒在多个方向预留有穿线位，安装时凿穿与线管对接的穿线位即可。

 理论链接2

非屏蔽超五类信息模块结构

非屏蔽超五类信息模块的结构如图 1-4-9 所示，在信息模块侧面贴有 T568A 和 T568B 的色标，如图 1-4-9 所示。对应卡槽中则放入相对应颜色的线芯，端接效果如图 1-4-10 所示。

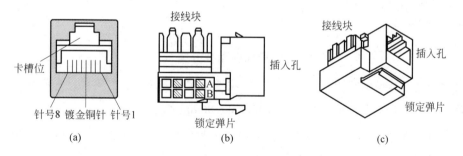

图 1-4-9 非屏蔽超五类信息模块的结构

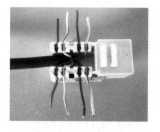

图 1-4-10 端接效果

理论链接 3

信息模块分类

（1）按照类型来分，信息模块可分为 RJ-45 信息模块和 RJ-11 信息模块。

（2）按照是否有屏蔽功能，信息模块可分为屏蔽信息模块和非屏蔽信息模块。

 理论链接 4

信息插座面板结构

单口信息插座面板外部结构如图 1-4-11 所示，单口信息插座面板内部结构如图 1-4-12 所示。

图 1-4-11　单口信息插座面板外部结构

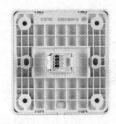

图 1-4-12　单口信息插座面板内部结构

 理论链接 5

信息插座面板分类

（1）信息插座面板用于在信息出口位置安装固定信息模块，有英式、美式和欧式 3 种。国内普遍采用的是英式面板，为正方形 86mm×86mm 规格。

（2）信息面板按用户数量分为单口面板、双口面板、多口面板。单口面板如图 1-4-11 所示，双口面板如图 1-4-13 所示。

（3）按材质，面板分为 PVC 面板和金属面板，它是一种主要的工程塑料材质，目前弱电面板大部分使用此种材料。

（4）按信息面板外形尺寸，可分为 86 型和 120 型。

① 86 型面板通常采用高强度塑料材料制成，适合安装在墙面，具有防尘功能。

② 120 型面板通常采用铜等金属材料制成，适合安装在地面，具有防尘、防水功能。

（5）面板按模块插入方向，可以分为平口面板和斜角面板。

工程选用平口面板。平口面板如图 1-4-13 所示，斜角面板如图 1-4-14 所示。

图 1-4-13 双口平口面板

图 1-4-14 斜角面板

 理论链接 6

信息插座面板使用

地弹插座面板一般用黄铜制造，只适合在地面安装，地弹插座面板一般都具有防水、防尘、抗压功能，使用时打开盖板，不使用时盖好盖板，与地面高度相同。

墙面插座面板一般为塑料制造，只适合在墙面安装，一般具有防尘功能，使用时打开防尘盖，不使用时关闭防尘盖。

桌面插座面板已很少使用。

 理论链接 7

超五类双绞线结构

双绞线是综合布线工程中最常用的传输介质，由两根具有绝缘保护层的铜导线按一定规格互相绞在一起组成，4 个线对的颜色依次为蓝色、橙色、绿色和棕色，把一对或多对双绞线放在一个绝缘套管中便成为双绞线电缆。

在双绞线电缆内，不同线对具有不同的绞距长度，一般 4 对双绞线绞距周期在 38.1mm 长度内，一对线对的扭绞长度在 12.7mm 以内，不同线对的缠绕密度也不相同，超五类双绞线如图 1-4-15 所示。双绞线按逆时针方向扭绞，这种对绞方式可降低信号干扰，每根导线在传输数据时辐射出来的电波会被另一根线上发出的电波抵消。超五类双绞线内部结构如图 1-4-16 所示。

图 1-4-15 超五类双绞线

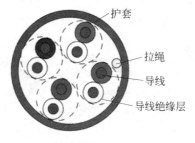

图 1-4-16 超五类双绞线内部结构

理论链接 8

六类双绞线结构

本工程使用的是六类双绞线，在电缆结构方面，六类双绞线为了改善其性能，采用了和超五类双绞线不同的结构；六类双绞线的结构称为骨架结构，如图 1-4-17 所示，在电缆中建一个十字交叉中心，把 4 个对绞线对分成不同的信号区，可降低电缆传输过程中的损耗，提高电缆的衰减串音比，同时，电缆中的塑料十字骨架还可在安装和使用过程中准确地固定导线的位置，以降低回波损耗对传输的影响。另外，还保证了在安装过程中电缆的平衡结构不遭到破坏。六类双绞线内部结构如图 1-4-18 所示。

图 1-4-17　六类双绞线

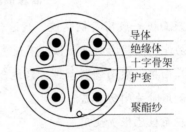

导体
绝缘体
十字骨架
护套
聚酯纱

图 1-4-18　六类双绞线内部结构

 理论链接 9

双绞线按电气性能分类

双绞线的两种接线标准分别是 EIA/TIA 568A 标准和 EIA/TIA 568B 标准。

双绞线的分类有两种方法，一种是按电气性能分类；另一种是按是否有屏蔽层分类。

双绞线按电气性能可分为一类、二类、三类、四类、五类、超五类、六类、超六类、七类、超七类共 10 种类型。数字越大、版本越新、技术越先进、传输频率和速率越大，其他性能参数也越好，但是价格也越贵。

双绞线按 CAT x 的方式标注类型，如五类双绞线在其外包皮上标注为 CAT 5。如果是改进版，则按 CAT xE 或 CAT xA 的方式标注，如超五类双绞线标注为 CAT 5E，超六类双绞线标注为 CAT 6A。超五类、六类、七类非屏蔽双绞线如图 1-4-19 所示。

(a) 超五类UTP电缆　　(b) 六类UTP电缆　　(c) 七类F/FTP电缆

图 1-4-19　超五类、六类、七类非屏蔽双绞线

动画：A、B 类线序排列动画

双绞线按是否有屏蔽层分类

双绞线按是否有屏蔽层，可分为非屏蔽双绞线和屏蔽双绞线。

（1）非屏蔽双绞线简称 UTP，它是指不带任何屏蔽物的对绞电缆。它只能通过导线的对绞来消除电磁干扰。具有重量轻、体积小、弹性好、易弯曲、易安装、价格便宜、无屏蔽外套及直径小等优点，是没有特殊安全要求的综合布线系统常使用的线缆，市场占有率高达 90%，但抗外界电磁干扰的性能较差，不能满足电磁兼容（EMC）规定的要求。同时这种电缆在传输信息时易向外辐射泄漏，安全性较差，在党、政、军和金融等重要部门的工程中不宜采用。六类非屏蔽双绞线如图 1-4-20 所示。

图 1-4-20　六类非屏蔽双绞线

图 1-4-21　六类屏蔽双绞线

（2）屏蔽双绞线是指带有总屏蔽层或每对线都有屏蔽物的双绞线，如图 1-4-21 所示。其优点是具有很强的抵抗外界电磁干扰、射频干扰的能力，同时也能防止内部传输的信息向外界辐射，因此具有很强的系统安全性。屏蔽双绞线的缺点是重量大、体积大、价格高和施工相对困难。

水晶头结构

RJ-45 水晶头由金属触片和塑料外壳构成，由透明塑料一次性注塑而成，常见水晶头一般长 22cm、宽 11mm、高 13mm，在 RJ-45 水晶头前端有 8 个凹槽，简称 8P（Position，位置），凹槽内的金属接点（金属片）共有 8 个，简称 8C（Contact，触点），因此 RJ-45 水晶头又称为 8P8C 接头，用于与双绞线的 8 根导线通信。水晶头安装有 8 个刀片，用于压接双绞线 8 根芯线，下端有一个弹性塑料手柄，用于将水晶头卡在 RJ-45 端口中，左端设计有一个三角形塑料压块，用于压紧双绞线外护套。RJ-45 水晶头结构如图 1-4-22 所示。RJ-11 水晶头的金属触点一般是 2 个或 4 个。

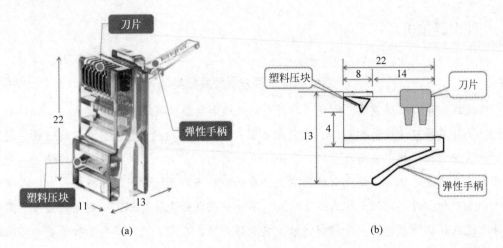

图 1-4-22 水晶头结构

理论链接 12

水晶头的分类

（1）水晶头按照是否屏蔽，可分为屏蔽水晶头和非屏蔽水晶头。

（2）水晶头按照型号，可分为 RJ-45 水晶头和 RJ-11 水晶头。其中，RJ-45 水晶头用于连接网卡、交换机、配线架和信息插座等，如图 1-4-23 所示。RJ-11 水晶头用于连接电话，如图 1-4-24 所示。

（3）按信息模块接口类型，可分为 RJ 型水晶头和非 RJ 型水晶头。

（4）水晶头按照类别，可分为超五类、六类和七类等。

图 1-4-23　RJ-45 水晶头外形

图 1-4-24　RJ-11 水晶头外形

理论链接 13

跳　线

跳线分为电缆跳线和光纤跳线。

电缆跳线是指带或不带连接器件的电缆线对，主要用于信息插座到计算机之间、配线架到交换机之间的连接。

双绞线跳线由线缆、RJ-45（用于连接网络设备）或 RJ-11（用于连接电话）水晶头和保护套组成，长度一般在 5m 以内，如图 1-4-25 所示。

图 1-4-25　RJ-45 和 RJ-11 跳线

1.4.2　管理间子系统设计原则

1. 配线架数量确定原则

配线架端口数量应该大于信息点数量，保证全部信息点接过来的缆线全部端接在配线架中。在工程中，一般使用 24 口配线架或者 48 口配线架。

例如，某楼层共有 64 个信息点，至少应该选配 3 个 24 口配线架，配线架端口的总数量为 72 口，就能满足 64 个信息点缆线的端接需要，这样设计比较经济。

有时为了在楼层进行分区管理，也可以选配较多的配线架。

例如，某楼层共有 64 个信息点，如果分为 4 个区域，平均每个区域有 16 个信息点时，也需要选配 4 个 24 口配线架，这样每个配线架端接 16 口，预留 8 口，能够进行分区管理并且维护方便。

2. 标识管理原则

（1）由于管理间缆线和跳线很多，必须对每一电缆、光缆、配线设备、终接点、接地装置及管线等组成部分进行编号和标识，给定唯一的标识符，并应设置标签，应采用统一数量的字母和数字等标明。在工程项目实施中，还需要将编号和标识规定张贴在该管理间内，方便施工和维护。

（2）电缆和光缆的两端均应标明相同的标识符，如图 1-4-26 所示。

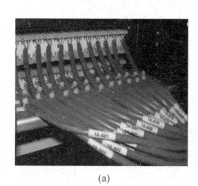
(a)

(b)

图 1-4-26　管理间子系统标识

管理间子系统的设计原则

（3）设备间、电信间、进线间的配线设备宜采用统一的色标区别各类业务和用途的配线区。

（4）所有标签应保持清晰，并应满足使用环境要求。

（5）综合布线系统工程规模较大以及用户有提高布线系统维护水平和网络安全的需要时，宜采用智能配件系统对配线设备的端口进行实时管理、显示和记录配线设备的连接、使用及变更状态。

3. 理线原则

对管理间缆线必须全部端接在配线架中，完成永久链路安装。在端接前必须先整理全部缆线，预留合适长度，做好标记，剪掉多余的缆线，按照区域或者编号顺序绑扎和整理好，通过理线架，然后端接到配线架。不允许出现大量多余缆线缠绕和绞接在一起。

4. 配置不间断电源原则

管理间安装有交换机等有源设备，因此应该设计有不间断电源或者稳压电源。

5. 防雷电措施

管理间的机柜应该可靠接地，防止雷电及静电损坏。

6. 综合布线系统安装规定

根据实际需要选择适宜的机柜，当采用标准 19 英寸机柜时，安装应符合下列规定。

（1）机柜数量规划应计算配件设备、网络设备、电源设备及理线等设施的占用空间，并考虑设备安装空间冗余和散热需要。

（2）机柜单排安装时，前面净空不宜小于 1000mm，后面及机列侧面净空不应小于 800mm，多排安装时，列间距不应小于 1200mm。

7. 公共场所安装配线箱的规定

暗装式箱体底边距地面不宜小于 1.5m，明装式箱体底面距地面不宜小于 1.8m。

8. 机柜、机架、配线箱等设备的安装

应符合现行国家标准《建筑机电工程抗震设计规范》（GB 50981—2014）的有关规定，采用螺栓固定，在抗震设防地区，设备安装应采取减震措施，并进行基础抗震加固。

 理论链接 1

机 柜 结 构

机柜一般是由冷轧钢板或合金制作的，用来存放交换机和相关设备的物件，可以提供对存放设备的保护，屏蔽电磁干扰，有序、整齐地排列设备，方便以后维护设备。机柜分为基本框架、内部支撑系统、布线系统、通风系统四部分。

理论链接 2

机柜分类

机柜有宽度、高度和深度 3 个常规指标。常用立式 19 英寸机柜，机柜尺寸通常为 600mm（宽）×900mm（深）×2000mm（高），还有壁挂式 6U 机柜。立式机柜如图 1-4-27 所示，壁挂式机柜如图 1-4-28 所示。

图 1-4-27　立式机柜

图 1-4-28　壁挂式机柜

 理论链接 3

网络配线架作用

网络配线架是电缆进行端接的装置，是在设备间和电信间用作电缆终接和电缆路由调配的装置。网络配线架主要应用于楼层管理间和设备间内的数据网络布线系统的管理。

 理论链接 4

网络配线架分类

网络配线架有多种类型，按配线架安装位置的不同，分为建筑群配线架（CD）、建筑物配线架（BD）和楼层配线架（FD）。

按配线架端接缆线的不同，分为电缆配线架和光纤配线架两种。电缆配线架如图 1-4-29 所示，光纤配线架如图 1-4-30 所示。

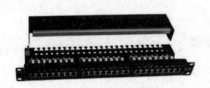
图 1-4-29 电缆配线架

图 1-4-30 光纤配线架

电缆配线架根据其端接电缆型号的不同，分为超五类、六类、七类模块化配线架等。

电缆配线架按照端口数量，分为 12 口、24 口、48 口，可随意选择，可灵活地配合系统的扩充。

电缆配线架按端口是否固定，分为固定端口配线架和模块式配线架。

电缆配线架按照有无屏蔽层，分为屏蔽（STP）RJ-45 模块化网络配线架、非屏蔽（UTP）RJ-45 模块化网络配线架。

非屏蔽电缆配线架上的模块是非屏蔽的，因此不能达到屏蔽双绞线的作用，线芯之间依然存在电磁耦合。

屏蔽电缆配线架上设置了接地汇集排和接地端子，汇集排将屏蔽模块的金属壳体连接在一起。屏蔽模块的金属壳体通过接地汇集排连至机柜内的接地汇集排完成接地。

理论链接 5

理 线 器

理线器常与配线架或网络交换机等配合使用，为电缆提供了平行进入 RJ-45 模块的通路，使电缆在压入模块之前不再多次直角转弯，减少了自身的信号辐射损耗，同时也减少了对周围电缆的辐射干扰。

理论链接 6

110 语音跳线架结构

110 语音跳线架（需要和连接块配合使用）是由高分子合成阻燃材料压模而成的塑料件，它上面装有若干齿形条，对绞电缆的每根线放入齿形条的槽缝里，利用冲压工具就可把线压入连接块上。110 语音跳线架主要应用于楼层管理间和设备间内的语音网络布线系统的管理。

一般一个 110 语音配线架为 1U 高度，包含了左右两个各 50 对的鱼骨架，共可连接 100 对二芯电话线。

理论链接 7

110 连接块结构

110 连接块是一个单层耐火的塑料模密封器，内含熔锡快速接线夹子，当连接块被推入 110 配线架的齿形条时，这些夹子就切开导线的绝缘层建立起连接。

连接块的顶部用于交叉连接，顶部的连线通过连接块与齿形条内的导线相连，常用 110 连接块有 4 对连接块和 5 对连接块两种规格，4 对连接块结构如图 1-4-31 所示，5 对连接块结构如图 1-4-32 所示。

图 1-4-31　4 对连接块结构　　　　图 1-4-32　5 对连接块结构

1.4.3　水平子系统设计原则

1. 水平子系统设计要点

（1）水平子系统应根据楼层用户类别及工程提出的近、远期终端设备要求确定每层的信息点（TO）数量和位置。配线应留有扩展余地，应考虑终端设备将来可能产生的移动、修改。

（2）水平子系统缆线可以采用非屏蔽或屏蔽 4 对对绞电缆（超五类、六类等）。

水平子系统的
设计要点

超五类非屏蔽双绞线如图 1-4-33 所示，六类非屏蔽双绞线如图 1-34 所示，超五类屏蔽双绞线如图 1-4-35 所示，六类屏蔽双绞线如图 1-4-36 所示。

图 1-4-33　超五类非屏蔽双绞线　　　　图 1-4-34　六类非屏蔽双绞线

图 1-4-35　超五类屏蔽双绞线　　　　图 1-4-36　六类屏蔽双绞线

在需要时也可采用室内多模或单模光缆。单模光纤跳线如图 1-4-37 所示，多模光纤跳线如图 1-4-38 所示。

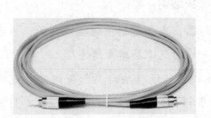

图 1-4-37　单模光纤跳线

图 1-4-38　多模光纤跳线

（3）从管理间至每个工作区光缆宜按二芯光缆配置。当工作区需要满足用户群或大客户使用时，光纤芯数至少应有二芯备份，即按四芯水平光缆配置。

（4）从工作区连接至管理间的每根水平电缆或光缆应终接于相应的配线模块，配线模块与缆线容量相适应。

（5）当工作区为开放式大密度办公环境时，水平子系统宜采用区域式布线方法，即从楼层配线设备（FD）上将多对数电缆布至办公区域，再根据实际情况采用合适的布线方法，也可通过集合点（CP）将线引至信息点（TO）。

（6）一般信息点应为标准的 RJ-45 型插座，并与线缆类别相对应；多模光纤插座宜采用 SC 接插形式，单模光纤插座宜采用 FC 插接形式。信息插座应在内部做固定连接，不得空线、空脚。要求屏蔽的场合，插座须有屏蔽措施。各种光纤连接器如图 1-4-39 所示。

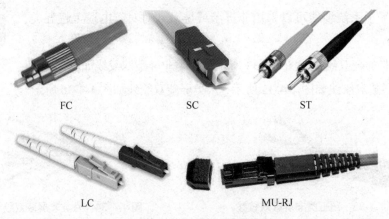

FC　　　　　　SC　　　　　　ST

LC　　　　　　MU-RJ

图 1-4-39　光纤连接器

（7）水平子系统可采用吊顶上、底板下、暗管、地槽等方式布线。信息点面板应采用国际标准面板。单口面板、双口面板、多口面板如图 1-4-40 所示。

（8）CP 集合点安装的连接器件应选用卡接式配线模块或 8 位模块通用插座或各类光纤连接器件和适配器。

(a) 单口面板

(b) 双口面板

(c) 多口面板

图 1-4-40　面板

（9）采用多用户信息插座（MUTO）时，每个多用户插座宜能支持 12 个工作区所需的 8 位模块通用插座，并宜包括备用量。

2. 水平子系统的设计原则

（1）性价比最高原则。

这是因为水平子系统范围广、布线长、材料用量大，对工程总造价和质量有比较大的影响。

（2）预埋管原则。

新建建筑物优先考虑在建筑物梁和立柱中预埋穿线管，旧楼改造或者装修时考虑在墙面刻槽埋管或者墙面明装线槽。因为在新建建筑物中预埋线管的成本比明装布管、槽的成本低，工期短，外观美观。PVC 线槽如图 1-4-41 所示，PVC 线管如图 1-4-42 所示。

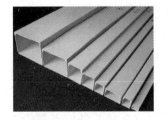
图 1-4-41　PVC 线槽

图 1-4-42　PVC 线管

水平子系统的设计原则

根据建筑物的结构、用途，认真分析布线路由和距离，确定缆线的走向和位置，确定水平子系统路由设计方案。水平子系统缆线宜采用在吊顶、墙体内穿管或设置金属密封线槽及开放式（电缆桥架、吊挂环等）铺设，当缆线在地面布放时，应根据环境条件选用地板下线槽、网络地板、高架（活动）地板布线等安装方式。地面敷设如图 1-4-43 所示，桥架敷设如图 1-4-44 所示。

图 1-4-43　地面敷设

图 1-4-44　桥架敷设

（3）水平缆线最短原则。

为了保证水平缆线最短，一般把楼层管理间设置在信息点集中的房间，以保证水平缆线最短。对于楼道长度超过100m的楼层，或者信息点比较密集时，可以在同一层设置多个管理间，这样既能节约成本，又能降低施工难度。因为布线距离短时，线管和电缆也短，拐弯减少，布线拉力也小些。

（4）水平缆线最长原则。

① 按照《综合布线系统工程设计规范》（GB 50311—2016）国家标准规定，铜缆双绞线电缆的信道最大长度应不大于100m。其中，水平缆线长度不大于90m，一端工作区设备连接跳线不大于5m，另一端管理间的跳线不大于5m。电缆布线系统信道、永久链路、CP链路构成如图1-4-45所示。

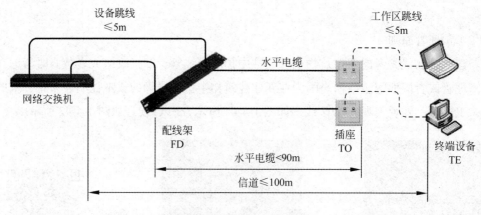

图 1-4-45　电缆布线系统信道、永久链路、CP链路构成

② 光纤信道应分为OF-300、OF-500和OF-2000这3个等级，各等级光纤信道支持的应用长度不应小于300m、500m及2000m。光纤信道构成方式有图1-4-46至图1-4-48所示的几种情况。

a. 水平光缆和主干光缆可在楼层电信间的光配线设备（FD）处经光纤跳线连接构成信道。

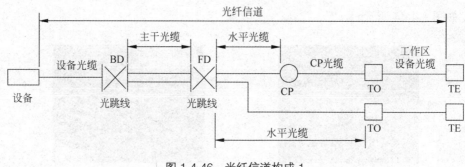

图 1-4-46　光纤信道构成1

b. 水平光缆和主干光缆可在楼层电信间处经接续（熔接或机械连接）互通构成光纤信道。

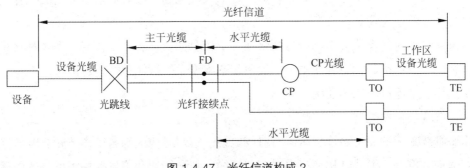

图 1-4-47　光纤信道构成 2

c. 电信间可只作为水平光缆或主干光缆的路径场所。

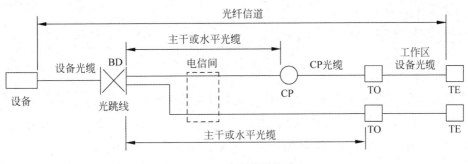

图 1-4-48　光纤信道构成 3

③ 当工作区用户终端设备或某区域网络设备需直接与公用通信网进行互通时，宜将光缆从工作区直接布放至电信业务经营者提供的入口设施处的光配线设备。

（5）避让强电原则。

一般尽量避免水平缆线与 36V 以上强电供电线路平行走线。在工程设计和施工中，一般原则为网络布线避让强电布线。

如果确实需要平行走线时，应保持一定的距离，一般非屏蔽网络双绞线电缆与强电电缆距离大于 30cm，屏蔽网络双绞线电缆与强电电缆距离大于 7cm。

如果需要近距离平行布线甚至交叉跨越布线时，需要用金属管保护网络布线。

（6）地面无障碍原则。

在设计和施工中，必须坚持地面无障碍原则。一般考虑在吊顶上布线，楼板和墙面预埋布线等。对于管理间和设备间等需要大量地面布线的场合，可以增加抗静电地板，在地板下布线。

（7）确定用户需求原则。

根据工程提出的近期和远期终端设备的设置要求、用户性质、网络构成及实际需要，确定建筑物各层需要安装信息插座模块的数量及其位置，配线应留有扩展余地。

（8）缆线确定与布放原则。

水平子系统线缆应采用非屏蔽或屏蔽 4 对双绞线电缆，在有高速率应用的场合，应采用室内多模或单模光缆。

一条 4 对双绞线电缆应全部固定终接在一个信息插座上，不允许将一条 4 对双绞线电缆终接在两个或更多的信息插座上。一般对于基本型系统选用单个连接的八芯插座，增强型系统选用双个连接的八芯插座。

（9）缆线与插座类型一致原则。

水平缆线采用的非屏蔽或屏蔽 4 对对绞电缆、室内光缆应与各工作区光、电信息插座类型相适应。例如，缆线选用超五类屏蔽双绞线，则配线架和信息模块等也要选用超五类屏蔽类型。

理论链接 1

线　管

线管是指圆形的缆线支撑保护材料，用于构建缆线的敷设通道。一般用于水平布线子系统中。要求线管具有一定的抗压强度，可明敷墙外或暗敷于混凝土内；具有耐酸碱腐蚀的能力，防虫蛀、鼠咬；具有阻燃性，能避免火势蔓延；表面光滑、壁厚均匀。线管如图 1-4-42 所示。

理论链接 2

线管分类和规格

线管材料有钢管、塑料管、室外用的混凝土管以及高密度乙烯材料（HDPE）制成的双壁波纹管等，常用塑料管和金属管（钢管）两种，有 D16、D20、D25、D32、D40、D45、D63 等多种规格。

理论链接 3

线管配件

线管配件有弯头、管卡、三通等，如图 1-4-49 所示。

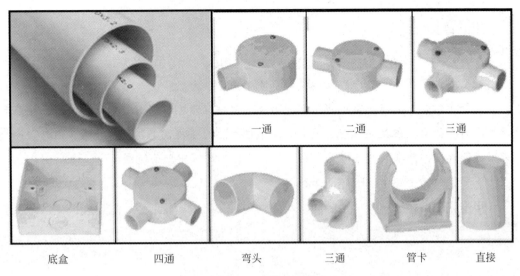

| | 一通 | 二通 | 三通 |

| 底盒 | 四通 | 弯头 | 三通 | 管卡 | 直接 |

图 1-4-49　线管配件

 理论链接 4

缆线在 PVC 线管布放根数

缆线布放在管内的管径与截面利用率应根据不同类型的缆线做不同的选择。管内穿放大对数电缆或四芯以上光缆时，直线管路的管径利用率应为 50%~60%，弯管路的管径利用率应为 40%~50%。管内穿放 4 对对绞电缆或四芯光缆时，截面利用率应为 25%~35%。

表 1-4-1 所示为线管规格型号与容纳的双绞线最多条数。

表 1-4-1　线管规格型号与容纳的双绞线最多条数

线管类型	线管规格 /mm	容纳的双绞线最多条数	截面利用率 /%
PVC、金属	16	2	30
PVC	20	3	30
PVC、金属	25	5	30
PVC、金属	32	7	30
PVC	40	11	30
PVC、金属	50	15	30
PVC、金属	63	23	30
PVC	80	30	30
PVC	100	40	30

理论链接 5

金 属 管

金属管（钢管）具有屏蔽电磁干扰能力强、机械强度高、密封性能好、抗弯、抗压和抗拉性能好等优点；但抗腐蚀能力差，施工难度大。为了提高其抗腐蚀能力，内外表面全部采用镀锌处理，要求表面光滑无毛刺，防止在施工过程中划伤缆线。

理论链接 6

金属管分类

布线中常用的金属管有 D16、D20、D25、D32、D40、D50、D63 等规格，图 1-4-50 所示为部分金属管及管件。

此外，还有一种较软的金属管，叫作软管（俗称蛇皮管），供弯曲的地方使用。

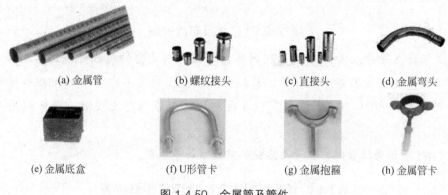

(a) 金属管　　(b) 螺纹接头　　(c) 直接头　　(d) 金属弯头

(e) 金属底盒　　(f) U形管卡　　(g) 金属抱箍　　(h) 金属管卡

图 1-4-50　金属管及管件

理论链接 7

线 槽

线槽又名走线槽、配线槽、行线槽，是用来将电源线、数据线等线材规范整理，固定在墙上或者天花板上的布线工具。线槽有PVC线槽和金属线槽两种，PVC线槽如图 1-4-41 所示，金属线槽如图 1-4-51 所示。金属线槽又称槽式桥架。PVC线槽是综合布线工程中明敷管路时广泛使用的一种材料，它是一种带盖板的、封闭式的线槽，盖板和槽体通过卡槽合紧。

图 1-4-51　金属线槽

理论链接 8

线槽分类

从型号上讲,有 PVC-20 系列、PVC-25 系列、PVC-30 系列、PVC-40 系列等。

从规格上讲,PVC 线槽有 20mm×12mm、25mm×12.5mm、25mm×25m、30mm×15mm、40mm×20mm 等。一般使用的金属线槽规格有 50mm×100mm、100mm×100mm、100mm×200mm、100mm×300mm、200mm×400mm 等多种。

理论链接 9

线槽配件

与 PVC 线槽配套的附件有阳角、阴角、直转角、平三通、左三通、右三通、连接头、终端头、接线盒(暗盒、明盒)等,如图 1-4-52 所示。

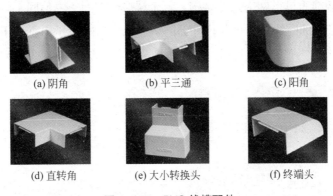

(a) 阴角   (b) 平三通   (c) 阳角

(d) 直转角   (e) 大小转换头   (f) 终端头

图 1-4-52 PVC 线槽配件

理论链接 10

桥架分类

桥架可分为槽式电缆桥架、组合式电缆桥架、梯式桥架。本工程采用槽式电缆桥架,结构如图 1-4-53 所示。槽式电缆桥架是全封闭的缆线桥架。对控制电缆的屏蔽干扰和重腐蚀环境中电缆的防护都有较好的效果。适用于室内外和需要屏蔽的场所。

槽式电缆桥架连接时,使用相应尺寸的连接板(铁板)和螺钉固定。

图 1-4-53 槽式电缆桥架结构

常用槽式电缆桥架的规格为 50mm×25mm、100mm×25mm、100mm×50mm、200mm×100mm、300mm×150mm、400mm×200mm 等多种。

注意事项

PVC 线管预埋管径要求

管道暗敷 PVC 管外面都需有一层砂浆保护层，因此墙内预埋管路的路径不宜过大。根据我国建筑结构的情况，预埋在墙体中间暗管的最大管外径不宜超过 50mm，预埋在楼板中暗埋管的最大管外径不宜超过 25mm，室外管道进入建筑物的最大管外径不宜超过 100mm。暗敷于干燥场所（含混凝土或水泥砂浆层内）的钢管，可采用壁厚为 1.6~2.5mm 的薄壁钢管。本工程建筑楼层为四层，所以墙壁内的暗管内径在 50mm 以内，在楼板中的预埋暗管外径为 25mm 以内。

1.4.4 垂直子系统设计原则

1. 星形拓扑结构原则

垂直子系统必须为星形网络拓扑结构。每个楼层管理间（电信间）均需采用主干线缆连接到大楼主设备间的配线架，再通往外部网络。图 1-4-54 所示为垂直子系统布线原理。

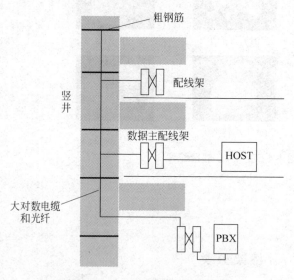

图 1-4-54　垂直子系统布线原理

垂直子系统的设计原则

2. 保证传输速率原则

垂直子系统首先考虑传输速率，一般选用光缆，光纤可利用的带宽约为 5000GHz，可以轻松实现 1~10Gb/s 的网络传输。

在下列场合，应首先考虑选择光缆。

（1）带宽需求量较大，如银行等系统的干线。

（2）传输距离较长，如园区或校园网主干线。

（3）保密性、安全性要求较高，如安全国防部门等系统的干线。

3. 无转接点原则

由于垂直子系统中的光缆或者电缆路由比较短，而且跨越楼层或者区域，因此在布线路由中不允许有接头或者集合点等各种转接点。

4. 语音和数据电缆分开原则

在垂直子系统中，语音和数据往往用不同种类的缆线传输，语音电缆一般使用大对数电缆，数据一般使用光缆，但是在基本型综合布线系统中也常常使用电缆。由于语音和数据传输时工作电压和频率不同，往往语音电缆工作电压高于数据电缆工作电压，为了防止语音传输对数据传输的干扰，必须遵守语音电缆和数据电缆分开的原则。

5. 大弧度拐弯原则

垂直子系统主要使用光缆传输数据，同时对数据传输速率要求高，涉及终端用户多，一般会涉及一个楼层的很多用户，因此在设计时，垂直子系统的缆线应该垂直安装，如果在路由中间或者出口处需要拐弯，不能直角拐弯布线，必须设计大弧度拐弯，保证缆线的曲率半径和布线方便。

6. 满足整栋大楼需求原则

由于垂直子系统连接大楼的全部楼层或者区域，不仅要满足信息点数量少、速率要求低楼层用户的需要，还要保证信息点数量多、传输速率高楼层用户的要求。因此，在垂直子系统的设计中一般选用光缆，并且需要预留备用缆线，在施工中要规范施工和保证工程质量，最终保证垂直子系统能够满足整栋大楼各个楼层用户的需求和扩展需要。

7. 布线系统安全原则

由于垂直子系统涉及每个楼层，并且连接建筑物的设备间和楼层管理间交换机等重要设备，布线路由一般使用金属桥架，因此在设计和施工中要加强接地措施，预防雷电击穿破坏，还要防止缆线遭破坏等措施，并且注意与强电保持较远的距离，防止电磁干扰等。

 理论链接

电缆井的概念

在智能化建筑中，需要敷设大量的各种缆线。为此，经常设有各种竖井，它们是从地下底层到建筑顶部楼层，形成一个自上而下的深井，称为电缆井。

1.4.5　设备间子系统设计原则

1. 位置合适原则

设备间的位置应根据建筑物的结构、布线规模、设备数量、设备规模和网络构成等因素综合考虑，设备间宜处于干线子系统的中间位置。

在工程设计中，设备间一般设置在建筑物一层或二层中部，避免设在顶层，而且要为以后的扩展留下余地，位置宜与楼层管理间距离近，并且上下对应，这是因为设备间一般使用光缆与楼层管理间设备连接，比较短和很少的拐弯，方便光缆施工和降低布线成本，也尽可能靠近建筑物竖井位置，有利于主干缆线的引入，设备间的位置宜便于设备接地。

设备间子系统的
设计原则

2. 面积合理原则

设备间面积大小应该考虑安装设备的数量和维护管理方便，设备间内应有足够的设备安装空间，其使用面积不应小于 $10m^2$，当设备间内需安装其他信息通信系统设备机柜或光纤到用户单元通信设施机柜时，应增加使用面积。特别要预留维修空间，方便维修人员操作，机架或机柜前面的净空不应小于 800mm，后面的净空不应小于 600mm。如果面积太小，后期可能出现设备安装拥挤，不利于空气流通和设备散热。

3. 数量合适原则

每栋建筑物内应至少设置一个设备间，如果有安全需要或不同业务应用需要时，也可设置两个或两个以上设备间。

4. 外开门原则

设备间入口门采用外开双扇门，房门净高不应小于 2.0m，门宽不应小于 1.5m。

5. 配电安全原则

设备间设置不少于两个单相交流 220V 电压插座盒，每个电源插座的配电线路均安装保护器，供电必须符合相应的设计规范，如设备专用电源插座、维修和照明电源插座、接地排等。

6. 环境安全原则

设备间室内环境温度应为 10~35℃，相对湿度应为 20%~80%，并应有良好的通风。设备间应有良好的防尘措施，防止有害气体侵入，设备间梁下净高不应小于 2.5m，有利于空气循环。

设备间空调应该具有断电自启功能，如果出现临时停电，来电后能够自动重启，不需要管理人员专门启动。设备间空调容量的选择既要考虑工作人员，又要考虑设备散热，还要具有备份功能，一般必须安装两台，一台使用、一台备用。

设备间远离供电变压器、发动机、发电机、X射线设备、无线射频或雷达发射机等设备以及有电磁干扰源存在的场所。

设备间远离粉尘、油烟、有害气体以及存在腐蚀性、易燃、易爆物品的场所。

设备间不应设置在厕所或其他潮湿、易积水区域的正下方或毗邻场所。室内地面应具有防潮措施。

7. 标准接口原则

建筑物综合布线系统与外部配线网连接时，应遵循相应的接口标准要求。

理论链接

扎 带

扎带是用于捆扎东西的带子，设计有止退功能，只能越扎越紧，一般为一次性使用，也有可拆卸的扎带。根据材料的不同，分为金属扎带（不锈钢材料）和塑料扎带（尼龙材料）两种，按锁紧方式的不同，分为自锁式尼龙扎带、标牌扎带、固定头扎带和插销式扎带等。

工程中常用尼龙扎带。尼龙扎带采用UL认可的尼龙66材料制成，防火等级94V-2，具有耐酸、耐蚀、绝缘性良好、耐久（不易老化）、易使用等特点。

1.4.6 进线间子系统设计原则

（1）地下设置原则。进线间一般应该设置在地下或者靠近外墙，以便于缆线引入。

（2）空间合理原则。进线间应满足缆线的敷设路由、端接位置及数量、光缆的盘长空间和缆线的弯曲半径、充气维护设备、配线设备安装所需要的场地空间和面积，大小应按进线间的进出管道容量及入口设施的最终容量设计。

进线间子系统
的设计原则

（3）满足多家运营商需求原则。进线间内设置管道入口，入口的尺寸应满足多家电信业务经营者通信业务接入及建筑群布线系统和其他弱电系统的引入管道管孔容量的需求。

光纤到用户单元通信设施工程的设计必须满足多家电信业务经营者平等对接接入，用户单元内的通信业务使用者可自由选择电信业务经营者的要求。

① 进线间应防止渗水，宜设置抽排水装置，以免长期存在积水。

② 进线间应采用相应防火级别的防火门，门向外开，房门净高不应小于2.0m，门宽不应小于0.9m。

③ 进线间应采取防止有害气体进入的措施，并设置通风装置。

④ 进线间内如安装配线设备和信息通信设施，应符合设备安装设计的要求。

（4）建筑群主干电缆和光缆、公用网和专用网电缆、光缆等室外缆线进入建筑物时，应在进线间由器件成端转换成室内电缆、光缆。缆线的终接处设置的入口设施外线侧配线模块应按出入的电缆、光缆容量配置。

（5）综合布线系统和电信业务经营者设置的入口设施内线侧配线模块应与建筑物配线设备（BD）或建筑群配线设备（CD）之间敷设的缆线类型和容量相匹配。

（6）进线间的缆线引入管道管孔数量应满足建筑物之间、外部接入各类信息通信业务、建筑智能化业务及多家电信业务经营者缆线接入的需求，建议留有3孔的余量。

（7）进线间应满足室外引入缆线的敷设与成端位置及数量、缆线的盘长空间和缆线的弯曲半径等要求，面积不宜小于 $10m^2$。

（8）进线间管线设计，管道入口位置与引入管道高度相对应。进线间采用轴流式通风机通风，排风量按每小时不小于 5 次换气次数计算。

（9）配电安全原则。设备间设置不少于两个单相交流 220V 电压插座盒，每个电源插座的配电线路均安装保护器，供电必须符合相应的设计规范，如设备专用电源插座、维修和照明电源插座及接地排等。

1.4.7 建筑群子系统设计原则

（1）建筑群子系统中，建筑群配线架（CD）等设备是安装在屋内的，而其他所有线路设施都设在屋外，受客观环境和建设条件影响较大。

建筑群子系统
的设计原则

（2）由于综合布线系统中大多数采用有线通信方式，一般通过建筑群子系统与公用通信网连成整体。从全程全网来看，建筑群子系统也是公用通信网的组成部分，它们的使用性质和技术性能基本一致，其技术要求也是相同的。因此，建筑群子系统的设计要从保证全程全网的通信质量来考虑，不应只以局部的需要为基点。

（3）建筑群子系统的缆线是室外通信线路，其建设原则、网络分布、建筑方式、工艺要求以及与其他管线之间的配合协调，均与所属区域内的其他通信管线要求相同，必须按照本地区通信线路的有关规定办理。

（4）建筑群子系统的缆线敷设在校园式小区或智能化小区内，成为公用管线设施时，其建设计划应纳入该小区的规划，具体分布应符合智能化小区的远期发展规划要求，且与近期需要和现状相结合，尽量不与城市建设和有关部门的规定发生矛盾，使传输线路建设后能长期稳定、安全可靠地运行。

（5）在已建或正在建的智能化小区内，如已有地下电缆管道或架空通信杆路，应尽量设法利用。与该设施的主管单位（包括公用通信网或用户自备设施的单位）进行协商，采取合用或租用等方式。这样可避免重复建设，节省工程投资，使小区内管线设施减少，有利于环境美观和小区布置。

（6）建筑群子系统设计要求。

① 建筑群子系统设计应注意所在地区的整体布局。由于智能化建筑群所处的环境一般对美化要求较高，对于各种管线设施都有严格规定，要根据小区建设规划和传输线路分布，尽量采用地下化和隐蔽化方式。

② 建筑群子系统设计应根据建筑群用户信息需求的数量、时间和具体地点，采取相应的技术措施和实施方案。在确定缆线规格、容量、敷设的路由以及建筑方式时，务必考虑要使通信传输线路建成后保持相对稳定，并能满足今后一定时期信息业务的发展需要。为

此，必须遵循以下几点要求。

a. 线路路由应尽量选择距离短、平直，并在用户信息需求点密集的楼群经过，以便布线和节省工程投资。

b. 线路路由应选择在较永久性的道路上敷设，并应符合有关标准规定以及与其他管线和建筑物之间的最小净距要求。除因地形或敷设条件的限制必须与其他管线合沟或合杆外，与电力线路必须分开敷设，并有一定的间距，以保证通信线路安全。

c. 建筑群子系统的主干缆线分支到各幢建筑物的引入方式，应尽量采用地下敷设。如不得已而采用架空方式（包括墙壁电缆引入方式），应采取隐蔽引入，其引入位置宜选择在房屋建筑的后面等不显眼的地方。

（7）工程布线采用系统。工程布线系统采用屏蔽布线系统还是非屏蔽布线系统，需符合《综合布线系统工程设计规范》（GB 50311—2016）相关规定。

① 屏蔽布线系统的选用应符合下列规定。

a. 当综合布线区域内存在的电磁干扰场强高于 3V/m 时，采用屏蔽布线系统。

b. 用户对电磁兼容性有电磁干扰和防信息泄露等较高的要求时，或有网络安全保密的需求时，采用屏蔽布线系统。

c. 安装现场条件无法满足对绞线缆的间距要求时，采用屏蔽布线系统。

d. 当布线环境温度影响到非屏蔽布线系统的传输距离时，采用屏蔽布线系统。

② 屏蔽布线系统选用相互适应的屏蔽电缆和连接器件，采用的电缆、连接器件、跳线、设备电缆都应是屏蔽的，都应保持信道屏蔽层的连续性和导通性。

（8）配置原则。

① 建筑红线范围内敷设配线光缆所需的室外通信管道管孔与室内管槽的容量，用户接入点处预留的配线设备安装空间及设备间的面积均应满足多家电信业务经营者通信业务接入的需要。

② 光纤到用户单元所需的室外通信管道与室内通信配线管网的导管与槽盒应单独设置，管槽的总容量与类型应根据光缆敷设方式及终期容量确定，并应符合下列规定。

a. 地下通信管道的管孔应根据敷设的光缆种类及数量选用，宜选用单孔管、单孔管内穿放子管及栅格式塑料管。

b. 每条光缆应单独占用多孔管中的一个管孔或单孔管内的一个子管。

c. 地下通信管道与预留建议保留 3 个备用管孔。

d. 配线管网导管与槽盒尺寸应满足敷设的配线光缆与用户光缆数量及管槽利用率的要求。

（9）建筑群子系统缆线容量。

① 建筑群配件设备内线侧的容量应与各建筑物引入的建筑群主干缆线容量一致。

② 建筑群配线设备外线侧的容量应与建筑群外部引入的缆线容量一致。

理论链接 1

大对数概念

大对数即多对数的意思，是指很多一对一对的电缆组成一小捆，再由很多小捆组成一大捆（更多大对数的电缆则再由一大捆一大捆组成一根更大的电缆）。

非屏蔽大对数线从外往里依次是护套、撕裂线，里面就是不同数量的线对，如图 1-4-55 所示。屏蔽大对数线比非屏蔽大对数线护套里面多了一层屏蔽层，如图 1-4-56 所示。

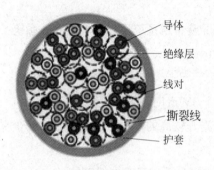
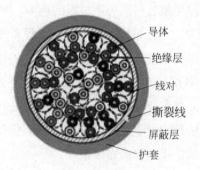

图 1-4-55　非屏蔽大对数线　　　　图 1-4-56　屏蔽大对数线

 理论链接 2

大对数线分类

大对数线有 25 对、50 对、100 对等。大对数线结构如图 1-4-57 所示。

图 1-4-57　大对数线结构

 理论链接 3

大对数线色谱

（1）25 对大对数线进行线序排线时，首先进行主色排序，然后进行配色排序，大对数线主配色如图 1-4-58 所示。

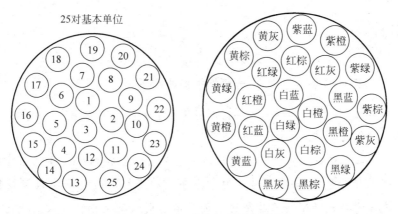

图 1-4-58 25 对大对数线主配色

（2）线缆主色为白、红、黑、黄、紫；线缆配色为蓝、橙、绿、棕、灰。

一组线缆为 25 对，以色带来分组，一共有 25 组，分别如下。

① 白蓝、白橙、白绿、白棕、白灰。

② 红蓝、红橙、红绿、红棕、红灰。

③ 黑蓝、黑橙、黑绿、黑棕、黑灰。

④ 黄蓝、黄橙、黄绿、黄棕、黄灰。

⑤ 紫蓝、紫橙、紫绿、紫棕、紫灰。

100 对大对数线里有 4 种标识线，1~25 对线为第一小组，用白蓝相间的色带缠绕。

26~50 对线为第二小组，用白橙相间的色带缠绕。

51~75 对线为第三小组，用白绿相间的色带缠绕。

76~100 对线为第四小组，用白棕相间的色带缠绕。

此 100 对线为一大组，用白蓝相间的色带把 4 小组对线缠绕在一起。

200 对、300 对、400 对、…、2400 对，以此类推。

 理论链接4

同 轴 电 缆

同轴电缆先由两根同轴心、相互绝缘的圆柱形金属导体构成基本单元的电缆，铜芯与网状导体同轴，故名同轴电缆。

由图 1-4-59 可以看出，从外往里依次是护套、屏蔽层、绝缘层和导体。

图 1-4-59 同轴电缆

理论链接 5

光纤熔接机结构

光纤熔接机靠电弧将光纤接头熔化，同时运用准直原理平缓推进，以实现光纤模场的耦合，如图1-4-60所示。

光纤熔接是目前普遍采用的光纤接续方法，光纤熔接机通过高压放电将接续光纤端面熔融后，将两根光纤连接到一起成为一段完整的光纤。这种方法接续损耗小，而且可靠性高。熔接连接光纤不会产生缝隙，因而不会引入反射损耗，入射损耗也很小，为0.01~0.15dB。在光纤进行熔接前要把涂敷层剥离。机械接头本身是保护连接光纤的护套，但熔接在连接处却没有任何保护。因此，采用熔接保护套管的方式是将保护套管套在接合处，然后对其进行加热，套管内管是由热材料制成的，因此这些套管可以牢牢地固定在需要保护的地方，加固件可避免光纤在这一区域弯曲。光纤热缩管如图1-4-61所示。

图 1-4-60 光纤熔接机

图 1-4-61 光纤热缩管

 理论链接 6

光纤连接器

光纤连接器是将光纤接入光纤模块（如光纤耦合器）的光纤接头。光纤连接器按传输介质的不同可分为单模连接器和多模连接器；按连接头结构的不同可分为FC、SC、ST、LC、MU-RJ等连接器，不同类型的连接器不能混用。

 理论链接 7

光纤耦合器

光纤耦合器是光纤与光纤之间进行可拆卸（活动）连接的器件，也称为光纤适配器，它把光纤的两个端面精密对接起来，以使发射光纤输出的光能量能最大限度地耦合到接收光纤中。

光纤耦合器的作用如下。

（1）将光信号转化为电信号。

（2）将多模信号耦合成单模信号。

（3）使两个光纤接头的截面光纤孔导通。

（4）使两组光信号互相联通。

 理论链接 8

光纤配线架

光纤配线架由箱体、光纤连接盘、面板三部分构成，如图 1-4-62 所示。光纤连接盘如图 1-4-63 所示。

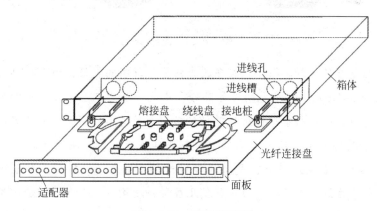

图 1-4-62　光纤配线架

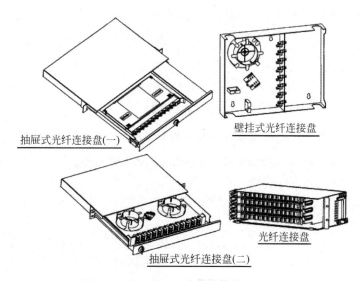

图 1-4-63　光纤连接盘

理论链接 9

光纤结构

光纤是光导纤维的简称，是一种传输光束的细微而柔韧的介质，能将信息从一端传送到另一端的传输介质。自里向外依次为纤芯、包层和涂覆层，中心是光传播的玻璃芯，如图 1-4-64 所示。

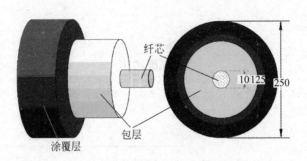

图 1-4-64　光纤

最里面一层是纤芯，纤芯很小，在多模光纤中，纤芯的直径仅为 15~50μm，单模光纤纤芯的直径仅为 8~10μm，它是光的传导部分。中间一层为包层，外径一般为 125μm，它是玻璃芯外面包围着一层折射率比玻璃芯低的玻璃封套，其作用是使光线只能在光纤芯内传输。因此，纤芯和包层是不可分离的，合起来组成裸光纤，决定光纤的光学特性和传输特性。最外面的一层为涂覆层，是薄的塑料外套，用来保护封套，涂覆层外径一般为 250μm，它是光纤的第一层保护，由一层或几层聚合物构成，在光纤制造过程中涂覆到光纤上，在光纤受到外界震动时保护光纤的光学性能和物理性能不变，还可以隔离外界水汽的侵蚀，并提高光纤的柔韧性。

 理论链接 10

光缆结构

光缆是指由单芯或多芯光纤组合在一起，增加缓冲层、保护层和外护套等，光缆的多层保护结构能够始终保持内部的光纤不被损坏，也能防止外部的砸、电击等外界因素损坏光缆。

 理论链接 11

光纤的种类

（1）按光在光纤中的传输模式分，可将光纤分为单模光纤和多模光纤两种，如图 1-4-65

和图 1-4-66 所示。

①　单模光纤只能传输一种模式的光，传输距离较长。

②　多模光纤可传输多种模式的光，由于其模间色散较大，限制了带宽，且随距离的增加会更加严重。

例如，600MB/km 的光纤在传输距离达到 2km 时就只有 300MB 的带宽了。因此，多模光纤的传输距离比较短，一般只有几千米。多模室内光缆的外护套颜色为橙色，还有部分室内光缆的外护套颜色为灰色或黑色。

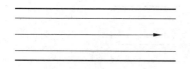

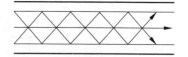

图 1-4-65　单模光纤传输模式　　　　　图 1-4-66　多模光纤传输模式

（2）按纤芯到包层的折射率变化的情况来分，可分为突变型光纤和渐变型光纤两种。

（3）按波长窗口分类，光纤有 2 个波长区，综合布线采用 0.85μm 和 1.4μm 两个波长区。

（4）按光纤芯数分，可分为单芯、双芯和多芯 3 种。室内光缆通常为 1~36 芯，也有大于 36 芯的大芯数室内光缆。

（5）按照应用环境的不同，将光缆分为室外光缆和室内光缆两种，如图 1-4-67 和图 1-4-68 所示。

室外光缆主要有松套层绞式光缆、中心束管式光缆和骨架式光缆（较少使用）3 种。

图 1-4-67　室外光缆　　　　　　　　图 1-4-68　室内光缆

1.5　综合布线工程设计步骤

综合布线工程设计是按照"工程调研→需求分析→技术交流→初步方案设计→扩初成果汇报与意见反馈→确定方案→施工图设计"的步骤进行。

综合布线工程设计步骤如图 1-5-1 所示。

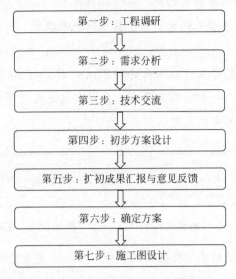

图 1-5-1　综合布线工程设计步骤

1.5.1　工程调研

1. 调研的重要性

用户信息需求是综合布线系统的基础数据，它的准确和详尽的程度直接影响综合布线系统的网络结构、缆线分布、设备配置和工程投资等一系列重大决策问题，所以至关重要。

信息点的数量和位置及其业务量是工程设计中一项不可缺少的重要内容。如果建设单位或有关部门能够提供，则只需核实、确认；若不能提供，则需要根据用户要求、建筑物的用途以及相关规定、规范进行合理规划。

具体选择哪种布线方式，每个工作区布置多少个信息点，各个布线子系统采用什么缆线，进线间、设备间、电信间安排在什么位置等，都在相当程度上由用户需求调查决定。

2. 调研的方法

设计人员通过阅读招标文件，和甲方一起到现场进行勘察、座谈等多种方式了解甲方需求。

现场勘察是招标方给投标单位提供的一个实地勘察的机会，解决招标文件某些没有详细说明的可能会影响将来施工的问题。

勘察现场的时间已在招标文件中规定，由招标单位统一组织。

现场勘察要认真仔细，逐一确认各楼层、走廊、房间、电梯厅、大厅等吊顶的情况，包括吊顶是否可打开、吊顶高度、吊顶距梁高度等，然后根据吊顶的情况确定配线主干线槽的敷设方法。对于新建筑物，要确定是走吊顶内线槽还是走地面线槽，对于旧建筑物改造工程，要确定配线主干线槽的敷设路由。还应找到综合布线系统需要用到的电缆竖井，查看竖井有无楼板，询问竖井中是否有其他系统的线路。

若没有可用的电缆竖井，要和甲方技术负责人商定垂直槽道的位置，并选择垂直槽道的种类，如梯级式桥架、托盘式桥架、槽式桥架、圆管等。

在设备间和电信间，要确定机柜的安放位置、到机柜的主干线槽的敷设方式，设备间和楼层配线间是采用上走线方式还是下走线方式，有无高架活动地板等，并测量楼层高度。

如果在竖井内墙壁上挂装楼层配线箱，要求竖井内有电力供应、有楼板，不能是直通的。如果在走廊墙壁上暗嵌配线箱，要看墙壁是否贴大理石，是否有墙围需要做特别处理，是否离电梯厅或房间门太近而影响美观。

确定槽道的敷设方式和槽道种类。

现场勘察之后，甲、乙双方再召开座谈会，甲方向设计单位提供建设图纸，通过调研，了解工程土建、装修等情况。讨论对大楼结构尚不明白的问题，包括哪些是承重墙、外墙哪些部分有玻璃幕墙、设备层在哪层、大厅的地面材质、墙面的处理方法（如喷涂、贴大理石、木墙围等）、柱子表面的处理方法（如喷涂、贴大理石、不锈钢包面等）等。

3.调研的内容

设计单位调研甲方需要设计什么内容，达到什么样的功能和效果。包括用户信息点的种类、数量及分布情况；设备间、电信间、中心机房的位置等。

（1）确定工程实施的范围。它主要是指实施综合布线系统工程的建筑物数量、各建筑物的信息点数量及分布情况、确定各电信间和设备间的位置及中心机房的位置。

（2）确定系统的类型。须分类调查话音、数据、图像和监控等的信息需求，全面考虑实际需要的信息业务种类和数量。

（3）确定系统各类信息点的接入要求。它包括信息点接入设备类型、未来预计需要扩展的设备数量和信息点接入的速率要求等。

4.调研的结果

通过用户调研，大概了解整个工程的情况。确认建筑物工作区的数量和用途；通过对用户方实施综合布线系统的相关建筑物进行实地考察，由用户方提供建筑工程图，从而了解相关建筑结构，分析施工难易程度，并估算大致费用；根据造价、建筑物距离和带宽要求确定光缆的芯数和种类；根据用户建筑楼群间距离、马路隔离情况、地沟和道路状况，确定建筑群光缆的敷设方式；对各建筑楼的信息点数进行统计，确定室内布线方式和电信间的位置；当建筑物楼层较低、规模较小、点数不多时，只要所有信息点与设备间的距离均在 90m 以内，信息点布线可直通设备间；建筑物楼层较高、规模较大、点数较多时，可采用信息点到电信间、电信间到设备间的分布式综合布线系统。

1.5.2 需求分析

需求分析是综合布线系统设计的重要工作。

1. 工作区子系统需求分析

工作区子系统需求分析是为了掌握用户的当前用途和未来扩展需要，目的是把不同类别建筑物进行设计归类，为后续设计确定方向和重点。分析整栋建筑物用途，分析每层楼的用途和功能，分析每个房间的需求，明确每个工作区的用途和功能。通过分析每个工作区的情况来规划工作区的信息点数量和位置。

需求分析

2. 管理间子系统需求分析

管理间的需求分析是围绕单个楼层或者附近楼层的信息点数量和布线距离进行的，宜把管理间布置在信息点的中间位置，各个楼层的管理间最好设置在同一个位置，但如果各楼层的功能不同，也可根据需要将各楼层的管理间设置在不同的位置。根据点数统计表分析每个楼层的信息点总数，然后估算每个信息点的缆线长度，要特别注意最远信息点的缆线长度，列出最远和最近信息点缆线的长度，同时保证各个信息点双绞线的长度不要超过90m。

管理间的位置直接决定水平子系统的缆线长度，也直接决定工程总造价。为了减少工程造价，降低施工难度，也可以在同一个楼层设立多个分管理间。

3. 水平子系统需求分析

水平子系统的需求分析主要涉及布线距离、布线路径、布线方式和材料选择等，这对后续水平子系统的设计和施工非常重要，直接影响综合布线系统工程的质量和工期。

需求分析按照楼层进行，分析并确认每个楼层的管理间到信息点的布线距离、布线路径。

4. 垂直子系统需求分析

垂直子系统是综合布线系统工程中很重要的一个子系统，直接决定每个信息点的稳定性和传输速度。需求分析按照楼层高度进行，分析设备间到每个楼层管理间的布线距离、布线路径，逐步明确和确认垂直子系统的布线材料的选择。

5. 设备间子系统需求分析

设备间子系统是综合布线的精髓，设备间的需求分析围绕整个楼宇的信息点数量、设备数量、规模、网络构成等进行，每幢建筑物内应至少设置一个设备间，如果需要，也可设置两个或两个以上设备间，以满足不同业务的设备安装需要。

6. 建筑群子系统需求分析

在设计建筑群子系统时，需求分析应该包括工程的总体概况、工程各类信息点统计数据、各建筑物信息点分布情况、各建筑物平面设计图、现有系统的状况、设备间位置等。分析从一个建筑物到另一个建筑物之间的布线距离、布线路径，逐步明确和确认布线方式和布线材料的选择。

1.5.3　技术交流

技术交流

在进行需求分析后，设计者要与用户进行技术交流，不仅要与建筑物的技术负责人交流，而且要与项目或者行政负责人进行交流，进一步充分和广泛地了解用户的需求，特别是未来的扩展需求。在交流过程中必须进行详细的书面记录，每次交流结束后要及时整理书面记录，这些书面记录是初步设计的依据。

1. 工作区子系统技术交流

工作区子系统技术交流从建筑物的用途开始，按照楼层分析，再到楼层的各个工作区或者房间，明确每层每个工作区的用途和功能、工作台位置、工作台尺寸和设备安装位置等信息，从而规划信息点的数量和位置。特别是信息点多，设计较为复杂的工程要更详细、更深入地进行交流，以较为充分地了解工作区子系统的所有需求。

2. 管理间子系统技术交流

在交流中重点了解管理间子系统附近的电源插座、电力电缆、电气设备等情况。对于信息点比较密集的集中办公室可以设置一个独立的分管理间，不仅能够大幅度降低工程造价，而且方便管理和今后设备的扩展及维护。

3. 水平子系统技术交流

由于水平子系统经常与照明线路、电气设备线路等有交叉或并行，因此要与建筑物的技术负责人等进行深入的交流，了解每个信息点路径上的电路、水路、气路的安装位置等信息。

4. 垂直子系统技术交流

在交流中重点了解每个管理间及设备间的位置和环境、垂直通道的具体情况。

5. 设备间子系统技术交流

在交流中根据用户方要求及现场情况具体确定设备间的位置，重点了解规划的设备间子系统附近的电源插座、电力电缆、电器管理等情况。

6. 建筑群子系统技术交流

由于建筑群子系统往往覆盖整个建筑物群的平面，布线路径也经常与室外的强电线路、给（排）水管道、道路和绿化等项目线路有多次的交叉或者并行实施。在交流中重点了解每条路径上的电路、水路、气路的安装位置等详细信息。

1.5.4　初步方案设计

一般在没有最终定稿之前的设计都统称为初步设计。

1. 工作区子系统初步设计

通过阅读建筑物图样，掌握建筑物的土建结构、水暖路径、强电路径，特别是主要电气设备和电源插座的安装位置，重点掌握在综合布线路径上的电气设备、电源插座和暗埋管线等，从而将信息插座设计在合理的位置，避免强电或电气设备等对网络综合布线的影响。

工作区子系统
初步方案设计

工作区子系统初步设计包括工作区面积的确定、信息点的配置、信息点的命名和信息点点数统计表的制作等。

信息点的具体安装位置应以工作台为中心。工作台靠墙时，信息点插座设计在工作台侧面的墙面。工作台布置在房间的中间位置或者没有靠墙时，信息点插座设计在工作台下面的地面。对于集中或者开放式办公区域，信息点的设计应该以每个工位的工作台为中心，将信息插座安装在地面或隔断上。

此外，应在大门入口或者重要办公室门口设计门警系统信息点插座；在公司入口或者门厅设计指纹考勤机、电子屏幕使用的信息点插座；在会议室主席台、发言席、投影机位置设计信息点插座。

（1）工作区面积的确定。

对工作区面积的划分根据应用场合做具体的分析后确定。通常工作区面积需求可参考表 1-5-1。建筑物用途不同，信息点的密度也不同，进而导致工作区面积的需求也不相同，工作区面积划分参考表如表 1-5-1 所示。

表 1-5-1　工作区面积划分参考表

建筑物类型及功能	工作区面积 /m^2
网管中心、呼叫中心、信息中心等终端设备较为密集的场地	3~5
办公区	5~10
会议、会展	10~60
商场、生产机房、娱乐场所	20~60
体育场馆、候机室、公共设施区	20~100
工业生产区	60~200

（2）工作区信息点的配置。

在设计每个工作区信息点的类型和数量时，既要考虑工作区的用途或用户的实际需要，又要考虑多功能和未来扩展的需要。通常每个工作区应配置一个计算机网络数据点和语音电话点，还有部分工作区需要配置电视机和监视器等终端设备。此外，有的工作区目前可能只需要铜缆信息模块，但为了将来扩展的需要，还需要预留光缆信息插座模块。

表 1-5-2 所示为常见工作区信息点的配置参考。

表 1-5-2 常见工作区信息点的配置参考

工作区类型及功能	安装位置	信息点数量	
		数 据	语 音
网管中心、呼叫中心、信息中心等终端设备较为密集的场地	• 工作台附近的墙面 • 集中布置的隔断或地面	1 个 / 工位	1 个 / 工位
集中办公区域的写字楼、开放式工作区等人员密集场所	• 工作台附近的墙面 • 集中布置的隔断或地面	1 个 / 工位	1 个 / 工位
研发室、试制室等科研场所	工作台或试验台处墙面或者地面	1 个 / 台	1 个 / 台
董事长、经理、主管等独立办公室	工作台处墙面或者地面	2 个 / 间	2 个 / 间
餐厅、商场等服务业	收银区和管理区	1 个 /50m²	1 个 /50m²
宾馆标准间	床头或写字台或浴室	1 个 / 间	1~3 个 / 间
学生公寓（4 人间）	写字台处墙面	4 个 / 间	4 个 / 间
公寓管理室、门卫室	写字台处墙面	1 个 / 间	1 个 / 间
教学楼教室	讲台附近	2 个 / 间	0 个
住宅楼	书房	1 个 / 套	2~3 个 / 套
小型会议室、商务洽谈室	• 主席台处地面或者台面 • 会议桌地面或者台面	2~4 个 / 间	2 个 / 间
大型会议室、多功能厅	• 主席台处地面或者台面 • 会议桌地面或者台面	5~10 个 / 间	2 个 / 间
>5000m² 的大型超市或者卖场	收银区和管理区	1 个 /100m²	1 个 /100m²
2000~3000m² 中小型卖场	收银区和管理区	1 个 /30~50m²	1 个 /30~50m²

（3）工作区信息点点数统计表。

工作区子系统初步设计方案主要包括点数统计表和概算两个文件，因为工作区子系统信息点数量直接决定综合布线系统工程的造价，信息点数量越多，工程造价越大。

在需求分析和技术交流的基础上，首先确定每个房间或者区域的信息点位置和数量，然后制作和填写点数统计表。

信息点点数统计表是设计和统计综合布线工程信息点数量的基本工具，目的是快速、准确地统计建筑物的信息点。在设计工作区子系统时，首先需要确定每个房间或区域的信息点位置和数量，然后填写信息点点数统计表。某局的信息点点数统计表如表 1-5-3 所示。

点数统计表

表 1-5-3 某局的信息点点数统计表

×××局网络和语音信息点点数统计表

楼层编号	房间编号																														合计		总计
	01		02		03		04		05		06		07		08		09		10		11		12		13		14		15				
	TP	PS	TP	PS	TP	PS	TP	PS	TP	PS	TP	PS	TP	PS	TP	PS	TP	PS	TP	PS	TP	PS	TP	PS	TP	PS	TP	PS	TP	PS	TP	PS	
四层	0		0		0		1		0		0		0		0		×		0		×		×		×		×		×		1		
		0		0		0		0		0		0		0		0		×		0		×		×		×		×		×		0	
三层	4		1		1		1		0		0		0		1		×		1		×		1		×		×		×		10		
		0		0		0		0		0		0		0		0		×		0		×		0		×		×		×		0	
二层	2		2		1		2		2		2		2		2		2		2		2		2		1		×		0		24		
		0		0		0		0		0		0		0		0		0		0		0		0		0		×		0		0	
一层	0		0		0		4		1		2		0																	7		
		0		0		0		4		1		0		×		×		×		×		×		×		×		×		×		5	
总计																																	47

编写：××× 审核：××× 审定：××× ×××局 ××××年××月××日

注意事项

点数统计表编制时要注意以下要点。

① 表格设计合理。表格的宽度和文字大小合理，文字不能太大或者太小。

② 数据正确。每个工作区都必须填写数字，对于没有信息点的工作区或者房间填写数字 0，表明已经分析过该工作区，没有遗漏信息点和多出信息点。

③ 文件名称正确。能够直接反映该文件内容。

④ 签字和日期正确。编写、审核、审定、批准等人员必须签字，在实际应用中，可能会经常修改技术文件，日期直接反映文件的有效性，一般是最新日期的文件替代以前日期的文件。

（4）信息点命名和编号。

① 端口对应表是综合布线施工必需的技术文件，主要规定房间编号，每个信息点的编号、配线架编号、端口编号、机柜编号等主要用于系统管理、施工方便和后续日常维护。

信息点的命名和编号是一项非常重要的工作，命名时应准确表达信息点的位置和用途。艺术楼信息点端口对应表如表 1-5-4 所示。

端口对应表 1 端口对应表 2 设计

表 1-5-4 艺术楼信息点端口对应表

项目名称：×××　　　　　　　　　　　　　　　　建筑物编号：×××

序　号	信息点端口对应编号	房间编号	插座插口编号	楼层机柜编号	配线架编号	配线架端口编号
1						
2						
⋮						
n						

编写：×××　审核：×××　审定：×××　　×××学院　　××××年××月××日

② 信息点端口对应表编号编制规定：房间编号—插座插口编号—楼层机柜编号—配线架编号—配线架端口编号。

说明如下。

a. 房间编号 = 楼层序号 + 本楼层房间序号。其中：楼层序号取一位数字，本楼层房间序号取两位数字。房间编号分别为 101、102、…、305。

b. 插座插口编号取两位数字 + 一位说明字母，一位说明字母为：语音信息点取字母 Y，数据信息点取字母 S，TV 信息点取字母 T。例如，每个房间内数据信息点插口编号依次为 01S、02S、03S、…。

c. 楼层机柜编号按楼层顺序依次为 FD1、FD2、FD3。

d. 每楼层机柜内配线架编号依次为 W1、W2、W3、…，TV 配线架编号依次为 T1、T2、T3、…。数据信息点从 W1 配线架 1 端口开始端接，语音信息点从 W2 配线架 1 端口开始端接，TV 信息点从 TV 配线架 1 端口开始端接。

e. 配线架端口号取两位数字，配线架端口从左至右编号依次为 01、02、03、…。

例如，101 房间第 1 个数据信息点、语音信息点和 TV 信息点对应的信息点端口编号分别为 101-01S-FD1-W1-01、101-01Y-FD1-W2-01、101-01T-FD1-T1-01。

注意事项

端口对应表编制要注意以下要点。

① 表格设计合理。因为端口数较多，一般使用竖向排版的文件，表格宽度和文字大小合理，编号清楚，特别是编号数字不能太大或者太小。

② 编号正确。信息点端口编号一般由数字 + 字母串组成，编号中必须包含工作区位置、端口位置、配线架编号、配线架端口编号、机柜编号等信息，能够直观反映信息点与配线架端口的对应关系。

③ 文件名称正确。端口对应表可以根据数量的多少来确定是按照建筑物编制，还是按照楼层编制，或者按照区域编制。无论采取哪种编制方法，都要在文件名称中直接体现端口的区域，因此文件名称必须准确，能够直接反映该文件内容。

④ 签字和日期正确。设计人、审核人、审定人签字。日期直接反映文件的有效性，因为在实际应用中，可能会经常修改技术文件，一般是最新日期的文件替代以前日期的文件。

（5）概算。

工程概算的多少与选用产品的品牌和质量有直接关系，工程概算多时宜选用高质量的知名品牌，工程概算少时宜选用区域知名品牌。

工作区子系统在初步设计的最后要给出该项目的概算，这个概算是指整个综合布线系统工程的造价概算，当然也包括工作区子系统的造价。

工程概算的计算公式为

$$工程造价概算 = 信息点数量 \times 信息点的价格$$

2. 管理间子系统初步设计

确定好每个房间、每层楼、每栋楼的信息点信息后，接下来要确定管理间位置，在确定管理间位置之前，索取和认真阅读建筑物设计图纸是必要的，在阅读图纸时记录或者标记，结合每个信息点的数量和位置，分析管理间子系统的数量和位置。

管理间子系统初步
方案设计步骤 1

（1）管理间数量的确定。

管理间的规模应按所服务的楼层范围及工作区信息点密度与数量来确定。如果该层信息点数量不大于 400 个，水平缆线长度在 90m 范围以内，宜设置一个管理间；当楼层信息点数量大于 400 个时，宜设置两个及以上管理间；每层的信息点数量数较少，且水平线缆长度不大于 90m 的情况下，宜几个楼层合设一个管理间；对于低矮建筑与信息点较少的建筑而言，可考虑将管理间子系统、垂直子系统整合在设备间子系统中，在楼层中不设置管理间子系统；在实际工程应用中，为了方便管理和保证网络传输速度或者节约布线成本，可以将管理间直接设置在楼道中间。例如，学生公寓的信息点密集，使用时间集中，楼道很长，也可以按照 100~200 个信息点设置一个管理间，将管理间机柜明装在楼道，如图 1-5-2 所示。

（2）管理间子系统的位置。

管理间一般根据楼层信息点的总数量和分布密度情况设计，首先按照各个工作区子系统需求，确定每个楼层工作区信息点总数量，然后确定水平子系统缆线长度，最后确定管理间的位置，完成管理间的设计。

在选择管理间子系统的位置时，应满足以下要求。

① 各楼层管理间、竖向缆线管槽及对应的竖井宜上下对齐。

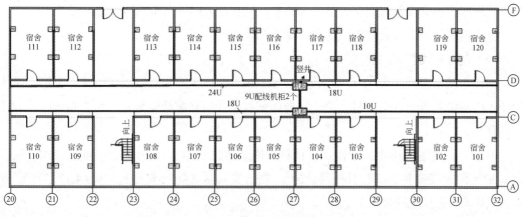

图 1-5-2　学生公寓楼道管理间设置

② 如果管理间采用壁挂式机柜，应将机柜安装到离地面至少 2.55m 的高度。如果信息点较多，则应该考虑用一个房间作为管理间放置各种设备。

（3）管理间的面积。

管理间房间面积的大小一般根据楼层信息点的多少来安排和确定，如果信息点多，就应该考虑一个单独的房间作为管理间，如果信息点很少，可采取在墙面安装机柜的方式。

管理间子系统初步
方案设计步骤 2

一般旧楼增加网络综合布线系统时，可以将管理间选择在楼道中间位置的办公室，也可以采取壁挂式机柜直接明装在楼道，作为楼层管理间。

《综合布线系统工程设计规范》（GB 50311—2016）中规定，管理间的使用面积不应小于 5m²，也可根据工程中配线管理和网络管理的容量进行调整。一般新建楼房都有专门的垂直竖井，楼层的管理间基本都设计在建筑物竖井内，面积在 3m² 左右。在一般小型网络工程中管理间也可能只是一个网络机柜。

管理间安装落地式机柜时，机柜前面的净空不应小于 800mm，后面的净空不应小于 600mm，方便施工和维修。

（4）管理间的电源要求。

管理间应提供不少于两个 220V 带保护接地的单相电源插座，每个电源插座的配电线路均应安装保护器。

（5）管理间门的要求。

管理间应采用外开防火门，房门的防火等级应按建筑物等级类别设定，房门的高度不应小于 2.0m，净宽不应小于 0.9m。管理间内梁下净高不应小于 2.5m。

（6）管理间的环境要求。

管理间内温度应为 10~35℃，相对湿度宜为 20%~80%。一般应该考虑网络交换机等设备发热对管理间温度的影响，在夏季必须保持管理间温度不超过 35℃。

管理间内不应设置与安装设备无关的水、风管及低压配电缆线线管槽与竖井。

管理间的地面应具有防潮、防尘、防静电等措施。

（7）铜缆布线管理间设计。

铜线布线管理间主要采用网络配线架、110语音跳线架和双绞线等铜线作为语音系统和计算机网络系统的管理器件。至于需要的配线架接口和配线架数量，可根据该楼层的信息点算出。

例如，若某建筑物的某个楼层有计算机网络信息点100个、语音点40个，如果选用24口的网络配线架和50回的语音跳线架，则需要的网络配线架为100/24＝4.17（个），即5个，需要的语音跳线架为1个。

（8）光缆布线管理间设计。

光缆布线管理间主要采用光纤配线架（光纤终端盒）作为光缆管理器件。至于需要的光纤配线架数量，可根据该楼层的光纤信息点算出。

管理间子系统初步
方案设计步骤3

例如，若某建筑物其中一个楼层采用光纤到桌面的布线方案，该楼层共有35个光纤信息点，每个光纤信息点均布设一根室内二芯多模光纤至楼层管理间，则光纤配线架应提供不少于70个接口，为此，可选用3个24接口的光纤配线架。

（9）用户光缆采用的类型与光纤芯数应根据光缆敷设的位置、方式及所辖用户数计算，并应符合下列规定。

① 用户接入点至用户单元信息配线箱的光缆光纤芯数应根据用户单元对通信业务的需求及配置等级确定，配置应符合表1-5-5所示的规定。

表1-5-5　光纤与光缆配置

配　置	光纤/芯	光缆/根	备　注
高配置	2	2	考虑光纤与光缆的备份
低配置	2	1	考虑光纤的备份

② 楼层光缆配线箱至用户单元信息配线箱之间应采用二芯光缆。

③ 用户接入点配线设备至楼层光缆配线箱之间应采用单根多芯光缆，光纤容量应满足用户光缆总容量需要，并应根据光缆的规格预留不少于10%的余量。

（10）用户接入点外侧光纤模数类型与容量应按引入建筑物的配线光缆的类型及光缆的光纤参数配置。

（11）缆线与配线设备的选择。

光缆光纤选择应符合下列规定。

① 用户接入点至楼层光纤配线箱（分纤箱）之间的室内用户光缆应采用G.652光纤。

② 楼层光缆配线箱（分纤箱）至用户单元信息配线箱之间的室内用户光缆应采用

G.657 光纤。

（12）用户接入点应采用机柜或共用光缆配件箱,配置应符合下列规定。

① 机柜也采用 600mm 或 800mm 宽的 19 英寸标准机柜。

② 共用光缆配线箱体应满足不少于 144 芯光纤的终接。

（13）用户单元信息配线箱的配置应符合下列规定。

管理间子系统初步
方案设计步骤 4

① 配线箱应根据用户单元区域内信息点数量、引入缆线类型、缆线数量、业务功能需求选用。

② 配线箱箱体尺寸应充分满足各种信息通信设备摆放、配线模块安装、光缆终接与盘留、跳线连接、电源设备和接地端子板安装以及业务应用发展的需要。

③ 配线箱的选用和安装位置应满足室内用户无线信号覆盖的需求。

④ 当超过 50V 的交流电压接入箱体内电源插座时,应采取强弱电安全隔离措施。

⑤ 配线箱内应设置接地端子板,并与楼层局部等电位端子板连接。

（14）管理间的命名和编号也是非常重要的一项工作,也直接涉及每条缆线的命名,因此管理间命名首先必须准确表达清楚该管理间的位置或者用途,这个名称从项目设计开始到竣工验收及后续维护必须保持一致。如果出现项目投入使用后用户改变名称或者编号情况时,必须及时制作名称变更对应表,作为竣工资料保存。

管理间子系统使用色标来区分配线设备的性质,标明端接区域、物理位置、编号、类别、规格等,以便维护人员在现场一目了然地加以识别。标识编制应按下列原则进行。

① 规模较大的综合布线系统应采用计算机进行标识管理,简单的综合布线系统应按图纸资料进行管理,并应做到记录准确、及时更新、便于查阅。

② 综合布线系统的每条电缆、光缆、配线设备、端接点、安装通道和安装空间均应给定唯一的标志,标志中可包括名称、颜色、编号、字符串或其他组合。

③ 配线设备、缆线、信息插座等硬件均应设置不易脱落和磨损的标识,并应有详细的书面记录和图纸资料。

④ 同一条缆线或者永久链路的两端编号必须相同。

⑤ 配线设备宜采用统一的色标区别各类用途的配线区。

（15）管理间子系统的设计实例。

管理间子系统初步
方案设计实例

许多大楼在综合布线时,考虑在每一层楼都设立一个管理间,用来管理该层的信息点,改变了以往几层共享一个管理间子系统的做法。当然,如果楼层所需求的信息点数量少,也可以几个楼层共用一个管理间子系统,当楼层信息点很多时,可以一个楼层设置多个管理间。管理间一般设置在每个楼层的中间位置。

① 同层管理间设计。一般楼层管理间与信息点在同一个楼层。同层管理间如图 1-5-3 所示。

② 跨层管理间设计。从图 1-5-4 中可以看出,采用跨层管理间设计方式,三层缆线从二层 PVC 线槽进入二层的管理间,四层缆线从三层 PVC 线槽进入三层的管理间。

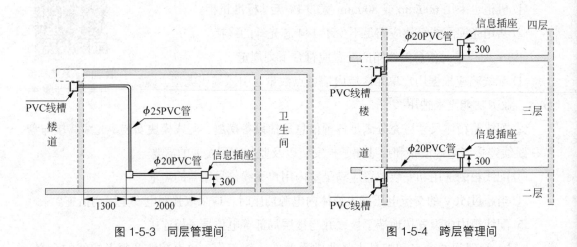

图 1-5-3　同层管理间　　　　　　　　图 1-5-4　跨层管理间

③ 建筑物楼道明装设计。在学校宿舍信息点比较集中、数量相对较多的情况下,考虑将机柜安装在楼道的两侧,这样可以减少水平布线的距离,同时也方便布线施工的进行。

④ 建筑物楼道半嵌墙设计。在特殊情况下,需要将管理间机柜半嵌墙安装,机柜露在外的部分主要是便于设备的散热,这样的机柜需要单独设计、制作。半嵌墙安装网络机柜方式如图 1-5-5 所示。

⑤ 住宅旧楼改造增加管理间设计。在已有住宅楼中需要增加综合布线系统时,一般每个住户考虑一个信息点,这样每个单元的信息点数量比较少,一般将一个单元作为一个管理间,往往把网络管理间机柜设计安装在该单元的中间楼层,旧住宅楼安装网络机柜如图 1-5-6 所示。

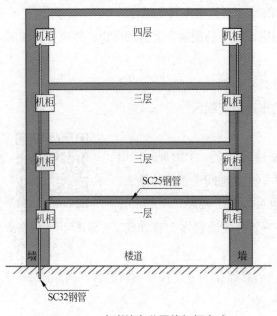

图 1-5-5　半嵌墙安装网络机柜方式

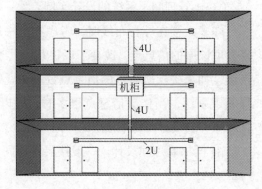

图 1-5-6　旧住宅楼安装网络机柜

3. 水平子系统初步设计

认真阅读建筑物设计图纸，了解建筑物的强电和弱电路径，并进行记录或标记，可正确处理水平子系统布线与建筑物电路、水路、气路和电气设备的直接交叉或路径冲突问题。根据点数统计表，结合确认的信息点位置和数量，然后进行水平子系统的规划和设计，确定每个信息点的水平布线路径，估算出所需线缆总长度。

水平子系统初步
方案设计 1

对于水平子系统材料的计算，首先确定施工使用布线材料类型，列出简单的统计表，统计表主要是针对某个项目分别列出了各层使用材料的名称，对数量进行统计，避免计算材料时漏项，从而方便材料的核算。

（1）拓扑结构。

水平布线子系统为星形结构，如图 1-5-7 所示。每个信息点都必须通过一根独立的缆线与楼层管理间的配线架连接，然后通过跳线与交换机连接。

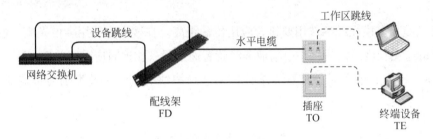

图 1-5-7　水平子系统的网络拓扑结构

（2）缆线的选择。

① 同一布线信道及链路的缆线、跳线和连接器件应保持系统等级与阻抗的一致性。

a. 语音电缆布线系统的分级与类别如表 1-5-6 所示。

表 1-5-6　语音电缆布线系统的分级与类别

业务种类	配线子系统		垂直子系统		建筑群子系统	
	等　级	类　别	等　级	类　别	等　级	类　别
语音	D/E	五 / 六（4 对）	C/D	三 / 五（大对数）	C	三（室外大对数）

b. 数据电缆布线系统的分级与类别如表 1-5-7 所示。

表 1-5-7　数据电缆布线系统的分级与类别

业务种类		配线子系统		垂直子系统		建筑群子系统	
		等　级	类　别	等　级	类　别	等　级	类　别
数据	电缆	D、E、E_A、F、F_A	五、六、六$_A$、七、七$_A$（4 对）	E、E_A、F、F_A	六、六$_A$、七、七$_A$（4 对）	—	—

c. 数据光缆布线系统的分级与类别如表 1-5-8 所示。

表 1-5-8 数据光缆布线系统的分级与类别

业务种类		配线子系统		垂直子系统		建筑群子系统	
		等级	类别	等级	类别	等级	类别
数据	光纤	OF-300 OF-500 OF-2000	OM1、OM2、OM3、OM4 多模光缆；OS1、OS2 单模光缆及相应等级连接器件	OF-300 OF-500 OF-2000	OM1、OM2、OM3、OM4 多模光缆；OS1、OS2 单模光缆及相应等级连接器件	OF-300 OF-500 OF-2000	OS1、OS2 单模光缆及相应等级连接器件
其他应用		可采用五/六/六ₐ类 4 对对绞电缆和 OM1/OM2/OM3/OM4 多模光缆、OS1/OS2 单模光缆及相应等级连接器件					

综合布线系统光纤信道采用标称波长为 850nm 和 1300nm 的多模光纤（OM1、OM2、OM3、OM4），标称波长为 1310nm 和 1550nm（OS1），1310nm、1383nm 和 1550nm（OS2）的单模光纤。

单模光缆和多模光缆的选用要符合应用传输距离。在楼内宜采用多模光缆，超过多模光缆支持的应用长度或需直接与电信业务经营者通信设备相连时应采用单模光缆。

② 办公带宽。根据业务带宽需求分析来选择缆线类别。电缆类别与带宽如表 1-5-9 所示。

表 1-5-9 电缆类别与带宽

系统分级	系统产品类别	支持最高带宽 /Hz	支持应用器件	
			电缆	连接硬件
A	—	100k	—	—
B	—	1M	—	—
C	三类（大对数）	16M	三类	三类
D	五类（屏蔽和非屏蔽）	100M	五类	五类
E	六类（屏蔽和非屏蔽）	250M	六类	六类
E_A	六ₐ类（屏蔽和非屏蔽）	500M	六ₐ类	六ₐ类
F	七类（屏蔽）	600M	七类	七类
F_A	七ₐ类（屏蔽）	1000M	七ₐ类	七ₐ类

（3）确定路由。

根据建筑物结构、用途，确定水平子系统路由设计方案。新建建筑物可依据建筑平面图纸来确定水平子系统的布线路由方案，用户可使用 AutoCAD 或 Visio 绘制图纸。

旧式建筑物应到现场了解建筑结构、装修状况、管槽路由，然后确定合适的布线路由。档次比较高的建筑物一般都有吊顶，水平走线可在吊顶内进行。

（4）各段缆线长度计算。

$$C=\frac{102-H}{1+D}$$

$$W=C-T$$

式中：C 为工作区设备电缆、管理间跳线及设备电缆的总长度；H 为水平电缆的长度，$H+C \leqslant 100m$；T 为电信间内跳线和设备电缆长度；W 为工作区设备电缆长度；D 为调整系数，对 24 号线规 D 取 0.2，对 26 号线规 D 取 0.5。

水平子系统初步
方案设计 2

各段缆线长度限值如表 1-5-10 所示。

表 1-5-10 各段缆线长度限值

电缆总长度 H/m	24 号线规（AWG）		26 号线规（AWG）	
	工作区设备电缆的长度 W/m	工作区设备电缆、管理间跳线及设备电缆的总长度 C/m	工作区设备电缆的长度 W/m	工作区设备电缆、管理间跳线及设备电缆的总长度 C/m
90	5	10	4	8
85	9	14	7	11
80	13	18	11	15
75	17	22	14	18
70	22	27	17	21

（5）水平子系统缆线长度。

水平子系统缆线长度如表 1-5-11 所示。

表 1-5-11 水平子系统缆线长度

连 接 模 型	最小长度 /m	最大长度 /m
FD-CP	15	85
CP-TO	5	—
FD-TO（无 CP）	15	90
工作区设备缆线	2	5
跳线	2	—
FD 设备缆线	2	5
设备缆线与跳线总长度	—	10

（6）布线弯曲半径要求。

布线弯曲半径要求如表 1-5-12 所示。

表 1-5-12　布线弯曲半径要求

缆 线 类 型	弯曲半径（mm）/倍
4 对非屏蔽电缆	不小于电缆外径的 4 倍
4 对屏蔽电缆	不小于电缆外径的 8 倍
大对数主干电缆	不小于电缆外径的 10 倍
二芯或四芯室内光缆	>25mm
其他芯数和主干室内光缆	不小于光缆外径的 10 倍
室外光缆、电缆	不小于缆线外径的 20 倍

（7）缆线的布放根数。

在新建建筑物水平子系统中，要采用建筑物墙面或者地面内暗装敷设缆线，一般选用线管，在旧楼改造需要明装敷设缆线时，一般选用线槽。线槽、线管有很多种规格型号，线槽规格型号与容纳双绞线最多条数及截面利用率如表 1-5-13 所示。

表 1-5-13　线槽规格型号与容纳双绞线最多条数及截面利用率

线槽/桥架类型	线槽/桥架规格/mm	容纳双绞线最多条数	截面利用率/%
PVC	20×10	2	30
PVC	25×12.5	4	30
PVC	30×16	7	30
PVC	39×18	12	30
金属、PVC	50×25	18	30
金属、PVC	60×22	23	30
金属、PVC	75×50	40	30
金属、PVC	80×50	50	30
金属、PVC	100×50	60	30
金属、PVC	100×80	80	30
金属、PVC	150×75	100	30
金属、PVC	200×100	150	30

线管规格型号与容纳双绞线最多条数及截面利用率如表 1-5-14 所示。

表 1-5-14　线管规格型号与容纳双绞线最多条数及截面利用率

线管类型	线管规格/mm	容纳双绞线最多条数	截面利用率/%
金属、PVC	16	2	30
PVC	20	3	30
金属、PVC	25	5	30
金属、PVC	32	7	30

续表

线管类型	线管规格 /mm	容纳双绞线最多条数	截面利用率 /%
PVC	40	11	30
金属、PVC	50	15	30
金属、PVC	63	23	30
PVC	80	30	30
PVC	100	40	30

（8）网络电缆与电力电缆的间距。

由于电磁辐射会对网络电缆信号传输有影响，电力电缆传输的电压不同、电力电缆与网络电缆敷设情况不同，两者的最小间距按表 1-5-15 所示进行布线。

表 1-5-15 网络电缆与电力电缆的间距

类 别	与综合布线接近状况	最小间距 /mm
380V 以下电力电缆小于 2kV·A	与缆线平行敷设	130
	有一方在接地的金属线槽或钢管中	70
	双方都在接地的金属线槽或钢管中①	10①
380V 电力电缆 2~5kV·A	与缆线平行敷设	300
	有一方在接地的金属线槽或钢管中	150
	双方都在接地的金属线槽或钢管中②	80
380V 电力电缆大于 5kV·A	与缆线平行敷设	600
	有一方在接地的金属线槽或钢管中	300
	双方都在接地的金属线槽或钢管中②	150

注：① 当 380V 以下电力电缆小于 2kW·A，双方都在接地的线槽中，且平行长度小于等于 10m 时，最小间距可为 10mm。
② 双方都在接地的线槽中，是指两个不同的线槽，也可在同一线槽中用金属板隔开。

（9）缆线与电力设备的间距。

缆线周围有电力变压器、电动机等电气设备，为了减少这些设备的电磁辐射对网络系统的影响，规定缆线与配电箱、变电室等保持最小净距，如表 1-5-16 所示。

表 1-5-16 缆线与电力设备的间距

名 称	最小净距 /m	名 称	最小净距 /m
配电箱	1	电梯机房	2
变电室	2	空调机房	2

（10）缆线与其他管线的间距。

墙上敷设的缆线与其他管线的间距参照表 1-5-17 执行。

表 1-5-17 缆线与其他管线的间距

其 他 管 线	平行净距 /mm	垂直交叉净距 /mm
避雷引下线	1000	300
保护地线	50	20
给水管	150	20
压缩空气管	150	20
热力管（不包封）	500	500
热力管（包封）	300	300
煤气管	300	20

（11）其他电器防护接地。

综合布线系统应根据环境条件选用相应的缆线和配线设备，或采取防护措施，并应符合国家标准相关规定。

垂直子系统初步
方案设计 1

4. 垂直子系统初步设计

首先，要认真阅读建筑物设计图纸，确定建筑物竖井、设备间和管理间的具体位置；其次，进行初步规划和设计，确定垂直子系统布线路径；最后，确定布线材料规格和数量，列出材料规格和数量统计表。

（1）确定线缆类型。

垂直子系统缆线的类型应根据建筑物的结构特点以及应用系统的类型选择。垂直子系统主要有光缆和铜缆两种类型设计，常用的有以下 5 种线缆。

① 4 对双绞线电缆（UTP 或 STP）。

② 100Ω 大对数对绞电缆（UTP 或 STP）。

③ 62.5/125μm 多模光缆。

④ 8.3/125μm 单模光缆。

⑤ 75Ω 有线电视同轴电缆。

要根据布线环境的限制和用户对综合布线系统设计等级的考虑确定。垂直子系统所需要的电缆总对数和光纤总芯数，应满足工程的实际需求，并留有适当的备份容量。

针对电话语音传输，一般采用三类大对数对绞电缆（25 对、50 对、100 对等规格）；针对数据和图像传输，采用光缆或五类以上 4 对双绞线电缆以及五类大对数对绞电缆；针对有线电视信号的传输，采用 75Ω 同轴电缆。

需要注意的是，由于大对数线缆的对数多，很容易造成相互间的干扰，为此六类网络布线系统通常使用六类 4 对双绞线电缆或光缆作为主干线缆。在选择主干线缆时，还要考虑主干线缆的长度限制，如五类以上 4 对双绞线电缆在应用于 100Mb/s 的高速网络系统时，电缆长度不宜超过 90m，否则宜选用单模光缆或多模光缆。

（2）垂直子系统路径的选择。

垂直子系统主干缆线一端与建筑物设备间连接，另一端与楼层管理间连接，应选择最短、最安全和最经济的路由。路由的选择要根据建筑物的结构以及建筑物内预留的电缆孔、电缆井等通道位置决定。建筑物内一般有封闭型和开放型两类通道，宜选择带门的封闭型通道敷设垂直缆线。开放型通道是指从建筑物的地下室到楼顶的一个开放空间，中间没有任何楼板隔开。封闭型通道是指一连串上下对齐的空间，每层楼都有一间，电缆竖井、电缆孔、管道电缆、电缆桥架等穿过这些房间的地板层。

（3）线缆容量配置。

在确定干线线缆类型后，要根据楼层水平子系统所有语音、数据、图像等信息插座的数量来进行计算，确定每个层楼的干线容量。计算原则如下。

垂直子系统初步
方案设计 2

① 对于语音业务，大对数主干电缆的对数应按每个电话 8 位模块通用插座配置一对线，并在总需求线对的基础上至少预留约 10% 的备用线对。

② 对于数据业务，每个交换机至少应该配置一个主干端口。主干端口为电端口时，应按 4 对线容量，为光端口时则按二芯光纤容量配置。

③ 当工作区至电信间的水平光缆延伸至设备间的光配线设备时，主干光缆的容量应包括所延伸的水平光缆光纤的容量。

例如，某建筑物需要实施综合布线工程，其中第五层有 68 个计算机网络信息点，各信息点要求接入速率为 100Mb/s，另有 48 个电话语音点，而且该楼层管理间到楼内设备间的距离为 40m，如何确定该建筑物第五层的干线电缆类型及线对数呢？

对上述问题按照垂直子系统的设计要求做以下确定。

① 68 个计算机网络信息点要求该楼层应配置 3 台 24 口交换机，交换机之间可通过堆叠或级联方式连接，最后交换机群可通过一条 4 对超五类非屏蔽双绞线连接到建筑物的设备间。因此，计算机网络的干线线缆配备一条 4 对超五类非屏蔽双绞线电缆。

② 48 个电话语音点，按每个语音点配一个线对的原则，主干电缆应为 48 对。根据语音信号传输的要求，主干线缆可以配备一根三类 50 对非屏蔽大对数电缆。

（4）确定垂直子系统线缆长度。

垂直子系统由设备间子系统和水平子系统引入口设备之间的相互连接线缆组成。干线线缆的长度可用比例尺在图样上实际量得，也可用等差数列计算。每段干线线缆长度要有备用部分（约 10%）和端接容限（可变）的考虑。

要注意不同线缆的长度限制：双绞线小于 100m，1000Base-SX 多模短波小于 550m，100Base-SX 小于 2km，1000Base-LX 单模光纤小于 3km。

（5）线缆敷设保护方式。

① 缆线不得布放在电梯或供水、供气、供暖管道竖井中，也不应布放在强电竖井中。

② 电信间、设备间、进线间之间干线通道应沟通。

（6）垂直子系统干线线缆交接。

为了便于综合布线的路由管理，干线电缆、干线光缆布线的交接不应多于两次。从楼层配线架到建筑群配线架之间只应通过一个配线架，即设备间内的建筑物配线架。当综合布线只用一级干线布线进行配线时，放置干线配线架的二级交接间可以并入楼层管理间。

（7）垂直子系统干线线缆端接。

垂直子系统的主干电缆宜采用点对点端接，也可采用分支递减终接。

（8）确定垂直子系统通道规模。

目前，确定从管理间子系统到设备间子系统的垂直路由，应选择垂直段最短、最安全和最经济的路由，主要采用电缆孔和电缆井两种方法。

（9）垂直子系统概算。

综合布线垂直子系统材料的概算是指根据施工图纸核算材料使用数量，然后根据定额计算出造价。对于材料的计算，首先确定施工使用布线材料类型，列出简单的统计表，统计表主要是针对数量进行统计，避免计算材料时漏项，从而方便材料的核算。

（10）垂直子系统设计实例。

① 垂直子系统干线电缆点对点端接方式。垂直子系统的主干电缆宜采用点对点端接，也可采用分支递减终接。

综合布线的垂直子系统通常采用星形结构，点对点端接是最简单、最直接的配线方法。以设备间的主配线架为中心节点，各楼层管理间的配线架为星形节点，每条链路从中心节点到星形节点都与其他链路相对独立。每根干线电缆直接从设备间延伸到指定的楼层管理间，如图 1-5-8 所示。星形结构的优点是维护管理、故障隔离和检查容易，重新配置灵活等；缺点是施工量大，网络的运营完全依赖中心节点。

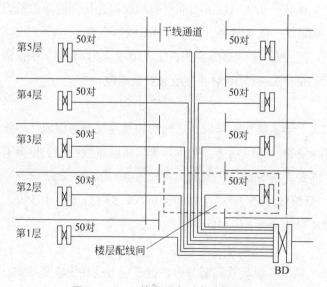

图 1-5-8　干线电缆点对点端接方式

垂直子系统初步方案设计实例

② 垂直子系统干线电缆采用分支递减端接连接。垂直子系统每根干线电缆直接延伸到指定的楼层配线管理间或二级交接间。

分支递减端接是用一根足以支持若干个楼层配线管理间或若干个二级交接间的通信容量的大容量干线电缆，经过电缆接头交接箱分出若干根小电缆，再分别延伸到每个二级交接间或每个楼层配线管理间，最后端接到目的地的连接硬件上，如图 1-5-9 所示。

③ 垂直子系统双干线电缆通道设计。垂直子系统双干线电缆通道设计如图 1-5-10 所示。

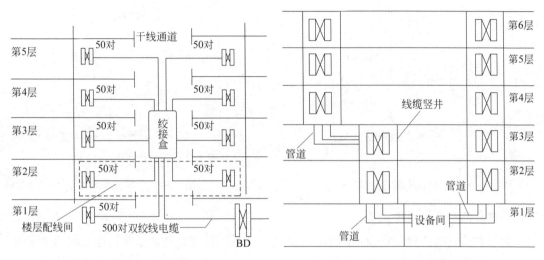

图 1-5-9 干线电缆分支接合方式　　　　图 1-5-10 双干线电缆通道设计

④ 垂直子系统电缆孔通道设计。垂直通道中所用的电缆孔是很短的管道，通常用一根或数根外径为 63~102mm 的金属管预埋在楼板内，金属管高出地面 25~50mm；也可直接在地板中预留一个大小适当的孔洞。用此方式布线时，电缆往往捆在钢绳上，而钢绳固定在墙上已铆好的金属条上，当各楼层管理间上下都对齐时，可采用电缆孔方法（见图 1-5-11）。

⑤ 垂直子系统电缆井通道设计。电缆井方法常用于垂直通道。电缆井是指在每层楼板上开出一些方孔，使电缆可以穿过这些方孔并从某楼层伸到相邻的楼层。电缆井的大小依所用电缆的数量而定。与电缆孔方法一样，电缆也是捆在或箍在支撑用的钢绳上，钢绳靠墙上金属条或地板三脚架固定住。离电缆井很近的墙上立式金属架可以支撑很多电缆。电缆井的选择性非常灵活，可以让粗细不同的各种电缆以任何组合方式通过。电缆井方法虽然比电缆孔方法灵活，但在原有建筑物中开电缆井安装电缆造价较高；另外，使用的电缆井很难防火。如果在安装过程中没有采取措施去防止损坏楼板支撑件，则楼板的结构完整性将受到破坏。

在多层楼房中，经常需要使用垂直电缆的横向通道才能从设备间连接到垂直通道，以及在各个楼层上从二级交接间连接到任何一个管理间。应记住，横向走线需要寻找一个易于安装的方便通道，因而两个端点之间很少是一条直线。

如果给定楼层的所有信息插座都在管理间的 75m 范围内，那么采用单干线接线系统。单干线接线系统就是采用一条垂直干线通道，每个楼层只设一个管理间。

如果有部分信息插座超出管理间的 75m 范围之外，就要采用双通道垂直子系统，或者采用经分支电缆与设备间相连的二级交接间。

如果同一栋大楼的管理间上下不对齐，则可以采用大小合适的线缆管道系统将其连通。电缆井方法如图 1-5-12 所示。

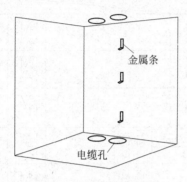

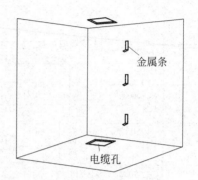

图 1-5-11　电缆孔方法　　　　　　　　　图 1-5-12　电缆井方法

5. 设备间子系统初步设计

索取和认真阅读建筑物设计图纸是必要的，通过阅读建筑物图纸掌握建筑物的土建结构、强电路径、弱电路径，特别是主要与外部配线连接接口位置，重点掌握设备间附近的电源插座、暗埋管线等。

设备间子系统初步方案设计 1　　　设备间子系统初步方案设计 2　　　设备间子系统初步方案设计 3

（1）设备间位置。

设备间的位置及大小应根据建筑物的结构、综合布线规模、管理方式以及应用系统设备的数量等方面进行综合考虑，择优选取。

确定设备间的位置时需要参考以下设计规范。

① 应尽量建在建筑物一层或二层中部，并尽可能靠近建筑物电缆引入区和网络接口，以方便干线线缆的进出。

② 应尽量避免设在建筑物的高层或地下室以及用水设备的下层。

③ 应尽量远离强振动源和强噪声源。

④ 应尽量避开强电磁场的干扰。

⑤ 应尽量远离有害气体源以及易腐蚀、易燃、易爆物。

⑥ 应便于接地装置的安装。

（2）用户接入点设置。

① 每个光纤配线区所辖用户数量宜为 70~300 个用户单元。

② 光纤用户接入点的设置地点应依据不同类型的建筑形成的配线区以及所辖的用户密度和数量确定，并应符合下列规定。

a. 当单栋建筑物作为一个独立配线区时，用户接入点应设于建筑物综合布线系统设备间或通信机房内，但电信业务经营者应有独立的设备安装空间，如图 1-5-13 所示。

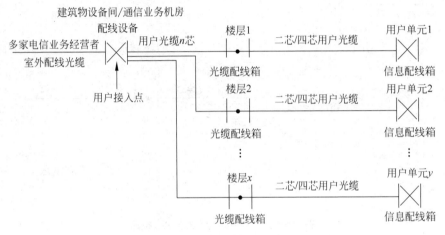

图 1-5-13　用户接入点设于单栋建筑物内设备间

b. 当大型建筑物或超高层建筑物划分为多个光纤配线区时，用户接入点应按照用户单元的分布情况均匀地设于建筑物不同区域的楼层设备间内，如图 1-5-14 所示。

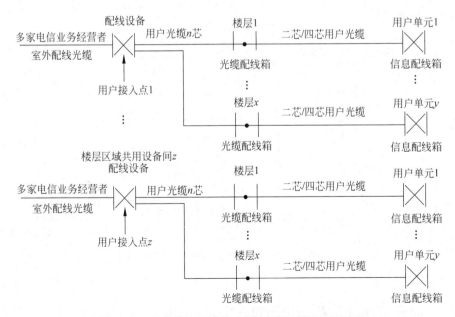

图 1-5-14　用户接入点设于建筑物楼层区域共用设备间

c. 当多栋建筑物形成的建筑群组成一个配线区域时，用户接入点应设于建筑群物业管理中心机房、综合布线设备间或通信机房内，但电信业务经营者应有独立的设备安装空间，如图 1-5-15 所示。

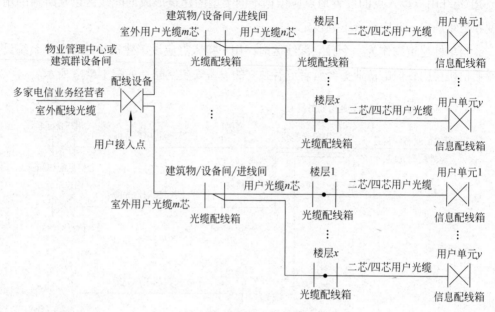

图 1-5-15　用户接入点设于中心机房

d. 每一栋建筑物形成的一个光纤配线区并且用户单元数量不大于 30 个（高配置）或 70 个（低配置）时，用户接入点应设于建筑物的进线间或综合布线设备间或通信机房内，用户接入点应采用设置共用光缆配线箱的方式，但电信业务经营者应有独立的设备安装空间，如图 1-5-16 所示。

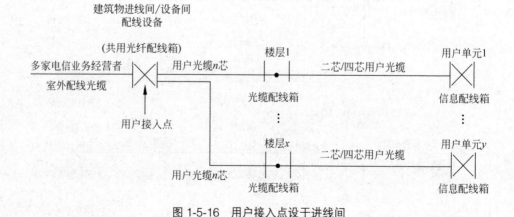

图 1-5-16　用户接入点设于进线间

（3）设备间面积。

设备间的使用面积不但要考虑所有设备的安装面积，还要考虑预留工作人员管理操作设备的地方，一般最小使用面积不得小于 10m²。

设备间的使用面积可按照下述两种方法之一确定。

方法一：已知 S_b 为设备所占面积（m²），S 为设备间的使用总面积（m²），则有

$$S = (5 \sim 7) \sum S_b$$

方法二：当设备尚未选型时，则设备间使用总面积 S 为

$$S = KA$$

式中：A 为设备间的所有设备台（架）的总数；K 为系数，取值为 4.5~5.5m²/台（架）。

（4）设备间建筑结构。

设备间的建筑结构主要依据设备大小、设备搬运以及设备重量等因素设计。设备间的高度一般为 2.5~3.2m。设备间入口门采用外开双扇门，房门净高不应小于 2.0m，门宽不应小于 1.5m。

设备间一般安装有不间断电源的电池组，由于电池组非常重，因此对楼板承重设计有一定的要求，一般分为两级，A 级不小于 500kg/m²，B 级不小于 300kg/m²。

（5）设备间环境要求。

设备间内安装了计算机网络设备、控制设备等硬件设备，这些设备的运行需要满足相应的温度、湿度、供电、防尘等要求。设备间内的环境设置可以参照国家计算机用房设计标准《电子信息系统机房设计规范》（GB 50174—2008）等相关标准及规范。

① 温度和湿度。设备间的温度、湿度对有关设备的正常运行及使用寿命有很大的影响。一般将温度和湿度分为 A、B、C 三级，设备间的温度、湿度可按某一级执行，也可按某级综合执行。3 个级别具体要求如表 1-5-18 所示。

表 1-5-18　设备间温度和相对湿度

项　　目	A　级	B　级	C　级
温度 /℃	夏季：22 ± 4；冬季：18 ± 4	12~30	8~35
相对湿度 /%	40~65	35~70	20~80

设备间的温度、湿度控制可以通过安装降温或加温、加湿或除湿功能的空调设备来实现。选择空调设备时，南方地区主要考虑降温和除湿功能；北方地区要具有降温、升温、除湿、加湿功能。空调的功率主要根据设备间的大小及设备多少而定。

② 尘埃。设备间内的电子设备对防尘要求较高，尘埃过多会影响设备的正常工作，降低设备的工作寿命。设备间的尘埃指标一般可分为 A、B 两级，如表 1-5-19 所示。

表 1-5-19　设备间尘埃

项　　目	A　级	B　级
粒度 /μm	最大 0.5	最大 0.5
个数 /（粒 /dm³）	<10000	<18000

③空气。设备间内应保持空气洁净，并有良好的防尘措施，防止有害气体的侵入。设备间允许有害气体限值如表 1-5-20 所示。

表 1-5-20　设备间允许有害气体限值

项　　目	二氧化硫（SO_2）	硫化氢（H_2S）	二氧化氮（NO_2）	氨（NH_3）	氯（Cl_2）
平均限值 / （mg/m^3）	0.2	0.006	0.04	0.05	0.01
最大限值 / （mg/m^3）	1.5	0.03	0.15	0.15	0.3

④照明。设备间内距地面 0.8m 处，照明度不应低于 200lx。设备间配备的事故应急照明，在距地面 0.8m 处，照明度不应低于 5lx。

⑤噪声。为了保证工作人员的身体健康，设备间内的噪声应小于 70dB。如果长时间在 70~80dB 噪声的环境下工作，不但影响人的身心健康和工作效率，还可能造成人为的噪声事故。

⑥电磁场干扰。根据综合布线系统的要求，设备间无线电干扰的频率应在 0.15~1000MHz，噪声不大于 120dB，磁场干扰场强不大于 800A/m。

⑦电源要求。设备间供电电源应满足以下要求。

a. 频率：50Hz。

b. 电压：220V/380V。

c. 相数：三相五线制或三相四线制 / 单相三线制。

根据设备间内设备的使用要求，设备要求的供电方式分为三类。

a. 需要建立不间断供电系统。

b. 需要建立带备用的供电系统。

c. 按一般用途供电考虑。

设备间电源要求如表 1-5-21 所示。

表 1-5-21　设备间电源要求

项　　目	A　级	B　级	C　级
电压变动 /%	−5~+5	−10~+7	−15~+10
频率变动 /%	−0.2~+0.2	−0.5~+0.5	−1~+1
波形失真率 /%	< ± 5	< ± 7	< ± 10

（6）设备间的设备管理。

设备间内的设备种类繁多，而且线缆布设复杂。为了管理好各种设备及线缆，设备间内的设备应分类分区安装。设备间内所有进出线装置或设备应采用不同色标，以区别各类用途的配线区，方便线路的维护和管理。

（7）安全分类。

设备间的安全分为 A 类、B 类、C 类 3 个类别，具体规定如表 1-5-22 所示。

表 1-5-22 设备间安全分类

安 全 项 目	A 类	B 类	C 类
场地选择	有要求或增加要求	有要求或增加要求	无要求
防火	有要求或增加要求	有要求或增加要求	有要求或增加要求
内部装修	要求	有要求或增加要求	无要求
供配电系统	要求	有要求或增加要求	有要求或增加要求
空调系统	要求	有要求或增加要求	有要求或增加要求
火灾报警及消防设施	要求	有要求或增加要求	有要求或增加要求
防水	要求	有要求或增加要求	无要求
防静电	要求	有要求或增加要求	无要求
防雷击	要求	有要求或增加要求	无要求
防鼠害	要求	有要求或增加要求	无要求
电磁波防护	有要求或增加要求	有要求或增加要求	无要求

（8）接地要求。

设备间设备安装过程中必须考虑设备的接地。根据综合布线相关规范要求，设备间设备的接地要求如下。

① 直流工作接地电阻和交流工作接地电阻一般不应大于 4Ω，防雷保护接地电阻不应大于 10Ω。

② 建筑物内部应设有一套网状接地网络，保证所有设备共同的参考电位。如果综合布线系统单独设置接地系统，且能保证与其他接地系统之间有足够的距离，则接地电阻值规定为不大于 4Ω。

③ 为了获得良好的接地，推荐采用联合接地方式。所谓联合接地方式，是指将防雷接地、交流工作接地、直流工作接地等统一接到共用的接地装置上。当综合布线采用联合接地方式时，通常利用建筑钢筋作为防雷接地引下线，而接地体一般利用建筑物基础内钢筋网作为自然接地体，使整幢建筑的接地系统组成一个笼式的均压整体。联合接地电阻要求不大于 1Ω。

④ 接地所使用的铜线电缆规格与接地的距离有直接关系，一般接地距离在 30m 以内，接地导线采用直径为 4mm 带绝缘套的多股铜线缆。接地铜线电缆规格与接地距离的关系可以参见表 1-5-23。

表 1-5-23 设备间接地要求

接地距离 /m	接地铜线电缆直径 /mm	接地铜线电缆截面积 /mm²
<30	4.0	12
30~48	4.5	16
48~76	5.6	25
76~106	6.2	30

接地距离 /m	接地铜线电缆直径 /mm	接地铜线电缆截面积 /mm²
106~122	6.7	35
122~150	8.0	50
150~300	9.8	75

⑤ 当缆线从建筑物外引入建筑物时，电缆、光缆的金属护套或金属构件应在入口处就近与等电位连接端子板连接；同时应选用适配的信号线路浪涌保护器。

（9）防火要求。

① 为了保证设备使用安全，设备间应安装相应的消防系统，配备防火防盗门。

A 类、B 类、C 类不同安全级别的设备间，其耐火等级必须符合《建筑设计防火规范》（GB 50016—2014）中规定的一级耐火等级。

与 C 类设备间相关的其余基本工作房间及辅助房间，其建筑物的耐火等级不应低于三级。与 A 类、B 类安全设备间相关的其余基本工作房间及辅助房间，其建筑物的耐火等级不应低于三级。

设备间进行装修时，装饰材料应选用阻燃材料。根据设备间的安全等级，可选择不同的耐火材料。

为了方便表面敷设电缆线和电源线，设备间地面最好采用抗静电活动地板，其系统电阻应为 1~10Ω。

地板走线应做到光滑，防止损伤电线、电缆。设备间地面所需异型地板的块数可根据设备间所需引线的数量来确定。

设备间地面切忌铺地毯。其原因有两方面：一是容易产生静电；二是容易积灰。

放置活动地板的设备间的建筑地面应平整、光洁、防潮、防尘。

墙面应选择不易产生尘埃，也不易吸附尘埃的材料。目前大多数是在平滑的墙壁上涂阻燃漆，或在平滑的墙壁上覆盖耐火的胶合板。

为了吸收噪声及布置照明灯具，设备顶棚一般在建筑物下加一层吊顶。吊顶材料应满足防火要求。目前，我国大多数采用铝合金或轻钢作龙骨，安装吸声铝合金板、阻燃铝塑板，1.2m 以上安装 10mm 厚玻璃。

② 火灾报警及灭火设施。安全级别为 A 类、B 类设备间内应设置火灾报警装置。在机房内、基本工作房间、活动地板下、吊顶上方及易燃物附近都应设置烟感和温感探测器。

A 类设备间内设置二氧化碳（CO_2）自动灭火系统，并备有手提式二氧化碳（CO_2）灭火器。

B 类设备间内在条件许可的情况下，应设置二氧化碳（CO_2）自动灭火系统，并备有手提式二氧化碳（CO_2）灭火器。

C 类设备间内应备有手提式二氧化碳（CO_2）灭火器。

A 类、B 类、C 类设备间除纸介质等易燃物质外，禁止使用水、干粉或泡沫等易产生二次破坏的灭火器。

为了在发生火灾或意外事故时方便设备间工作人员迅速向外疏散，对于规模较大的建筑物，在设备间或机房应设置直通室外的安全出口。

6. 建筑群子系统初步设计

建筑物主干布线子系统的缆线较多，且路由集中，是综合布线系统的重要骨干线路，索取和认真阅读建筑物设计图纸是不能省略的程序，通过阅读建筑群总平面图和单体图掌握建筑物的土建结构、强电路径、弱电路径，重点掌握在综合布线路径上的强电管道、给（排）水管道、其他暗埋管线等。在阅读图纸时，进行记录或者标记，正确处理建筑群子系统布线与电路、水路、气路和电气设备的直接交叉或者路径冲突问题。

建筑群子系统
初步方案设计 1

（1）确定敷设现场的环境、结构特点，包括整个工地的大小、确定工地的地界、确定建筑物的数量。

（2）确定电缆系统的一般参数，包括确认线缆起点和端接点位置、所涉及的建筑物及每栋建筑物的层数、每个端接点所需的双绞线的对数、有多个端接点的每栋建筑物所需的双绞线总对数等。

建筑群子系统
初步方案设计 2

（3）确定建筑物的电缆入口。建筑群子系统要确定各个入口管道的位置，每栋建筑物有多少入口管道可供使用，入口管道数目是否满足系统的需要。

如果入口管道不够用，则要确定在移走或重新布置某些电缆时是否能腾出某些入口管道，在不够用的情况下应另装多少入口管道；如果建筑物尚未建起，则要根据选定的电缆路由完善电缆系统设计，并标出入口管道。

建筑群子系统
初步方案设计 3

建筑物入口管道的位置应便于连接公用设备，根据需要在墙上穿过一根或多根管道。如果外线电缆延伸到建筑物内部的长度超过 15m，就应使用合适的电缆入口器材，在入口管道中填入防水和气密性很好的密封胶，如 B 型管道密封胶。

（4）确定明显障碍物的位置。主要包括：确定土壤类型，如沙质土、黏土和砾土等；电缆的布线方法；地下公用设施的位置；查清拟定的电缆路由中沿线各个障碍物位置或地理条件，包括铺路区、桥梁、铁路、树林、池塘、河流、山丘、砾石土、截留井、人孔（人字形孔道）及其他对管道的要求等。

（5）确定主电缆路由和备用电缆路由。对于每种特定的路由，确定可能的线缆结构方案；所有建筑物共用一根线缆；对所有建筑物进行分组，每组单独分配一根线缆；每座建筑物单用一根线缆；查清在线缆路由中哪些地方需要获准后才能施工通过；比较每个路由的优缺点，从而选定几个可能的路由方案供比较选择。

（6）选择所需电缆的类型和规格。确定线缆长度，画出所选定路由的位置和挖沟详图。主要包括：公用道路图或任何需要经审批才能动用的地区的草图；确定入口管道的规格；选择每种设计方案所需的专用线缆；参考所选定的布线产品部件指南中，有关线缆部分中线号、双绞线对数和长度应符合的有关要求；保证线缆可进入入口管道，如果需用管道，应确定其规格、长度和材料。同一布线信道及链路的缆线、跳线和连接器件应保持系统等级与阻抗的一致性。

综合布线系统光纤信道采用标称波长为 850nm 和 1300nm 的多模光纤（OM1、OM2、OM3、OM4），标称波长为 1310nm 和 1550nm（OS1）以及 1310nm、1383nm 和 1550nm（OS2）的单模光纤。

单模光缆和多模光缆的选用要符合网络的构成方式、业务的互连方式、以太网交换机端口类型及网络规定的光纤应用传输距离。在楼内宜采用多模光缆，超过多模光缆支持的应用长度或需直接与电信业务经营者通信设备相连时应采用单模光缆。

（7）缆线的保护。当缆线从一建筑物到另一建筑物时，易受到雷击、电源碰地、感应电压等影响，必须进行保护。如果铜缆进入建筑物时，按照《综合布线系统工程设计规范》（GB 50311—2016）的强制性规定必须增加浪涌保护器。

（8）确定每种选择方案所需的劳务成本，确定布线时间。主要包括：迁移或改变道路、草坪、树木等所花的时间；如果使用管道，应包括敷设管道和穿线缆的时间；确定线缆接合时间；确定其他时间，如拿掉旧电缆、避开障碍物所需的时间。

（9）确定成本。

① 确定每种选择方案的材料成本。

② 确定线缆成本：有关布线材料价格表。

③ 确定支持结构的成本：查清并列出所有的支持结构，根据价格表查明每项用品的单价，然后将单价乘以所需的数量。

④ 确定所有支撑硬件的成本。

（10）选择最经济、最实用的设计方案。

把每种选择方案的劳务费成本加在一起，得到每种方案的总成本。比较各种方案的总成本，选择成本较低者。分析确定比较经济的方案是否有重大缺点，以致抵消了经济上的优点。如果发生这种情况，应取消此方案，考虑其他经济性较好的设计方案。

1.5.5 扩初成果汇报与意见反馈

前期经过初步设计后，设计方与甲方作进一步沟通确认，就初步设计中存在的问题，或者由于房间使用功能变化等情况进行初步设计的调整和修改，进行扩初设计。

扩初是指在方案设计基础上的进一步设计，但设计深度还未达到施工

扩初成果汇报
与意见反馈

图的要求，小型工程可能不必经过这个阶段而直接进入施工图。

扩初设计是介于方案和施工图之间的过程，是初步设计的延伸，相当于一幅图的草图。

扩初设计就是扩大性初步设计，是对初步设计进行细化的一个过程。

通常首先是初步设计，然后是扩初（即扩充初步设计），接下来才是施工图。

扩大初步设计是在项目可行性研究报告被批准后，由建设单位征集规划设计方案，并以规划设计方案和建设单位提出的扩初设计委托设计任务书为依据而进行的。

扩初设计阶段的工作内容与项目初步设计阶段的设计内容基本一样。设计工程师对扩大初步设计的质量控制要侧重于在技术方案的研究、选择上。具体的质量控制是通过跟踪设计，对设计图纸审查来实现的，其审核控制要点为以下六方面。

（1）是否符合设计任务书和批准方案所确定的使用性质、规模、设计原则和审批意见，设计文件的深度是否达到要求。

（2）有无违反人防、消防、节能、抗震及其他有关设计规范和设计标准。

（3）总体设计中所列项目有无漏项等。

（4）建筑物单体设计中各部分是否合理。

（5）审查设备选型、物体布置、弱电路由是否合理等。

（6）审查扩初设计概算，有无超出计划投资，原因何在，如果概算超资，则与甲方共同商定调整设计方案。

扩初设计完毕后，设计方就扩初设计对甲方进行成果汇报，甲方根据扩初设计进行意见反馈，以便设计方继续修改和完善设计方案，并做好会议相关记录。

1. 工作区子系统成果汇报与意见反馈

设计人员将工作区子系统扩初设计方案对用户方进行成果汇报，逐一汇报所有信息点数量、位置、材料、概算和点数统计表等情况。桌子靠墙面摆放时信息点设置在墙面上，桌子在中间摆放时信息点设置在对应的地面。桌子尽量靠墙面摆放，方便信息点的设置及后续施工。同时还要考虑整栋建筑物的布局、房间的布局、是否有隔断、是否安装落地玻璃窗等各种不同的情况。一般信息点的设置对于同一个项目大部分有类似的几种情况，对此，汇报时应以样图进行汇报，对相同部分的设计标注一个样图即可；而对不同部分的设计则需要另外设计标注，汇报时要说明设计情况。

工作区子系统涉及建筑物目前和今后发展的使用，在考虑工程造价的同时还要充分考虑未来扩展的需求，以及甲方未来对房间功能、布置调整等多种因素，不仅满足数据传输需要，还要考虑语音、考勤、监控、广播的使用方便和合理，还有水平子系统施工的难度情况等。基于这些情况，且信息点数量众多，所以此子系统调整、改动的情况普遍存在（相对来说），甲方对设计情况逐一进行讨论并向设计人员反馈，与会人员进行记录和签字确认。

2. 管理间子系统成果汇报与意见反馈

管理间子系统的设计相对工作区子系统和水平子系统来说简单得多，主要是汇报管理间的位置、数量、面积、电源要求、环境要求、设计、路由、缆线长度以及设备的种类和概算价格等。甲方会根据概算价格进行合理调整，并反馈给设计人员。

3. 水平子系统成果汇报与意见反馈

水平子系统的设计主要包括网络拓扑结构的确定、布线路径、管槽设计、线缆长度确定、线缆类型选择、线槽和线管内线缆的布放设计等内容。成果汇报时，主要汇报网络拓扑结构、水平布线路径，由于此部分成本占整个工程造价成本的 50% 以上，所以工程概算会是一个重要参考项。甲方综合整个设计方案，尤其是工程成本给设计人员反馈意见，与会人员进行记录和签字确认。它们既相对独立又密切相关，在设计中要考虑相互间的配合。

4. 垂直子系统成果汇报与意见反馈

垂直子系统是通过阅读建筑物图样，掌握建筑物的竖井位置、设备间和管理间位置及了解建筑物的土建结构、强电路径、弱电路径，在重点了解综合布线路径上的电气设备、电源插座、暗埋管线等基础上，将网络竖井设计在合适的位置。成果汇报时，重点汇报竖井位置、线缆类型、路径的选择、线缆容量配置、线缆长度、线缆敷设保护方式、线缆交接、通道规模、概算等内容。

5. 设备间子系统成果汇报与意见反馈

设备间子系统的成果汇报主要是设备间的面积、位置、温度、湿度、尘埃、空气、照明、噪声、电磁场干扰、电源要求、设备、安全、接地、防火、火灾报警、灭火设施和概算等方面的内容，特别是环境要求、防火和防静电等方面采取的具体措施。甲方根据预算价格进行合理调整，并反馈给设计人员。

6. 建筑群子系统成果汇报与意见反馈

建筑群子系统成果汇报主要考虑环境美化要求、建筑群未来发展需要、路由的选择、电缆引入要求、建筑群子系统缆线的选择等方面的内容，同时还要涉及园区规划等各方面较为复杂的情况，并且涉及造价、施工等问题。甲方根据自身需要和发展，综合进行考虑设计方案是否恰当，及时将意见反馈给设计人员以便进一步修改。

1.5.6 确定方案

根据扩初成果汇报与意见反馈，按照甲方反馈的意见，结合前期需求分析、技术交流和工程实际等各种情况，设计人员对扩初设计进一步修改和完善，已达到工程实际的使用要求，最终设计方案必须经过用户确认。

用户确认的一般程序：整理相关资料 → 准备用户确认签字文件 → 用户交流和沟通 → 用户确认签字和盖章 →设计方签字和盖章 → 双方存档。

1.5.7 施工图设计

工程设计过程有概念性规划、修建性详细规划、方案设计、初步设计、施工图设计。施工图是最终用来施工的图纸，是设计的最后一步。

1. 绘图软件应用

在综合布线工程中，设计、施工、管理等众多人员都会设计和使用工程图纸，设计人员通过建筑图纸来了解和熟悉建筑物结构并设计施工图等，施工人员根据设计图纸组织施工，管理人员根据设计图纸进行工程管理。因此，识图、绘图能力是综合布线工程设计与施工组织人员必备的基本功。综合布线工程中主要采用两种制图软件，即中望 CAD 和 Visio。

（1）中望 CAD。

中望 CAD 的界面、操作习惯和命令方式与 AutoCAD 一致，文件格式也可高度兼容，并具有国内领先的稳定性和速度，是当今最流行的绘图软件之一，已被广泛应用于机械设计、建筑设计、电气设备设计以及 Web 的数据开发等多个领域。中望 CAD 具有强大的二维、三维设计功能，绘图、编辑、剖面线、图案绘制、尺寸标注以及二次功能开发等。

① 文件存储和格式转换。中望 CAD 的文件存储格式基于 OpenDWG 标准，主要支持格式是 .dwg 和 .dxf，另有模板格式 .dwt。由于版本差异，.dwg 和 .dxf 格式还分为若干个版本，通过另存可以实现版本格式的转换。

② 资源性文件的支持和兼容。在运用中望 CAD 软件进行绘图设计的过程中，还会运用到一些相关的资源性文件，如字体、填充图案（.pat）、线型（.lin）、打印样式（.ctb）以及支持简化命令自定义的 .pgp 文件。其中，字体文件又分为系统本身所包含的 TrueType 字体（.ttf）和 CAD 字体文件（.shx）。

③ 绘图、编辑的操作方式。应用中望 CAD 绘图一般可分为两种方式：一是运用鼠标通过点选集成到菜单中的功能命令实现绘图操作，对于使用率频繁的绘制与修改命令，还可以直接单击位于绘图区域上方和两侧的界面图标执行；二是熟练掌握各功能命令及其快捷键，利用键盘输入触发命令。

一般的绘图设计主要是运用绘图菜单中各项绘制图形对象的功能，如圆、矩形、多段线、多边形等，并且在适当的区域填充图案或添加文本。通过标注菜单可对各种图形实体标以尺寸，注以说明。根据需要可调用编辑和修改菜单中的命令对图形进行进一步操作，实现如移动、复制、陈列、偏移或者删除等编辑。通过格式菜单可对新建或已有的文本和标注样式、线型线宽、图层信息、单位以及图形界限等作相应的规定和设置。

④ 辅助工具的应用。为使绘图设计变得更方便和高效，除了常规的绘图和编辑功能外，中望 CAD 还附有辅助工具，包括查询、正交、捕捉、追踪等功能和特性管理器、快速计算器以及设计中心的使用。查询的对象包括距离、角度、面积和图形信息；对象捕捉便于用户拾取各种特征点；正交和极轴追踪有助于界定角度和方向，精简操作步骤；特性管理器可直观浏览和即时修改对象特性；快速计算器可执行数字、变量和文本运算，提供单位转换功能；设计中心方便用户进行图纸资源的管理和共享，提升软件的易用性。

⑤ 属性、图块、外部参照和应用程序加载。块的制作及其属性定义同样是提高绘图效率的一系列功能。通过块的制作减少重复图形的多次绘制，定义属性便于图块调用。

为满足客户在使用中望 CAD 绘图时交互使用其他软件和调用数据，它还可插入光栅图片、OLE 对象等外部参照，使得工作中的一些图片、表格可以在中望 CAD 中继续沿用。

另外，还提供接口吻合的二次开发程序加载，如 AutoLISP、VBA、SDS 及 DRX（类ARX）。客户更可调用软件本身的命令编写脚本程序，从而减轻工作负担，满足专业需求。

⑥ 布局、视口和显示控制。中望 CAD 可调整当前图纸的显示效果，通过视口展现图纸的不同视图，界定图纸的显示区域；通过布局调整视图比例，为图纸输出做好充分准备。

⑦ 打印和输入。通过指向打印设备或转化其他图形格式的文件可实现有别于常规的另一种文件保存。通过打印设置美化出图效果，使设计与应用得以顺利衔接。可输出的文件格式包括 .bmp、.pdf、.plt、.dwf 等。支持单个文件输出和多个文件的选择性发布。

⑧ 构筑于平台之上的扩展工具。ET 扩展工具是构筑在平台之上，对其基本命令的组合和加强。大小扩展功能共 87 项，涵盖图层、图块、文本、标准、特殊图形绘制与编辑等多个方面，提升绘图效率与图纸质量，满足用户设计更深层次的需求。

中望 CAD 可应用于综合布线系统设计绘图工作。在具有建筑物 CAD 建筑设计图纸电子文档后，设计人员可在其图纸上直接进行布线系统的设计，起到事半功倍的效果。目前应用中望 CAD 主要用于绘制综合布线的管线设计图、楼层信息点分布图和布线施工图等。

在综合布线系统设计中，绘制网络拓扑图、布线系统拓扑图等结构性图纸时需要大量的专业符号和图标，应用中望 CAD 可完成标准图库建立，节省制图时间和成本，并实现标准化。有关中望 CAD 的技术及应用细节，读者可参阅相关书籍和资料。

图 1-5-17 所示为中望 CAD 操作界面。图 1-5-18 所示为用中望 CAD 绘制的楼层平面布置图。

（2）Microsoft Visio。

Microsoft Visio（MS Visio）是 Microsoft Office 系列软件之一，是一款易学易用的图形设计绘制软件，适用于许多工程领域的工程设计图纸的绘制。MS Visio 的版本有 Visio 2007、Visio 2010，最新版本是 Visio 2016。

MS Visio 绘图软件的最大性能特点是易学易用，并配备各类工程设计绘图用到的元件、器件和部件等丰富标准图库。MS Visio 能使专业技术人员和工程管理人员快捷、灵活、方便地绘制各种建筑平面图、电子电路图、机械工程设计图、工程规划及项目流程图、网络综合布线图和各种组织管理的机构图以及审计流程图等，其适用范围很广。一般用户通过较短时间的学习就能够上手进行设计和绘制各类工程图纸了。同时，Visio 还提供了对 Web

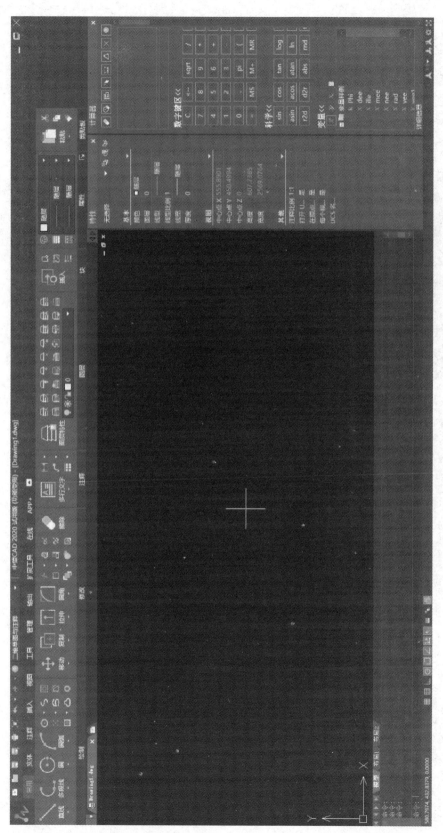

图 1-5-17 中望 CAD 操作界面

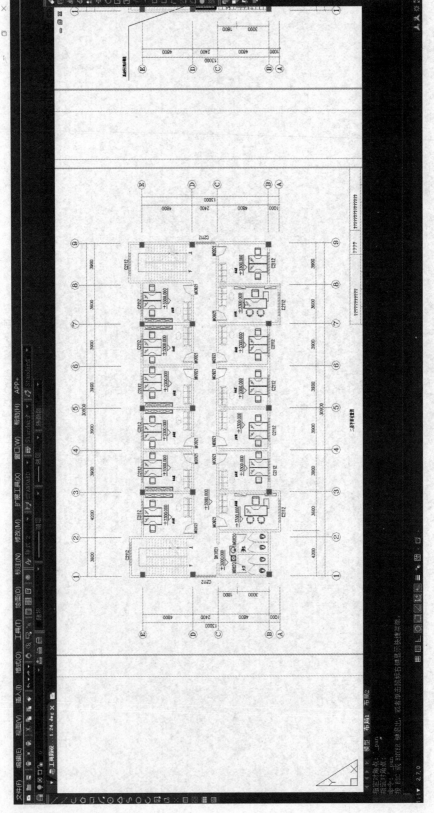

图 1-5-18 楼层平面布置图

页面的支持，用户能够很容易地将所绘制的图纸发布到 Web 页面上，便于在互联网上浏览。

另外，高级用户还可在 Visio 用户界面中直接对其他应用软件的文件（如 Microsoft Office 系列和中望 CAD 等）进行调用、编辑和修改，完成较复杂的图纸设计和绘制工作。

Visio 主要有以下几个特点。

① 易用的集成环境。Visio 使用 Microsoft Office 环境平台与界面，由于实现了与众多 Microsoft 技术的集成，使得绘图的可视化过程变得轻松、快捷。图 1-5-19 所示为 Microsoft Visio 主界面。

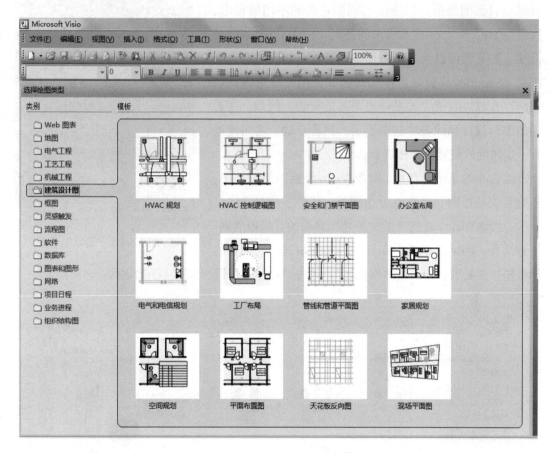

图 1-5-19　Microsoft Visio 主界面

② 丰富的图标类型。打开 Visio 后，Visio 包含多种图标类型，"任务窗格"的主要部分就显示出来，分别是 Web 图表、地图、电气工程、工艺工程、机械工程、建筑设计图、框图、灵感触发、流程图、软件、数据库、图表和图形、网络、项目日程、业务进程和组织结构图。

③ 直观的绘制方式。Visio 提供一种直观的方式进行图表绘制，不论是制作一幅简单的流程图还是制作一幅非常详细的技术图纸，都可以通过程序预定义的图形轻易地组合出图表。在"任务窗格"视图中，单击某个类型的某个模板，Visio 就会自动产生新的绘

图文档，文档的左边"形状"空格显示出经常用到的各种图表元素——SmartShapes 符号，如图 1-5-20 所示。

在绘制图表时，只需要选择相应的模板，单击不同的类别，选择需要的形状，拖动 SmartShapes 符号到绘图文档上，加上一定的连接线，进行空间组合与图形排列对齐，再加上吸引人的边框、背景和颜色即可，其步骤简单、迅速、快捷、方便。也可以对图形进行修改或者创建自己的图形，以适应不同的业务和不同的需求，这也是 SmartShapes 技术带来的便利，体现了 Visio 的灵活性。甚至还可以为图形添加一些智能，如通过在电子表格（SmartSheet 窗口）中编写公式，使图形意识到数据的存在或以其他方式来修改图形的行为。例如，代表门的图形被放到代表墙的图形上，就会自动、适当地进行一定角度的旋转，互相嵌合。

综合布线系统设计中，常用 Visio 绘制网络拓扑图、布线系统拓扑图、信息点分布图等。操作步骤如下。

a. 启动 Visio，在打开的"新建"界面的"模板类别"下方选择"网络"模板，在打开的界面中选择要创建的

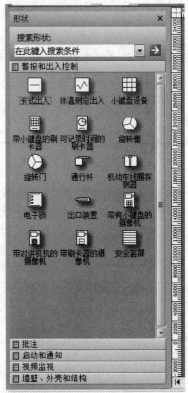

图 1-5-20 "形状"栏

网络拓扑图类型，如"基本网络图"，单击"创建"按钮，如图 1-5-21 所示。

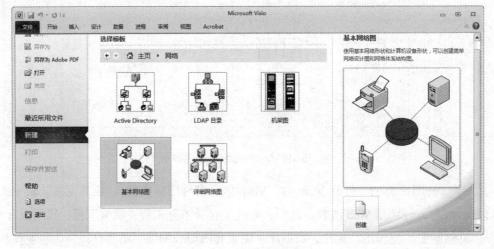

图 1-5-21 选择模板类型

b. 从左侧的"形状"窗格中将需要在网络拓扑图中表现的设备图形拖到绘图区，如将"网络和外设"分类中的"服务器"图形拖到绘图区，如图 1-5-22 所示。将图形置入绘图区后，可以使用拖动方式改变其位置。此外，拖动图形四周的方形控制点可以调整图形

的大小，拖动图形上方的圆形控制点可旋转图形。

c. 从"形状"窗格中将其他需要的网络设备拖到绘图区。例如，分别将"网络符号"分类中的"工作组交换机"符号和"计算机和显示器"分类中的 PC 图形拖到绘图区，并调整其大小和位置，如图 1-5-23 所示。

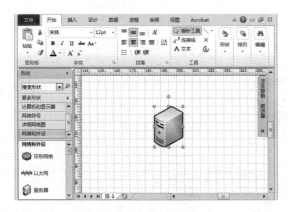

图 1-5-22　将"服务器"图形拖到绘图区

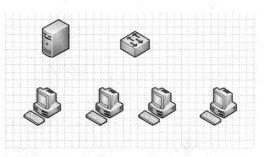

图 1-5-23　拖入其他网络设备图形并
　　　　　　调整其大小和位置

d. 绘制连线。在 Visio 中绘制连线有两种方法：一种是从"开始"选项卡"工具"组的"形状"按钮列表中选择"折线图"工具绘制；另一种是直接单击"工具"组中的"连接线"工具绘制，如图 1-5-24 所示。下面使用"折线图"工具绘制，首先在"形状"下拉列表中选择"折线图"工具。

e. 将光标移至要连接的图形边缘处，按住鼠标左键不放沿着要绘制的方向拖动，至目标位置后释放鼠标左键；如果需要绘制折线，可在要拐折处释放鼠标左键，然后将光标放置在上一段线条结尾处，并按住鼠标左键沿着另一个方向拖动至目标位置后释放鼠标左键。本例绘制的线条效果如图 1-5-25 所示。

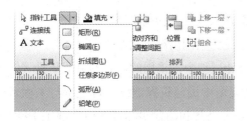

图 1-5-24　绘制连接线的工具

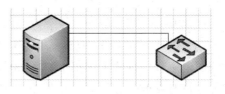

图 1-5-25　绘制连接线

f. 参考步骤 e 的操作绘制其他连接线，效果如图 1-5-26 所示。

g. 为网络拓扑图中的设备添加标注。选择"指针"工具，在要添加标注的设备上双击，然后在弹出的文本框中输入标注文本即可，如图 1-5-27 所示。绘制完成后，如果要移动标注的位置，可拖动标注上方的黄色菱形控制点调整。本例绘制的网络拓扑图最终效果如图 1-5-28 所示。

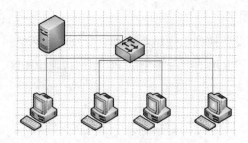

图 1-5-26　绘制其他连接线

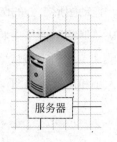

服务器

图 1-5-27　输入标注文本

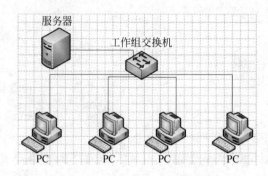

图 1-5-28　网络拓扑图完成效果

2. 设计图绘制

综合布线工程图纸是通过各种图形符号、文字符号、文字说明及标注表达的。预算人员要通过图纸了解工程规模、工程内容、统计出工程量、编制出工程概预算文件。施工人员要通过图纸了解施工要求，按图施工。阅读图纸的过程称为识图。换句话说，识图就是要根据图例和所学的专业知识，认识设计图纸上的每个符号，理解其工程意义，进而很好地掌握设计者的设计意图，明确在实际施工过程中要完成的具体工作任务，这是按图施工的基本要求，也是准确套用定额进行综合布线工程概预算的必要前提。

（1）图纸绘制内容。

①绘制扩初方案图纸。根据需求和扩初方案，绘制出扩初图纸。

②绘制施工图。根据扩初图纸及扩初反馈意见，绘制出施工图纸。

（2）设计参考图集。在综合布线系统图纸设计过程中，采用的主要参考图集是《智能建筑弱电工程设计施工图集（97×700）》。该图集由中国建筑标准设计研究所与工程建设标准设计分会弱电专业委员会联合主编，由中华人民共和国住房和城乡建设部于 1998 年 4 月 16 日批准。该图集包括智能建筑弱电系统共 11 个系统的设计，具体如下。

①通信系统。

②综合布线系统。

③火灾报警与消防控制系统。

④安全防范系统。

⑤楼宇设备自控系统。

⑥ 公用建筑计算机经营管理系统。

⑦ 有线电视系统。

⑧ 服务性广播系统。

⑨ 厅堂扩声系统。

⑩ 声像节目制作与电化教学系统。

⑪ 呼应信号及公共显示系统。

（3）通信工程制图的整体要求和统一规定。

通信工程制图执行的标准是信息产业部 [2007] 532 号文件发布的《电信工程制图和图形符号规定》（YD/T 5011—1—5—2007）。

① 制图的整体要求。

a. 根据表述对象的性质、论述的目的与内容，选取适宜的图纸及表达手段，以便完整地表述主题内容。

b. 图面应布局合理、排列均匀、轮廓清晰和便于识别。

c. 应选取合适的图线宽度，避免图中的线条过粗或过细。

d. 正确使用国标和行标规定的图形符号。派生新的符号时，应符合国标图形符号的派生规律，并应在适合的地方加以说明。

e. 在保证图面布局紧凑和使用方便的前提下，应选择适合的图纸幅面，使原图大小适中。

f. 应准确地按规定标注各种必要的技术数据和注释，并按规定进行书写和打印。

g. 工程设计图纸应按规定设置图衔，并按规定的责任范围签字，各种图纸应按规定顺序编号。

② 线例。学区需要布放广播、门禁、网络等各种功能线缆，在图上用线例画出各种路由走线，线例表如表 1-5-24 所示。

表 1-5-24　部分常用线例

—BC—	广播：RVS2*1.5	PVC20
—M—	门禁：2RVSP2*1.5，RVV2*1.5	2PVC25
—A—	报警：RVSP2*1.5，RVV2*1.5	PVC25
—V—	监控：UTP5E，RVV2*1.5	PVC25
—C—	通信：RVSP2*1.5，RVV2*1.5	PVC25
—TV—	电视：楼内主干 SYV75-9，分支 SYV75-5	PVC20，1~2 根电缆
—nD—	网络：UTP6	每 1~2 根电缆，穿 1 根 PVC25
—H—	视频连接线	2PVC25
—2D/2TV—{ —2D— / —2TV— }		按照以上规则分别穿管 余同

③ 图例。图例是设计人员用来表达其设计意图和设计理念的符号。如设计人员在图纸中以图例形式加以说明，用什么图符都不重要。但如果设计人员既不想特别说明，又希望读者能读懂图纸，就必须用规定的图符（图例）。

在综合布线工程设计中，部分常用图例如表 1-5-25 所示。

表 1-5-25　部分常用图例

序号	图例	名　称	规　格	单位	数量	备　注
1		动力照明配电箱	动力照明配电箱 PZ30 进线 220V、10A，出线：设备电源线、控制台电源线	台	4	
2		19 英寸标准机柜	19 英寸 1m 控制台，智能化控制机柜，靠墙放置	台	2	
3		摄像机	高度 2500mm	个	1	
4		红外带照明灯摄像机	壁挂高度 3500mm	个	2	
5		LED 显示器	高度 1400mm，电梯厅	个	1	壁挂高度 1400mm/吊装
6		被动红外 / 微波探测器		个	1	
7		红外带照明灯摄像机	楼梯间壁挂高度 2500mm	个	2	
8		家居配线箱	6CAT 6、四芯光缆、投影控制线、投影信号线、音箱线、话筒线	个	1	
9		AP	高度 3000mm	个	4	高密度
10		LED 显示器	黑板侧，出线高度 1000/2400mm	个	8	壁挂高度 1400mm/吊装
11		弱电配线箱	6CAT 6、四芯光缆、投影控制线、投影信号线、音箱线、话筒线	个	3	
12		壁挂式安装扬声器	高度 2800mm	个	8	
13		电视摄像机	教室录播，高度 3000mm	个	8	
14		嵌入式安装扬声器		个	3	

④ 字体及书写。

a. 图纸中书写的文字（汉字、字母、数字、代号等）均应字体工整、笔画清晰、排列整齐、间隔均匀，其书写位置应根据图面妥善安排，不能出现线压字或字压线的情况；否则会严重影响图纸质量，也不便施工人员看图。

文字多时宜放在图的下面或右侧。采用国家正式颁布的简化汉字从左至右横向书写，标点符号占一个汉字的位置。字体用宋体或长仿宋体。

b. 图中的"技术要求""说明"或"注"等字样，写在具体文字内容的左上方，用比文字内容大一号的字体书写，标题下均不画横线。具体内容多于一项时，按下列顺序号排列：

- 1、2、3、…
- （1）、（2）、（3）、…
- ①、②、③、…

c. 图中的数字，用阿拉伯数字表示。计量单位用国家颁布的法定计量单位。

⑤ 图衔。图衔是位于图纸右下角的"标题栏"。各设计单位都非常重视"标题栏"的设置，都会把经过精心设计的带有各自特色的"标题栏"放在设计模板中，设计员只能在规定的模板中绘制图纸，不另行设计图衔。

电信工程常用标准图衔为长方形，大小宜为30mm×180mm（高 × 长）。

图衔应包括图名、图号、设计单位名称、单位主管、部门主管、总负责人、单项负责人、设计人、审校核人等内容。

艺术楼线图衔设计如图 1-5-29 所示。

⑥ 注释、标志和技术数据。

a. 当含义不便于用图示法表达时，可用注释。当图中出现多个注释或大段说明性注释时，应把注释按顺序放在边框附近。有些注释可放在需说明的对象附近；当注释不在需要说明的对象附近时，应用指引线（细实线）指向说明对象。

图 1-5-29　艺术楼线图衔

b. 标志和技术数据应放在图形符号旁边。当数据很少时，技术数据也可放在矩形符号的方框内；当数据较多时，技术数据可用分式表示，也可用表格形式列出。用分式表示时，可用以下模式：

$$N\frac{A-B}{C-D}F$$

式中：N 为设备编号；A、B、C、D 为不同的标注内容，可增可减；F 为敷设方式。

当设计中需表示本工程前后有变化时，可用斜杠方式：（原有数）/（设计数）；当设计中需表示本工程前后有增加时，可用加号方式：（原有数）+（增加数）。

c. 平面布置图主要用位置代号或顺序号加表格说明；系统框图用图形符号或方框加文字表示，必要时二者兼用；接线图应符合《电气技术用文件编制》（GB/T 6988.1—3—1997）第 3 部分——接线图和接线表的规定。

3. 工作区子系统施工图设计

（1）4人宿舍施工图设计。

① 甲方提供内容：建筑图内标识了人数及布置位置，根据人数布置信息点，如图1-5-30所示。

② 分析确认人数：4人。

③ 分析业务需求：宿舍图标识了宿舍人数以及家具布置位置，按照家具的位置布置信息点。

每人设置一个数据接口，采用4个单口信息插座，安装位置处于每人床铺旁边的写字桌墙面上，距离地面高度1m，分别位于进门处1.5m和6m处。进门处设置一个Wi-Fi，高度距离地面2m、进门右边1m位置。

④ 施工图如图1-5-31所示。

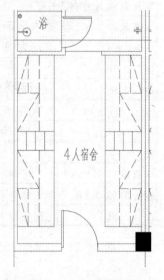

图 1-5-30　4人宿舍建筑平面图

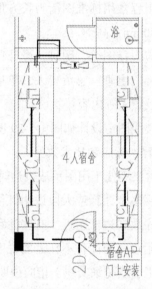

图 1-5-31　4人宿舍施工图

（2）7-209办公室施工图设计。

① 甲方提供内容：仅在建筑平面图上标注"办公室（3人间）"字样，给出房间面积。

② 分析确认人数：3人。

③ 分析业务需求：标识了人数，未标识位置的情况，根据房间门、窗和墙面来布置信息点，设计中适当考虑多预留一定数量，便于后期进驻后可以方便用户调整，这里的布置需要与业主负责人员进行交流并告知，防止因为数量过多造成超预算的风险。

④ 施工图如图1-5-32所示。

（3）7-211办公室施工图设计。

① 甲方提供内容：仅在建筑平面图上标注"办公室"字样，给出房间面积。

② 分析确认人数：未知。

③ 分析业务需求：未标识人数，但有相同格局房间按照有标识的房间式样设计，这里需要与业主交流并获得同意。

④ 施工图如图 1-5-33 所示。

图 1-5-32　7-209 办公室施工图

图 1-5-33　7-211 办公室施工图

（4）7-215 办公室施工图设计。

① 甲方提供内容：仅在建筑平面图上标注"办公室"字样，给出房间面积。

② 分析确认人数：未知。

③ 分析业务需求：未标识人数，有面积标识，根据房间情况布置信息点，需要与业主交流并获得同意。

④ 施工图如图 1-5-34 所示。

（5）环境设计教研室施工图设计。

① 甲方提供内容：环境设计教研室建筑平面图如图 1-5-35 所示。

通过甲方提供的环境设计教研室建筑平面图以及室内桌子布置图，分析房间四面均布置桌子，其中三面桌子均靠墙壁摆放，左侧进门处桌子不靠墙布置。

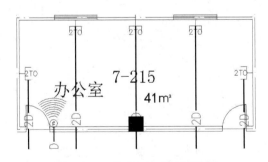

图 1-5-34　7-215 办公室施工图

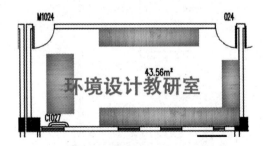

图 1-5-35　环境设计教研室平面图

② 分析确认人数：甲方提供的图纸未标明房间的人数，设计时经过需求分析与业主交流，明确大概 10~20 名教师办公。

③ 分析业务需求：甲方提供布置图，设计需要与业主交流。

为了满足 20 名教师办公及未来发展的需要，设置 22 个数据点，采用双口信息插座，同时还要满足教研室领导业务情况，另外安装 5 部座机电话。插座高度均距离地面300mm。

④ 施工图如图 1-5-36 所示。

（6）105 室单人办公室信息点设计。

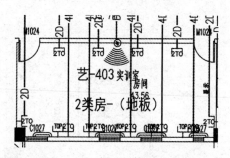

设计分析：该办公室是保安人员使用，所以需要一台计算机和一部座机电话。同时桌子靠墙摆放，所以信息插座布置在桌子的墙面上，高度距离地面300mm。

电源布置：因为计算机需要电源，所以也将电源插座设置在信息插座旁边。

图 1-5-36　环境设计教研室施工图

管道布置：选用 φ16mm PVC 线管从管理间通过地面引至 105 室，沿墙面向上至300mm 处。

① 甲方提供内容：105 室平面布置图如图 1-5-37 所示。

② 分析确认人数：1 人。

③ 分析业务需求：确定信息点数量。应分配一个数据信息点和一个语音信息点，为此，设计一个双口信息插座，这个双口信息插座分别安装一个 RJ-45 数据口和一个 RJ-11 语音口。

设计选型。按照设计规范和常用的方式在图纸上布点。

确定安装位置。办公桌靠右边墙摆放，因此把这个墙面信息插座设计在办公桌边上的墙面，距离地面高度 300mm。

④ 信息点设计图如图 1-5-38 所示。

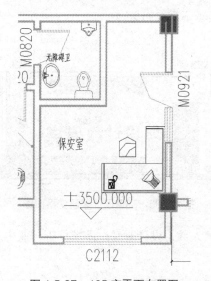

图 1-5-37　105 室平面布置图

图 1-5-38　105 室信息点设计图

⑤ 确定工作区材料规格和数量，如表 1-5-26 所示。

表 1-5-26 105 室工作区材料规格和数量

××× 局办公楼一层 105 室单人办公室材料统计表					
序号	材料名称	型号/规格	数量	单位	使用说明
1	信息插座底盒	86 系列、金属、镀锌	1	个	土建施工、地面安装
2	信息插座面板	86 系列、白色塑料、双口	1	个	弱电施工安装
3	信息插座模块	网络模块、RJ-45、非屏蔽、超五类	1	个	弱电施工安装
4	信息插座模块	网络模块、RJ-11、非屏蔽、超五类	1	个	弱电施工安装

编写：×××　　审核：×××　　审定：×××　　×××局　　××××年××月××日

（7）203 室单人办公室信息点设计。

① 甲方提供内容：203 室平面布置图如图 1-5-39 所示。

② 分析确认人数：该办公室是 1 人使用，按照单人办公室设计信息点。

③ 分析业务需求，确定信息点数量。应分配 1 个数据信息点和 0 个语音信息点，因此，设计一个单口信息插座，这个插座安装一个 RJ-45 数据口，不需要安装 RJ-11 语音口。

设计选型。按照设计规范和常用的方式在图纸上布点。

确定安装位置。办公桌没有靠墙摆放，因此把这个单口地弹信息插座设计在办公桌下面的地面。

④ 信息点设计图如图 1-5-40 所示。

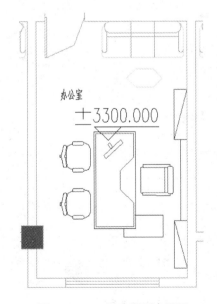

图 1-5-39 203 室平面布置图

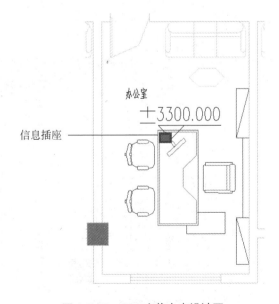

图 1-5-40 203 室信息点设计图

⑤ 确定工作区材料规格和数量。

203 室单人办公室工作区系统材料规格和数量，如表 1-5-27 所示。

表 1-5-27　203 室工作区材料规格和数量

×××局办公楼二层 203 室单人办公室材料统计表					
序号	材料名称	型号 / 规格	数量	单位	使用说明
1	信息插座底盒	86 系列、金属、镀锌	1	个	土建施工、地面安装
2	信息插座面板	86 系列、金属、单口	1	个	弱电施工安装
3	信息插座模块	网络模块、RJ-45、非屏蔽、超五类	1	个	弱电施工安装

编写：×××　审核：×××　审定：×××　×××局　××××年××月××日

（8）201 室多人办公室信息点设计。

① 甲方提供内容：201 室平面布置图如图 1-5-41 所示。

② 分析确认人数：员工办公室是两人使用，按照多人办公室设计信息点。

③ 分析业务需求，确定信息点数量。每位员工只需要配置一台计算机，所以只需分配一个数据信息点，两个人就需要两个数据信息点，不需要语音信息点，为此，设计一个双口信息插座，这个插座安装两个 RJ-45 数据口。

④ 设计图：确定安装位置。办公桌均靠墙摆放，因此把这两个墙面信息插座设计在办公桌边上的墙面，距离地面高度 300mm，如图 1-5-42 所示。

⑤ 确定工作区材料规格和数量，如表 1-5-28 所示。

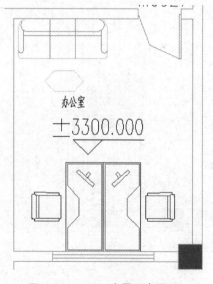

图 1-5-41　201 室平面布置图

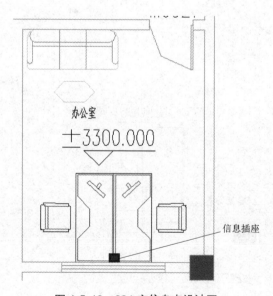

图 1-5-42　201 室信息点设计图

表 1-5-28 确定工作区材料规格和数量

×××局办公楼二层 201 室多人办公室材料统计表

序号	材料名称	型号/规格	数量	单位	使用说明
1	信息插座底盒	86 系列、金属、镀锌	1	个	土建施工、地面安装
2	信息插座面板	86 系列、白色塑料、双口	1	个	弱电施工安装
3	信息插座模块	网络模块、RJ-45、非屏蔽、超五类	2	个	弱电施工安装

编写：×××　审核：×××　审定：×××　×××局　××××年××月××日

（9）301 室多人办公室信息点设计。

①甲方提供内容：301 室平面布置图，如图 1-5-43 所示。

②分析确认人数：局办公室是 4 人使用，按照多人办公室设计信息点。

③分析业务需求：确定信息点数量。每位员工只需要配置一台计算机，所以只需分配一个数据信息点，4 个人就需要 4 个数据信息点，不需要语音信息点。为此，设计两个双口信息插座，这两个插座分别安装 4 个 RJ-45 数据口。

④设计图：办公桌均靠前后隔断摆放，因此把这 4 个信息插座分别设计在这 4 张办公桌边上的前后隔断面，距离地面高度 300mm，如图 1-5-44 所示。

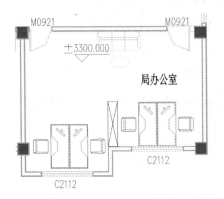

图 1-5-43 301 室平面布置图

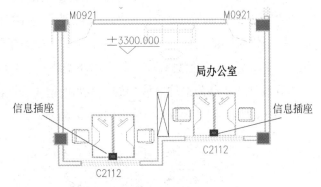

图 1-5-44 301 室信息点设计图

⑤确定工作区材料规格和数量，具体如表 1-5-29 所示。

表 1-5-29 确定工作区材料规格和数量

×××局办公楼三层 301 室多人办公室材料统计表

序号	材料名称	型号/规格	数量	单位	使用说明
1	信息插座底盒	86 系列、金属、镀锌	2	个	土建施工、地面安装
2	信息插座面板	86 系列、白色塑料、双口	2	个	弱电施工安装
3	信息插座模块	网络模块、RJ-45、非屏蔽、超五类	4	个	弱电施工安装

编写：×××　审核：×××　审定：×××　×××局　××××年××月××日

（10）104 室多人办公室信息点设计。

① 甲方提供内容：104 室平面布置图，如图 1-5-45 所示。

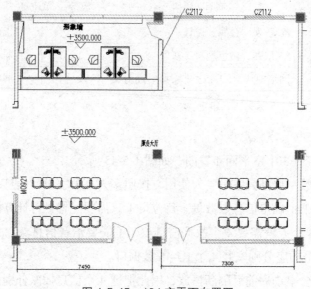

图 1-5-45　104 室平面布置图

② 分析确认人数：大厅前台是 4 人使用，按照多人办公室设计信息点。

③ 分析业务需求：每位员工均需要配置一台计算机和一部座机电话，所以每位员工均分配一个数据信息点和一个电话信息点，4 个人就需要 4 个数据信息点、4 人语音信息点。为此，设计 4 个双口信息插座，每个插座安装一个 RJ-45 数据口、一个 RJ-11 语音口。

④ 设计图：办公桌均靠墙摆放，因此把这 4 个墙面信息插座分别设计在办公桌边上的墙面，距离地面高度 300mm，如图 1-5-46 所示。

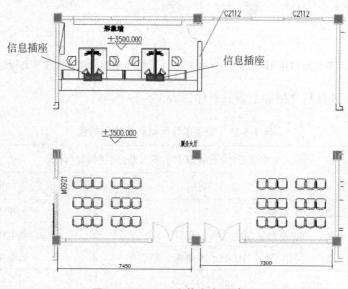

图 1-5-46　104 室信息点设计图

⑤ 确定工作区材料规格和数量，如表 1-5-30 所示。

表 1-5-30 确定工作区材料规格和数量

×××局办公楼一层104室多人办公室材料统计表					
序号	材料名称	型号 / 规格	数量	单位	使用说明
1	信息插座底盒	86系列、金属、镀锌	4	个	土建施工、地面安装
2	信息插座面板	86系列、白色塑料、双口	4	个	弱电施工安装
3	信息插座模块	网络模块、RJ-45、非屏蔽、超五类	4	个	弱电施工安装
4	信息插座模块	网络模块、RJ-11、非屏蔽、超五类	4	个	弱电施工安装

编写：××× 审核：××× 审定：××× ×××局 ××××年××月××日

 理论链接 1

材料统计表功能

材料统计表主要用于工程项目材料采购和现场施工的管理，是施工方内部使用的技术文件，必须详细写清楚全部主材、辅材以及消耗材料的名称、型号、数量等。在该表的统计和制作过程中，力求简单、直观，并能准确地反映出各种材料在整个建设项目中的预算量。

 理论链接 2

材料统计表组成

制作综合布线材料表要先制作材料表表头。材料表表头一般包括序号（方便查找具体材料内容）、材料名称、材料规格 / 型号（同种名称的材料有不同的规格，工程中需要用到哪个规格 / 型号材料在此详细说明）、数量（说明该种材料需要购进的数量）、单位（说明各种材料的采购单位）、用途简述（说明该种材料在整个工程中用在哪个地方）。

材料统计表编制

注意事项

材料统计表编制的注意事项

（1）表格设计合理。

表格宽度和文字大小合理，编号清楚。

（2）文件名称正确。

材料表一般按照项目名称命名，要在文件名称中直接体现项目名称和材料类别等信息，如某局布线材料表。

（3）材料名称和型号正确。

材料表主要用于材料采购和现场管理，因此，材料名称和型号必须正确，并且应使用规范的名词术语。例如，双绞线电缆不能只写"网线"，必须清楚地标明是超五类电缆还是六类电缆，是屏蔽电缆还是非屏蔽电缆，是室内电缆还是室外电缆，重要项目甚至要规定电缆的外观颜色。因为每个产品的型号不同，所以在质量和价格上会有很大的差别，对工程质量和竣工验收有直接的影响。

（4）材料规格齐全。

在综合布线工程实际施工中，涉及缆线、配件、辅助材料、消耗材料等很多品种或者规格（材料表中的规格必须齐全）。如果缺少一种材料就有可能影响施工进度，也会增加采购和运输成本。

例如，信息插座面板就有双口和单口的区别，不能只写信息插座面板为多少个，必须写出双口面板是多少个、单口面板是多少个。

（5）材料数量满足需要。

在综合布线实际施工中，现场管理和材料管理非常重要，管理水平低材料浪费就比较大，管理水平高材料浪费就比较少。

例如，网络电缆每箱为305m，根据《综合布线系统工程设计规范》（GB 50311—2016）的规定，永久链路的最大长度不宜超过90m，而在实际布线施工中，多数信息点的永久链路长度为20~40m，通常将305m的网络电缆裁剪成20~40m使用，这样每箱都会产生剩余的短线，这就需要有人专门整理每箱剩余的短线，然后用在比较短的永久链路上。

因此，在布线材料数量方面必须结合管理水平的高低，规定合理的材料数量，考虑一定的余量，满足现场施工需要。在编制材料表时，电缆和光缆的长度一般按照工程总用量的5%~8%增加余量。

（6）考虑低值易耗品。

在综合布线施工和安装中，大量使用RJ-45模块、水晶头、安装螺钉、标签纸等小件材料，这些材料不仅容易丢失，而且管理成本也较高，因此对于这些低值易耗材料，适当增加数量（不需要每天清点数量，增加管理成本），一般按照工程总用量的10%增加余量。

（7）签字和日期正确。

编制的材料表必须有签字和日期，这是工程技术文件不可缺少的。

4. 管理间子系统施工图设计

艺术楼共六层，整栋楼确定设置了两个管理间，一个管理间位于二层，负责管理一层、二层和三层楼所有的信息点。另一个管理间位于五层楼，负责管理四层、五层和六层楼所有的信息点。由于建筑物结构的原因，二层楼的管理间线缆无法从弱电间向下放线，需要从二层楼管理间的走廊尽头向下放线到一层楼，考虑到水平子系统线缆不超过 90m 的规定，因此在一楼杂物间内设计了一个备用管理间。如果施工过程中，原路由线缆没有超过 90m，则不启用一楼的备用管理间；若原路由线缆超过 90m，则启用一楼的备用管理间，负责一楼所有的信息点。艺术楼综合布线系统图如图 1-3-5 所示。

图 1-5-47　一楼备用管理间

（1）一楼备用管理间。

一楼备用管理间如图 1-5-47 所示。

（2）二楼管理间。

二楼管理间位于二楼的弱电间内，负责管理 1 层、2 层和 3 层楼所有的信息点，如图 1-5-48 所示。

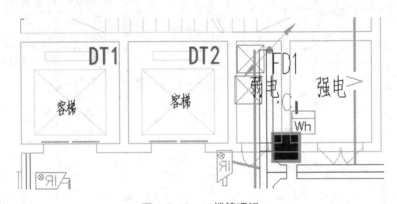

图 1-5-48　二楼管理间

（3）五楼管理间。

五楼管理间位于五层楼的弱电间内，负责管理四层、五层和六层楼所有的信息点，如图 1-5-49 所示。

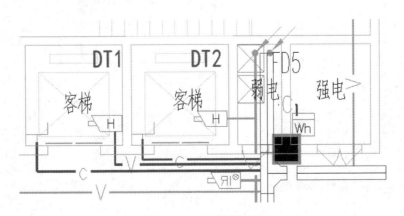

图 1-5-49　五楼管理间

5. 水平子系统施工图设计

一楼水平子系统设计如图 1-5-50 所示。

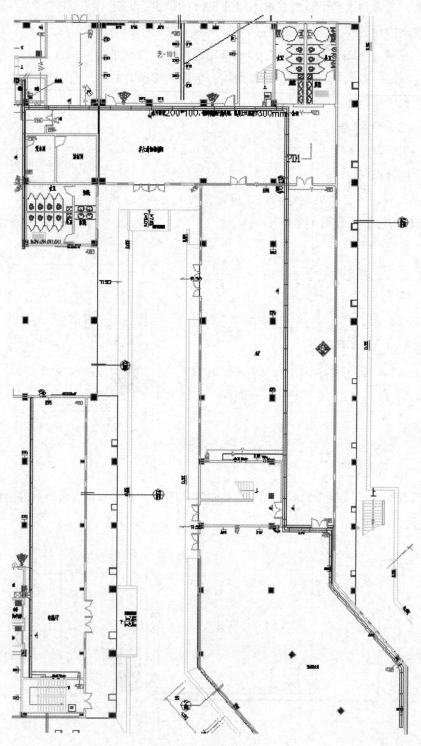

图 1-5-50 一楼水平子系统设计

6. 垂直子系统施工图设计

（1）一楼设备间子系统到二楼管理间子系统的垂直子系统位于弱电间内。如果启用一楼备用管理间，则在一楼杂物间内有垂直子系统，如图1-5-51所示。

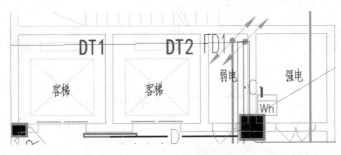

图 1-5-51　一楼垂直子系统

（2）三楼垂直子系统位于弱电间内，如图1-5-52所示。

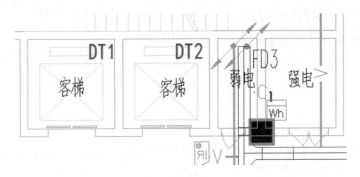

图 1-5-52　三楼垂直子系统

（3）六楼布线通道位于弱电间对面房间内，由于六层楼对应弱电间的位置处是不上人的屋面，五楼楼顶建筑平面图如图1-5-53所示。所以，六层楼的水平子系统的线缆从五层楼弱电间的对头走廊向上布线，如图1-5-54所示。

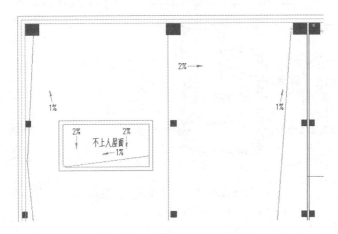

图 1-5-53　五楼楼顶建筑平面图

图 1-5-54　六楼通信信道

7. 设备间子系统正式设计

（1）艺术楼一楼设备间子系统的设计。

艺术楼一楼设备间子系统位于一楼弱电间内，如图 1-5-55 所示。

（2）某局办公楼设备间的设计。

该栋办公楼共四层，设备间设置在一楼左边的楼梯间墙面的上方，采用壁挂式机柜安装，如图 1-5-56 所示。

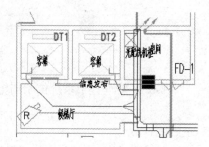

图 1-5-55　艺术楼一楼设备间子系统设计图

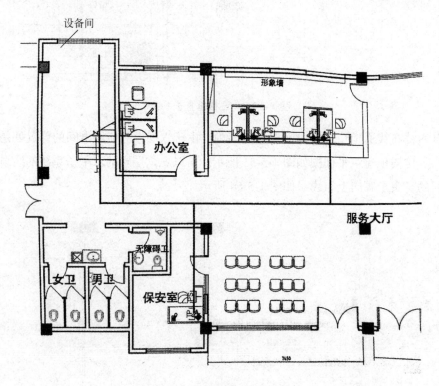

图 1-5-56　办公楼设备间子系统

1.6 工程实例

1.6.1 实例一 某局办公楼设计实例

1. 防雷和接地说明

防雷和接地说明如图 1-6-1 所示。

四、防雷、接地(仅作相关说明)
1. 本工程防雷等级为(三)类.
2. 在层顶采用ø12mm镀锌圆钢做避雷带。具体做法见国标图集D501.
3. 利用建筑物柱内两根主钢筋(不小于ø16 mm)作为防雷引下线，引下线上端与避雷带焊接，下端经接地电阻测试卡与接地装置电气焊接.
4. 利用基础圈梁内最外层对角两根ø12mm主钢筋焊接连通构成环网作为建筑物接地装置，接地电阻应小于1Ω，如接地电阻达不到要求，可沿基础四周敷设一圈40X4镀锌扁钢，埋深0.8m，与接地环网焊接，如还达不到要求可补打接地极，做法见03D603的第96页.
5. 外墙引下线距地0.4m处设接地电阻测试卡子，具体做法参见国标图集03D603第91页.
6. 凡凸出屋面的所有金属构件均应与避雷带可靠焊接。进出建筑的所有金属管道通过管卡与接地装置连通，PVC透气管顶端应设避雷针(ø12mm镀锌圆钢高出顶端500mm)与避雷带焊接连通.
7. 室外接地凡焊接处均应刷沥青防腐.
8. 电源进线保护管用镀锌钢管，进线处重复接地。防雷、重复接零及PE共用，实测接地电阻小于1Ω.
9. 凡正常不带电，而当绝缘破坏有可能呈现电压的一切电气设备金属外壳均应可靠接地.
10. 本工程卫生间采用局部等电位连接，从适当的地方引出两根与结构钢筋焊接的接地

图 1-6-1　防雷和接地说明

2. 统计点数、布线及编制材料表

在完成点数统计表、系统图等后，基本确定了综合布线系统的基本结构和连接关系，接着开始着手设计水平子系统布线路由。根据信息点数量和位置，结合管理间位置，依据水平子系统的设计要点、设计原则和设计步骤为水平子系统设计最优布线路由。

由于布线的路由取决于建筑物结构和功能，布线管道一般安装在建筑立柱和墙体中，而且不可更改，所以在施工前要进行施工图的设计，设计力求简单明了，目的是能突出反映各个信息点的内容，以及布线路由在建筑物中安装的具体位置。施工图一般使用平面图。

设计师小张根据接到的某局办公楼综合布线设计任务，在明确信息点的位置之后，按照水平子系统设计步骤，为这栋办公楼进行弱电布线路由设计。各层缆线布线路由如图 1-6-2~图 1-6-5 所示，再进行电气施工图设计说明及弱电系统材料表的编制。

(1) 图 1-0-7 是某局办公楼一层的建筑平面图，根据前文工作区子系统信息点的确认，按照水平子系统的设计原则和设计步骤，设计了一层水平子系统的布线路由，如图 1-6-2 所示。

(2) 图 1-0-8 是某局办公楼二层的建筑平面图，根据前文工作区子系统信息点的确认，按照水平子系统的设计原则和设计步骤，设计二层水平子系统的路由，如图 1-6-3 所示。

(3) 图 1-0-9 是某局办公楼三层的建筑平面图，根据前文工作区子系统信息点的确认，按照水平子系统的设计原则和设计步骤，设计三层水平子系统的路由，如图 1-6-4 所示。

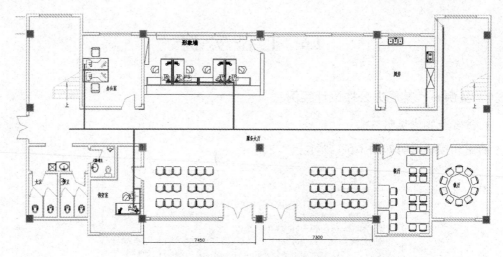

图 1-6-2　办公楼一层布线路由设计

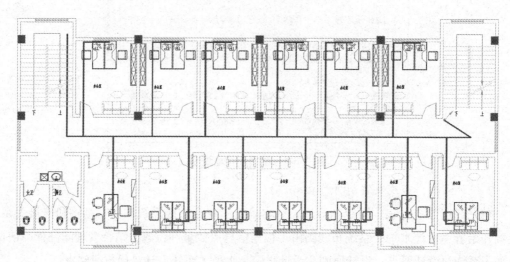

图 1-6-3　办公楼二层布线路由设计

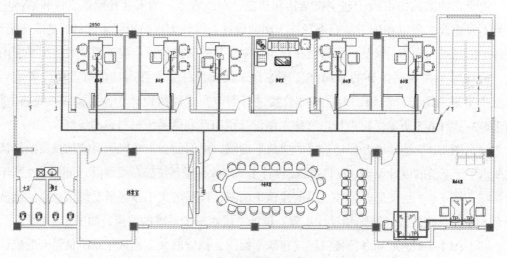

图 1-6-4　办公楼三层布线路由设计

（4）图 1-0-10 是某局办公楼四层的建筑平面图，根据前面对工作区子系统信息点的确认，按照水平子系统的设计原则和设计步骤，设计四层水平子系统的布线路由，如图 1-6-5 所示。

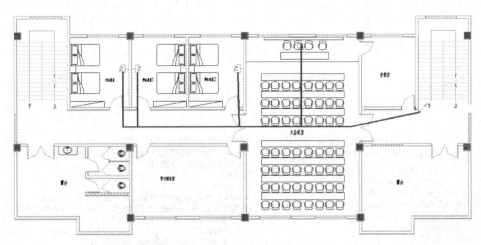

图 1-6-5　办公楼四层布线路由设计

（5）办公楼弱电系统材料表。

办公楼弱电系统材料表如表 1-6-1 所示。

表 1-6-1　办公楼弱电系统材料表

序号	图例	名　称	规　格	单位	数量	备　注
1		住户信息配线箱		套	2	暗装，底过距地 0.5m
2		共用电视天线前端箱		套	1	暗装，底过距地 0.5m
3		共用电视天线分配器箱		套	1	暗装，底过距地 0.5m
4		同轴电缆	SWYV-75-9	米		实际测量
5		同轴电缆	SWYV-75-5	米		实际测量
6		钢管	SC25	米		实际测量
7		电话分线箱		套	1	暗装，底过距地 0.5m
8		电话电缆	HYV-30（2×0.5）	米		实际测量
9		电话电缆	HYV-2×0.5	米		实际测量
10		PVC 塑料管	PVC20	米		实际测量
11		PVC 塑料管	PVC16	米		实际测量
12		楼层配线架	24 口	个	1	暗装，底过距地 0.5m
13		钢管	SC32	米		实际测量
14		钢管	SC20	米		实际测量
15	SD	暗装数据插座（备用网）	自定	个	16	暗装，0.3m
16	PS	暗装电话出线口	自定	个	14	暗装，0.3m
17	TV	暗装电视出线口	自定	个		暗装，0.3m

续表

序号	图例	名　　称	规　　格	单位	数量	备　　注
18	TO	暗装网络出线口	自定	个	2	暗装，0.3m
19	TP	暗装数据插座（生产网）	自定	个	4	暗装，0.3m
20	LS	暗装数据插座（非生产网）	自定	个		暗装，0.3m

（6）办公楼电气施工图设计说明。

办公楼电气施工图设计说明，如图 1-6-6 所示。

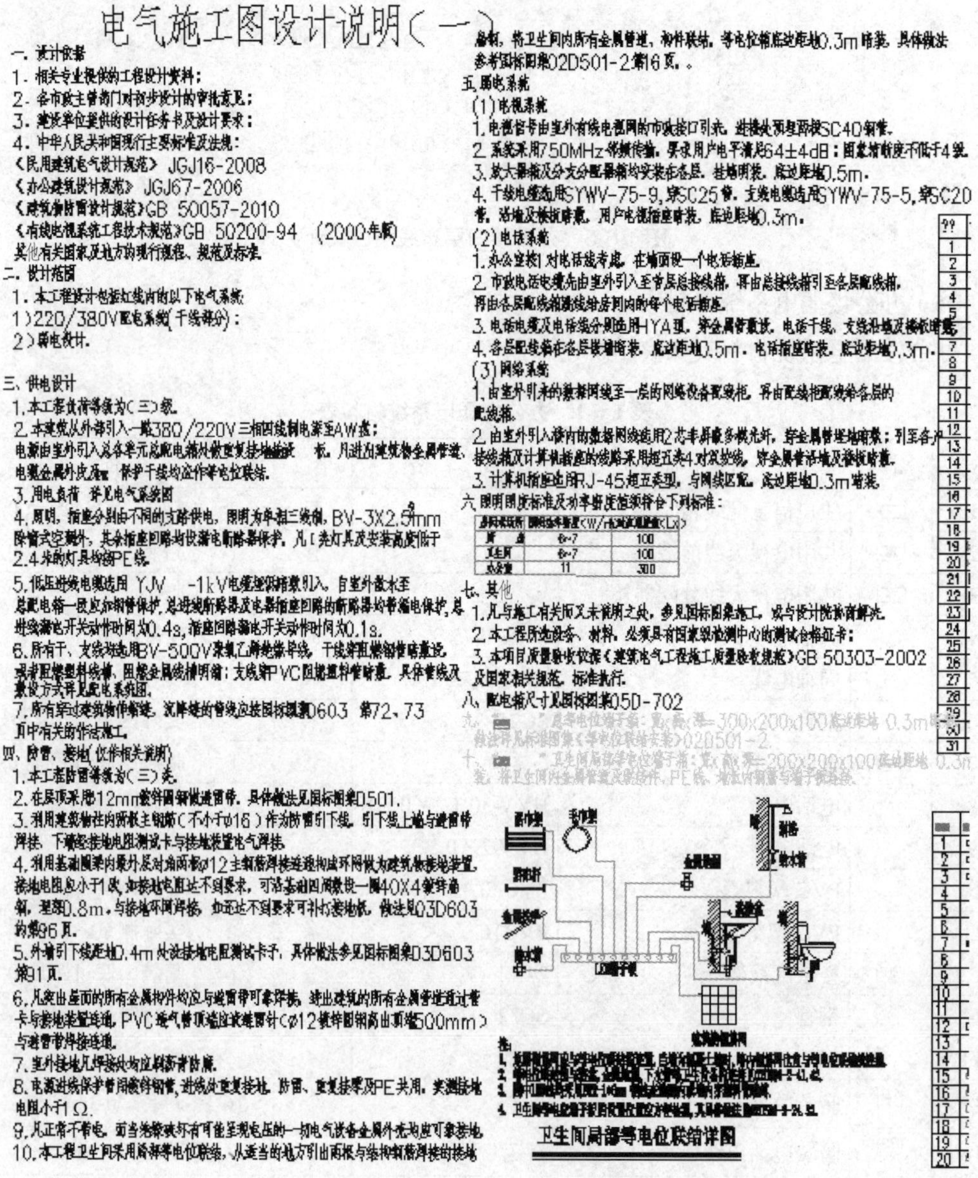
电气施工图设计说明（一）

一、设计依据

1. 相关专业提供的工程设计资料；
2. 各市政主管部门对初步设计的审批意见；
3. 建设单位提供的设计任务书及设计要求；
4. 中华人民共和国现行主要标准及法规：

《民用建筑电气设计规范》JGJ16-2008

《办公建筑设计规范》JGJ67-2006

《建筑物防雷设计规范》GB 50057-2010

《有线电视系统工程技术规范》GB 50200-94 （2000年版）

其他有关国家及地方的现行规程、规范及标准。

二、设计范围

1. 本工程设计包括红线内的以下电气系统：

1）220/380V配电系统（干线部分）；

2）弱电设计。

三、供电设计

1. 本工程负荷等级为（三）级。

2. 本建筑从外部引入一路380/220V三相四线制电源至AW箱；电源由室外引入总各单元总配电箱处做重复接地[illegible]板。凡进出建筑物金属管道、电缆金属外皮及[illegible]保护干线均应作等电位联结。

3. 用电负荷 详见电气系统图

4. 照明，插座分别由不同的支路供电，照明为单相三线制，BV-3X2.5mm²除管式空调外，其余插座回路均设漏电断路器保护。凡Ⅰ类灯具及安装高度低于2.4米的灯具均增PE线。

5. 低压进线电缆选用 YJV -1kV电缆埋地暗敷引入，自室外散水至总配电箱一段应加钢管保护，总进线断路器及电器插座回路的断路器均带漏电保护，总进线漏电开关动作时间为0.4s，插座回路漏电开关动作时间为0.1s。

6. 所有干、支线均选用BV-500V聚氯乙烯绝缘导线，干线穿阻燃钢管暗敷设，或者阻燃塑料线槽、阻燃金属线槽明敷；支线穿PVC阻燃塑料管暗敷。具体管线及敷设方式详见配电系统图。

7. 所有穿过建筑物伸缩缝、沉降缝的管线应按国标图集D603 第72、73页中有关的作法施工。

四、防雷、接地（仅作相关说明）

1. 本工程防雷等级为（三）类。

2. 在屋顶采用φ12mm镀锌圆钢做避雷带，具体做法见国标图集D501。

3. 利用建筑物柱内两根主钢筋（不小于φ16）作为防雷引下线。引下线上端与避雷带焊接，下端经接地电阻测试卡与接地装置电气焊接。

4. 利用基础圈梁内最外层对角两根φ12主钢筋焊接连通构成环网做为建筑物接地装置，接地电阻应小于1欧，如接地电阻达不到要求，可沿基础四周敷设一圈40X4镀锌扁钢，埋深0.8m，与接地环网焊接，如还达不到要求可补打接地极，做法见03D603约第96页。

5. 外墙引下线距地0.4m处设接地电阻测试卡子，具体做法参见国标图集03D603第91页。

6. 凡突出屋面的所有金属构件均应与避雷带可靠焊接，进出建筑的所有金属管道通过管卡与接地装置连通，PVC透气管顶端应设避雷针（φ12镀锌圆钢高出顶端500mm）与避雷带焊接连通。

7. 室外接地凡焊接处均应刷沥青防腐。

8. 电源进线保护管用镀锌钢管，进线处重复接地，防雷、重复接零及PE共用，实测接地电阻小于1Ω。

9. 凡正常不带电，而当绝缘破坏有可能呈现电压的一切电气设备金属外壳均应可靠接地。

10. 本工程卫生间采用局部等电位联结，从适当的地方引出两根与结构钢筋焊接的接地扁钢，将卫生间内所有金属管道、构件联结。等电位箱底边距地0.3m暗装，具体做法参考国标图集02D501-2第16页。。

五、弱电系统

（1）电视系统

1. 电视信号由室外有线电视网的市政接口引来，进楼处预埋两根SC40钢管。
2. 系统采用750MHz邻频传输，要求用户电平满足64±4dB；图象清晰度不低于4级。
3. 放大器箱及分支分配器箱均安装在各层，挂墙明装，底边距地0.5m。
4. 干线电缆选用SYWV-75-9，穿SC25管，支线电缆选用SYWV-75-5，穿SC20管，沿墙及楼板暗敷，用户电视插座暗装，底边距地0.3m。

（2）电话系统

1. 办公室按1对电话线考虑，在墙面设一个电话插座。
2. 市政电话电缆先由室外引入至首层总接线箱，再由总接线箱引至各层配线箱，再由各层配线箱配线给房间内的每个电话插座。
3. 电话电缆及电话线分别选用HYA型，穿金属管敷设，电话干线、支线沿墙及楼板暗敷。
4. 各层配线箱在各层嵌墙暗装，底边距地0.5m，电话插座暗装，底边距地0.3m。

（3）网络系统

1. 由室外引来的数据网线至一层的网络设备配线柜，再由配线柜配线给各层的配线箱。
2. 由室外引入楼内的数据网线选用2芯非屏蔽多模光纤，穿金属管埋地暗敷；引至各户接线箱及计算机插座的线路采用超五类4对双绞线，穿金属管沿墙及楼板暗敷。
3. 计算机插座选用RJ-45超五类型，与网线匹配，底边距地0.3m暗装。

六、照明照度标准及功率密度值须符合下列标准：

房间或场所	照明功率密度（W/㎡）	对应照度值（Lx）
门厅	6~7	100
卫生间	6~7	100
办公室	11	300

七、其他

1. 凡与施工有关而又未说明之处，参见国标图集施工，或与设计院协商解决。
2. 本工程所选设备、材料，必须具有国家级检测中心的测试合格证书；
3. 本项目质量验收依据《建筑电气工程施工质量验收规范》GB 50303-2002及国家相关规范、标准执行。

八、配电箱尺寸见国标图集05D-702

九、 "总等电位端子箱：宽x高x厚=300x200x100底边距地0.3m暗装，做法详见标准图集《等电位联结安装》02D501-2。

十、 "卫生间局部等电位端子箱：宽x高x厚=200x200x100底边距地0.3m暗装，将卫生间内金属管道及装饰件、PE线、墙板内钢筋与端子箱连接。

注：

1. [illegible]
2. [illegible]
3. [illegible]
4. 卫生间等电位端子板[illegible]

卫生间局部等电位联结详图

图 1-6-6　电气施工图设计说明

1.6.2 实例二 某高校艺术楼设计实例

（1）图纸目录如图 1-6-7 所示。

图纸目录						
 朗高工程有限公司 Let'sgo Engineering Co.,Ltd			设计证书编号：C132003412			
			建筑智能化工程设计与施工资质证书（壹级）			
建设单位	贵州电子信息职业技术学院				设计	
工程名称	智慧校园项目				绘图	
	艺术楼弱电施工图				审核	
专业	弱电		第 1 张		校对	
日期	2019.11.27		共 1 张		审定	
序号	图纸名称	图号	标准图纸号	数量	备注	
	图纸目录		A3	1		
1	设计施工说明	弱施1-1	A1	1		
2	艺术楼综合布线系统图	弱施2-1	A1	1		
3	艺术楼系统图2	弱施2-2	A1	1		
4	艺术楼系统图3	弱施2-3	A1	1		
5	艺术楼教室实训室大样图	弱施3-1	A0	1		
6	负一层弱电平面图	弱施4-1	A1	1		
7	一层弱电平面图	弱施4-2	A1	1		
8	二层弱电平面图	弱施4-3	A1	1		
9	三层弱电平面图	弱施4-4	A1	1		
10	四层弱电平面图	弱施4-5	A1	1		
11	五层弱电平面图	弱施4-6	A1	1		
12	六层弱电平面图	弱施4-7	A1	1		
13						
14						
15						

贵州电子信息职业技术学院新校区

智慧校园项目

艺术楼弱电施工图

朗高工程有限公司
Let'sgo Engineering Co.,Ltd

2019年11月27日

图 1-6-7 图纸目录

（2）设计说明如图 1-6-8 所示。

（3）系统图如图 1-3-5 所示。

（4）艺术楼教室实训室大样图如图 1-6-9 所示。

（5）学院艺术楼负一层弱电设计图如图 1-6-10 所示。

（6）学院艺术楼一层楼弱电平面图如图 1-6-11 所示。

（7）学院艺术楼二层楼弱电平面图如图 1-6-12 所示。

（8）学院艺术楼三层楼弱电平面图如图 1-6-13 所示。

（9）学院艺术楼四层楼弱电平面图如图 1-6-14 所示。

（10）学院艺术楼五层楼弱电平面图如图 1-6-15 所示。

（11）学院艺术楼六层楼弱电平面图如图 1-6-16 所示。

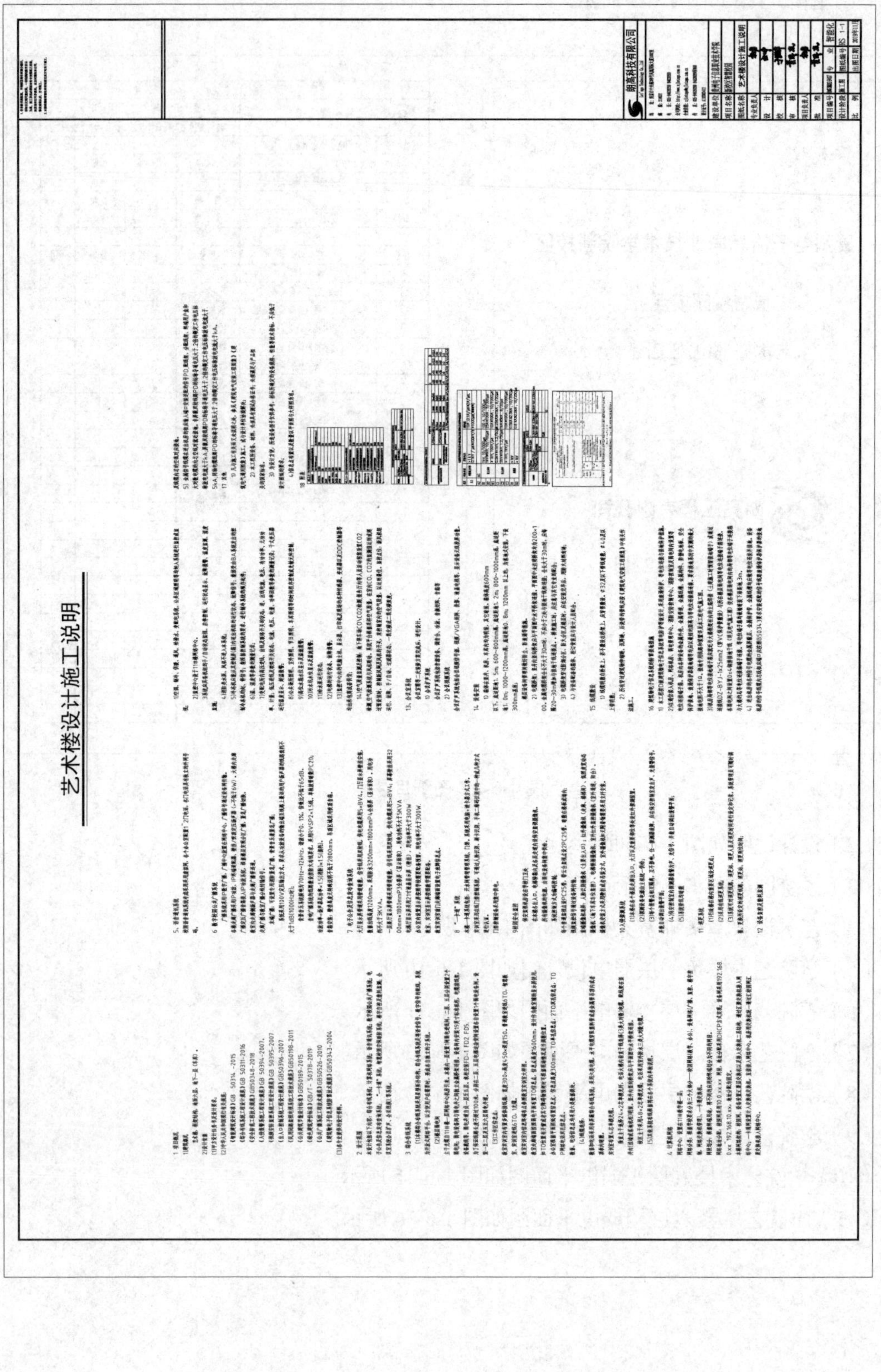

艺术楼设计施工说明

图 1-6-8 某高校艺术楼设计说明

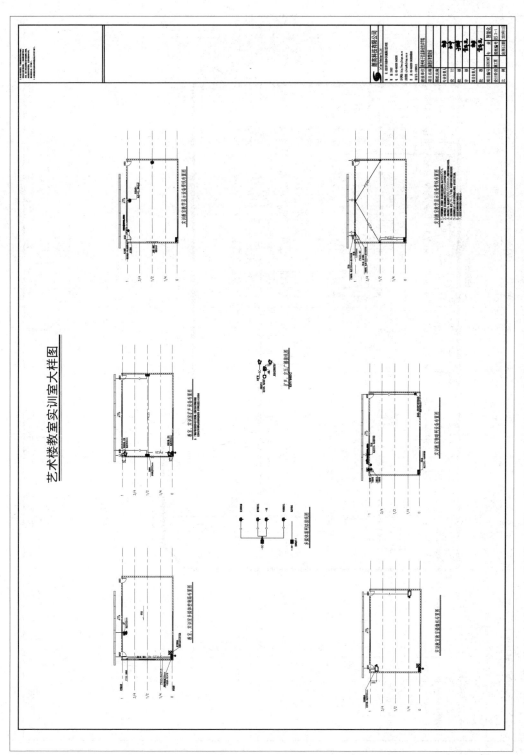

图 1-6-9　艺术楼教室实训室大样图

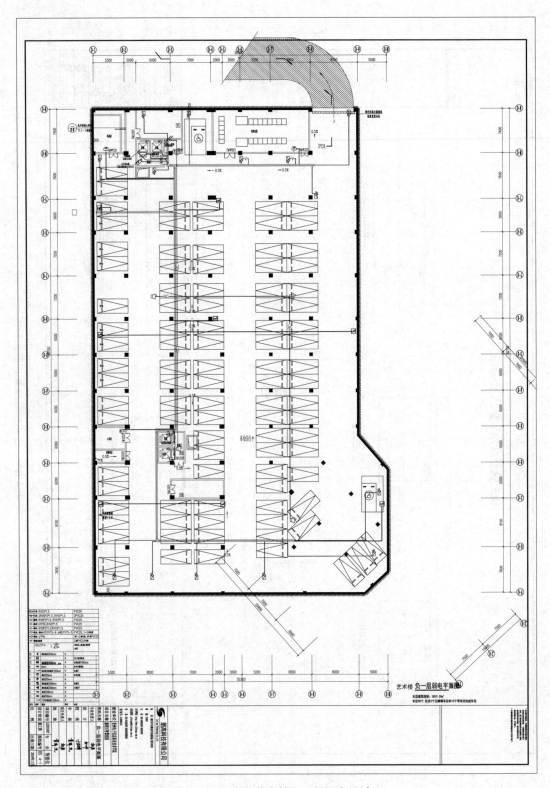

图 1-6-10 学院艺术楼负一层弱电设计图

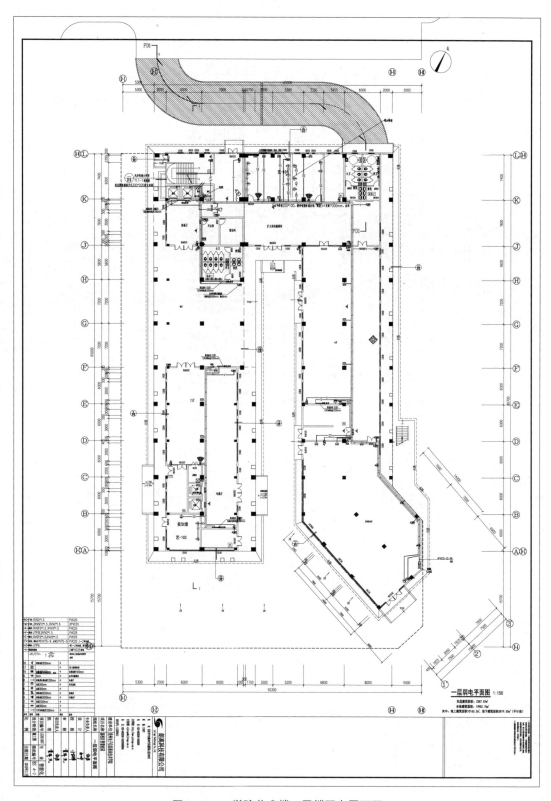

图 1-6-11　学院艺术楼一层楼弱电平面图

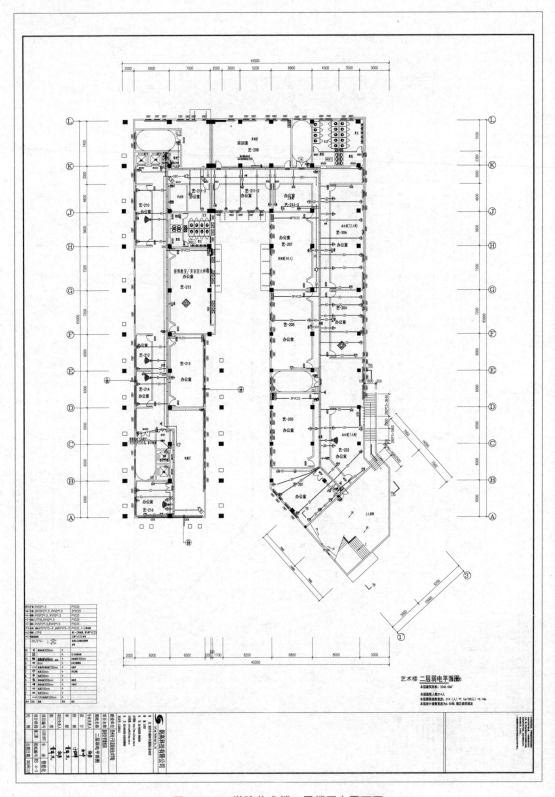

图 1-6-12 学院艺术楼二层楼弱电平面图

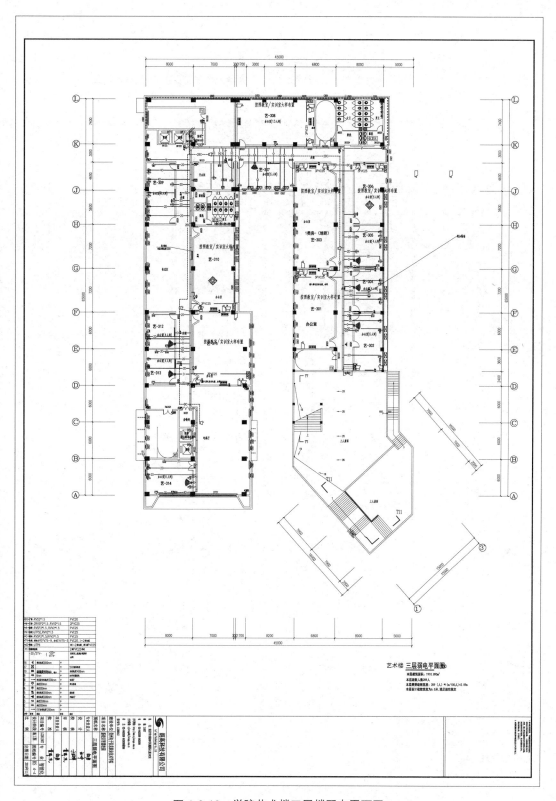

艺术楼 三层弱电平面图

图 1-6-13　学院艺术楼三层楼弱电平面图

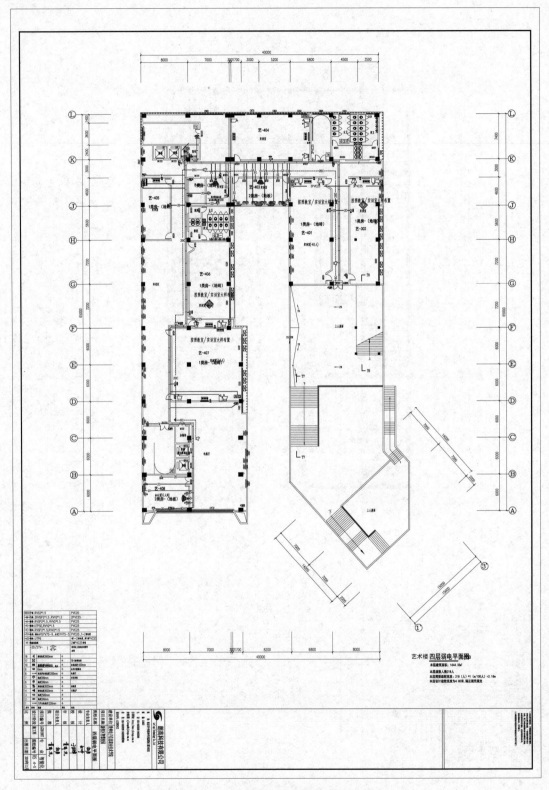

图 1-6-14 学院艺术楼四层楼弱电平面图

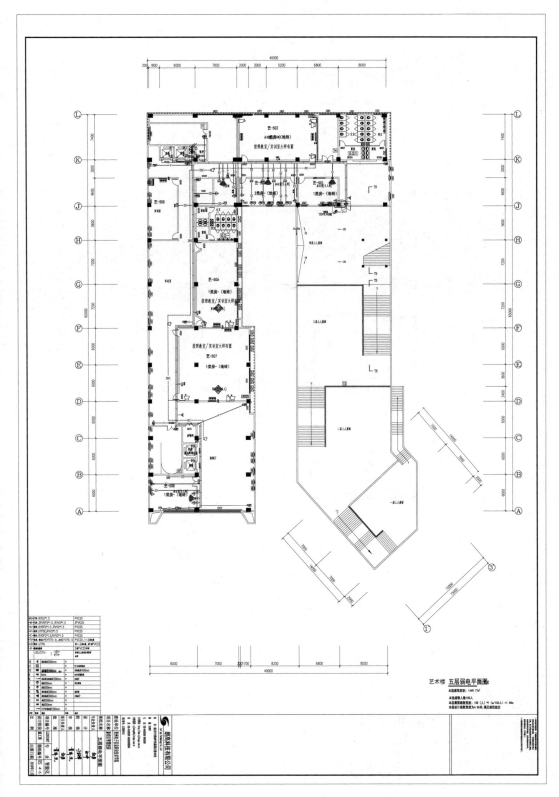

图 1-6-15 学院艺术楼五层楼弱电平面图

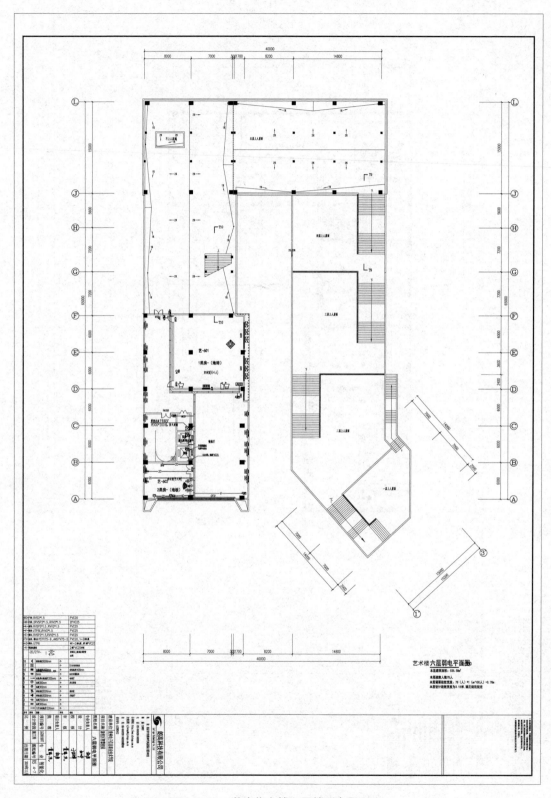

图 1-6-16 学院艺术楼六层楼弱电平面图

习　题

一、选择题

1. 以下标准中，哪项不属于综合布线系统工程常用的标准（　　）。

　A. 日本标准　　　　　B. 国际标准　　　　　C. 北美标准　　　　　D. 中国国家标准

2. 综合布线一般采用（　　）类型的拓扑结构。

　A. 总线型　　　　　　B. 树形　　　　　　　C. 环形　　　　　　　D. 星形

3. 综合布线系统分为基本型、增强型和综合型 3 种设计等级，它们（　　）。

　A. 都能支持话音系统　　　　　　　　　B. 都能支持话音、数据等系统

　C. 都能支持数据系统　　　　　　　　　D. 设计等级不同，支持系统不同

4. 《综合布线系统工程设计规范》（GB 50311—2016）规定的缩略词中，FD 代表（　　）。

　A. 建筑群配线设备　　　　　　　　　　B. 楼层配线设备

　C. 建筑物配线设备　　　　　　　　　　D. 进线间配线设备

5. 《综合布线系统工程设计规范》（GB 50311—2016）中，将综合布线系统分为（　　）个子系统。

　A. 5　　　　　　　　　B. 6　　　　　　　　　C. 7　　　　　　　　　D. 8

6. 《综合布线系统工程设计规范》（GB 50311—2016）规定的缩略词中，TO 代表（　　）。

　A. 信息插座模块　　　B. 设备终端　　　　　C. 集合点　　　　　　D. 配线终端

7. 下列不属于综合布线特点的是（　　）。

　A. 实用性　　　　　　B. 兼容性　　　　　　C. 可靠性　　　　　　D. 先进性

8. 可靠性最好、容错能力最强的拓扑结构是（　　）。

　A. 树形　　　　　　　B. 总线型　　　　　　C. 环形　　　　　　　D. 网形

9. 综合布线系统中直接与用户终端设备相连的子系统是（　　）。

　A. 工作区系统　　　　B. 水平子系统　　　　C. 干线子系统　　　　D. 设备间子系统

10. 综合布线系统中用于连接楼层配线间和设备间的子系统是（　　）。

　A. 工作区子系统　　　B. 水平子系统　　　　C. 干线子系统　　　　D. 管理子系统

11. 综合布线子系统中用于连接两栋建筑物子系统的是（　　）。

　A. 管理子系统　　　　B. 干线子系统　　　　C. 设备间子系统　　　D. 建筑群子系统

12. 信息插座在综合布线系统中主要用于连接（　　）。

　A. 工作区与水平子系统　　　　　　　　B. 水平子系统与管理子系统

　C. 工作区与管理子系统　　　　　　　　D. 管理子系统与垂直子系统

13. 信息终端在缩略词中用（　　）进行表示。

　A. TE　　　　　　　　B. TO　　　　　　　　C. TP　　　　　　　　D. FD

14. 常用的网络终端设备包括（　　　）。

    A. 计算机   B. 电话机和传真机

    C. 汽车   D. 报警探头和摄像机

15. 水平缆线指的是（　　　）。

    A. 管理间配线设备到信息点之间连接线缆

    B. 管理间配线设备到终端设备之间的连接线缆

    C. 建筑物配线设备到进线间配线设备的连接线缆

    D. 建筑群和建筑群之间的连接线缆

16. 管理子系统双绞线电缆的长度从配线架开始到用户插座不可超过（　　　）m。

    A. 50   B. 75   C. 85   D. 90

17. 为了减少电磁干扰，信息插座与电源插座的距离应大于（　　　）mm。

    A. 100   B. 150   C. 200   D. 500

18. 在信息点统计表中，一般要统计信息点的（　　　）。

    A. 数量和位置   B. 数量和路线

    C. 路线和拓扑结构   D. 距离 FD 的距离

19. 双绞线对由两条具有绝缘保护层的铜芯线按一定密度互相缠绕在一起组成，缠绕的目的是（　　　）。

    A. 提高传输速度   B. 降低成本

    C. 降低信号干扰的程度   D. 提高电缆的物理强度

20. 屏蔽每对双绞线对的双绞线称为（　　　）。

    A. UTP   B. FTP   C. SCTP   D. STP

21. 使用网络时，通信网络之间传输的介质不可用（　　　）。

    A. 双绞线   B. 无线电波   C. 光缆   D. 化纤

22. 以下属于双绞线的是（　　　）。

    A. 五类线   B. 超五类线   C. 六类线   D. 七类线

23. 关于非屏蔽双绞线电缆的说法错误的是（　　　）。

    A. 大量用于水平子系统的布线   B. 无屏蔽外套，直径小

    C. 比屏蔽电缆成本低   D. 比同类的屏蔽双绞线更能抗干扰

24. 综合布线线缆终接后应有余量，电信间、设备间双绞线电缆预留长度宜为（　　　）m。

    A. 0.5~1.0   B. 3~5

    C. 10~30   D. 1~3

25. 在水平子系统的设计中，一般要遵循（　　　）。

    A. 性价比最高原则   B. 预埋管原则

    C. 水平缆线最短原则   D. 使用光缆原则

26. 编制信息点点数统计表目的是快速准确地统计建筑物的信息点。设计人员为了快速合计和方便制表，一般使用（　　）软件进行。

    A. Excel   B. Word   C. Visio   D. PowerPoint

27. 在综合布线的信息点端口对应表中，需要编制的是（　　）。

    A. 机柜编号   B. 配线架编号   C. 插座底盒编号   D. 验收人编号

28. 下列（　　）不属于水平子系统的设计内容。

    A. 布线路由设计   B. 管槽设计

    C. 设备安装、调试   D. 线缆类型选择、布线材料

29. 对于没有信息点的工作区或者房间填写（　　），表明已经分析过该工作区。

    A. 数字 0   B. 无   C. 没有   D. 删除线

二、填空题

1. 综合布线系统包括七个子系统，分别是_____、_____、_____、_____、建筑群子系统、进线间子系统和管理间子系统。

2. 根据《综合布线系统工程设计规范》（GB 50311—2016）国家标准的规定，在智能建筑工程设计中宜将综合布线系统分为_____、_____、_____三种常用形式。

3. 在《综合布线系统工程设计规范》（GB 50311—2016）规定的名词术语中，布线是指能够支持信息电子设备相连的各种缆线、_____、接插软线和连接器件组成的系统。

4. 在工作区子系统中，从 RJ-45 插座到计算机等终端设备间的跳线一般采用双绞线电缆，长度不宜超过_____m。

5. 垂直子系统负责连接_____子系统到_____子系统，实现主配线架与中间配线架的连接。

三、简述题

1. 综合布线系统可以划分成几个子系统？各子系统具体由哪些组成？

2. 综合布线系统的基本含义是什么？与传统布线相比，具有哪些特点？

3. 综合布线系统的常用标准有哪些？

4. 在工作区子系统的设计中，一般要遵循哪些原则？

5. 简述水平子系统的设计步骤和要求。

6. 简述垂直子系统的设计步骤和要求。

7. 简述管理间子系统的设计步骤和要求。

8. 简述设备间子系统的设计步骤和要求。

9. 简述建筑群子系统的设计步骤和要求。

项目 2 综合布线工程施工

任务描述

　　某高校建设新校区，校区有实训楼、教学楼、办公楼、图书馆和宿舍楼等多栋建筑，其中机电系实训楼由两栋独立建筑物共同组成，两栋楼的建筑结构相同，均有 3 层。综合布线设计师小吴完成新校区工程设计任务后，画出了机电系实训楼线例、图例（表 1-5-24 和表 1-5-25）和每一层楼的施工图（图 2-0-1~ 图 2-0-3），施工员小周要按照施工图等资料，根据国家施工标准和规范有计划、有组织地进行施工，保质保量地完成综合布线工程施工任务。

　　综合布线系统分为 7 个子系统，在施工过程中，7 个子系统的施工内容有相互交叉作业的情况，并且每个项目工程具体实施情况均有所不同，施工步骤如图 2-0-4 所示。

　　机电系实训楼线例如表 1-5-24 所示。

　　机电系实训楼图例如表 1-5-25 所示。

　　机电系实训楼一层施工图如图 2-0-1 所示。

　　机电系实训楼二层施工图如图 2-0-2 所示。

　　机电系实训楼三层施工图如图 2-0-3 所示。

　　综合布线工程施工步骤如图 2-0-4 所示。

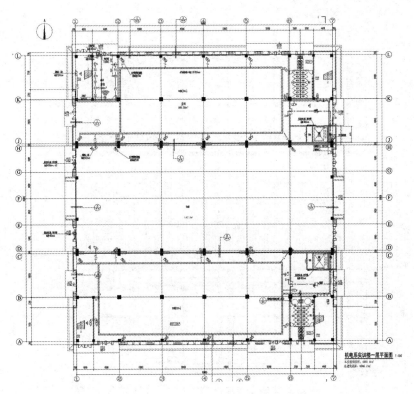

图 2-0-1 机电系实训楼一层施工图

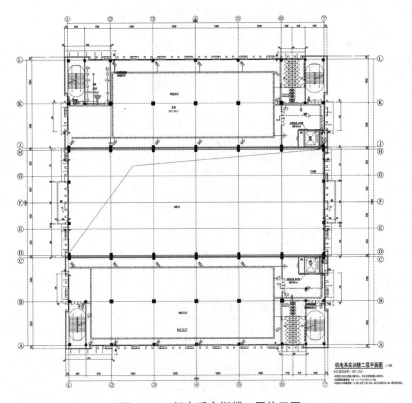

图 2-0-2 机电系实训楼二层施工图

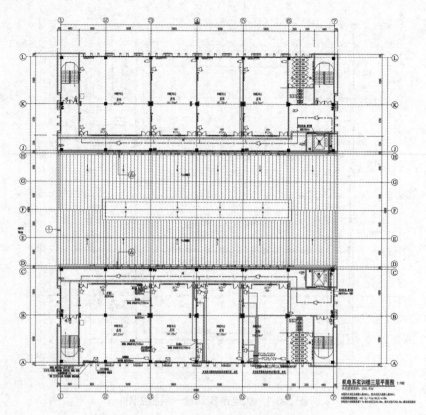

图 2-0-3　机电系实训楼三层施工图

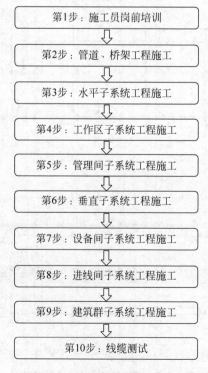

图 2-0-4　综合布线工程施工步骤

2.1   施工员岗前培训

工程施工是整个工程的重中之重，而施工安全则是首要核心任务，所以施工员必须进行岗前培训。

2.1.1   安全教育培训

（1）工程施工开始前，聘用持有有效资格证书的施工员上岗，班组长对其进行安全教育培训，通过培训，提高施工员安全生产、文明施工的意识。

（2）项目部围绕施工安全管理目标，明确班组和施工员的关系，落实施工员安全生产责任，确保施工生产正常开展。

①班组应遵守安全生产规章制度，结合实际落实相关的安全施工措施和要求。

②施工员应服从班组管理，遵守操作规程和劳动纪律。

（3）施工单位向施工员进行安全技术交底，安全技术交底包括以下内容。

①施工部位、内容和环境条件。

②专业分包单位、施工作业班组应掌握安全生产、文明施工规章制度和操作规程。

③资源的配备及安全防护、文明施工技术措施。

④动态监控以及检查、验收的组织、要点、部位及节点等相关要求。

施工员岗前培训

⑤相互衔接及交叉的施工部位、工序的安全防护、文明施工技术措施。

⑥潜在事故应急措施及相关注意事项。

2.1.2   施工员职业素养培训

（1）进入施工现场的施工员必须戴好安全帽，佩戴工作卡，身着工作服，穿适合施工的鞋子，如注意用电安全，用电场地要穿绝缘鞋。

（2）注意施工现场环境卫生，严禁在施工现场吸烟和用火，不要随地吐痰。施工现场必须按照业主确定的平面布置图规划，机具设备、材料应按照指定地点安装或堆放，材料要进行分类立卡，按手续领取。

（3）施工中的废弃物要及时打扫，干一层清一层，做到活完场清，保持现场整齐、清洁、道路畅通；所有施工员进入施工现场必须自觉遵守场容管理三十二条及有关部门规定，遵守各项规章制度，穿戴整齐，正确使用各种劳动保护用品。

（4）施工现场要有严格的分片包干和个人岗位责任制。

（5）现场办公室要保持清洁、空气清爽，图纸、餐具和衣物等应整齐、有序。

（6）施工员在工地期间不许打架、酗酒、旷工等。

（7）施工员在工作中要团结协作、互相帮助。

2.1.3 设计员向施工员进行设计交底

技术交底工作是在施工现场进行的，由设计员、项目技术负责人、施工员和监理员一起参加。设计员向施工员交底文件包括两部分，即设计交底文件和设计说明。施工员事先要熟悉工程设计文件和设计图纸，当进行设计交底时，施工员能深入了解设计意图，规范运用施工工艺进行施工，如采用桥架布线方式、桥架走向、穿线技巧等。如果施工员对设计中出现与现场实际情况不符合的施工方案，则施工单位向设计单位提出建议，设计单位决定解决方案。

1. 技术交底的主要内容

（1）设计要求和施工组织中的有关要求。

（2）工程使用的材料、设备的性能参数。

（3）工程施工条件、施工顺序、施工方法。

（4）施工中采用的新技术、新设备、新材料的性能和操作使用方法。

（5）预埋部件注意事项。

（6）工程质量标准和验收评定标准。

（7）施工中的安全注意事项。

2. 设计师向施工员提供的工程交底图纸

1）识图例

施工图用各种不同的图例符号表示不同的设备等，施工员通过查看图例识图。

机电系实训楼图例如表 2-0-1 所示。

（1）施工员通过查阅图例可以知道图中的符号表示的意思，比如通过查找图例可以知道图 2-1-1 中的 3 个 ⌐IR⌐ 图形表示摄像机，安装高度为 2.5m。

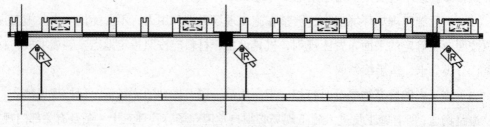

图 2-1-1　摄像机图形

（2）图 2-1-2 中的 3 个 ⌐⌐ 图形表示电视摄像机，用于教室录播，安装高度为 3.0m。

（3）图 2-1-3 中的 3 个 ⌐⌐w 图形表示壁挂式扬声器，安装高度为 2.8m。

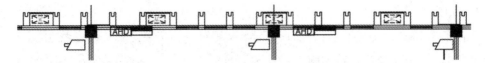

图 2-1-2　电视摄像机图形

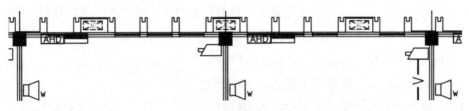

图 2-1-3　壁挂式扬声器

（4）图 2-1-4 中的 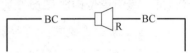 图形表示嵌入式扬声器。

2）识线例

线例是说明线管中穿的缆线种类，机电系实训楼线例如表 2-0-2 所示。

图 2-1-4　嵌入式扬声器

施工员通过查阅线例表，可以知道表中符号表示的意思，比如图 2-1-5 中线上的 V 字母表示此线是监控线；图 2-1-6 中线上的 M 字母表示此线是门禁线，选用 PVC25 管穿门禁线；图 2-1-7 中线上的 6D 表示此线是 6 根 UTP6 线、4D 表示此线是 4 根 UTP6 线、2D 表示此线是两根 UTP6 线，每 1~2 根电缆穿一根 PVC25 管；图 2-1-8 中线上的 H 字母表示此线是投影幕线；图 2-1-9 中线上的 BC 字母表示此线是广播线，选用 PVC20 管穿广播线。

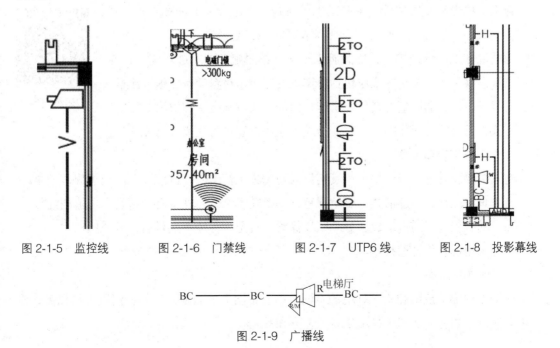

图 2-1-5　监控线　　　图 2-1-6　门禁线　　　图 2-1-7　UTP6 线　　　图 2-1-8　投影幕线

图 2-1-9　广播线

3）识图

综合布线工程图纸是通过各种图形符号、文字符号、文字说明及标注表达的。施工员要通过图纸了解施工要求，按图施工。

阅读图纸的过程称为识图。换句话说，识图就是要根据图例和所学的专业知识，认识设计图纸上的每个符号，理解其工程意义，进而很好地掌握设计者的设计意图，明确在实际施工过程中要完成的具体工作任务，这是按图施工的基本要求。

（1）机电系实训楼一层施工图如图 2-0-1 所示。

（2）机电系实训楼二层施工图如图 2-0-2 所示。

（3）机电系实训楼三层施工图如图 2-0-3 所示。

2.1.4　施工单位向施工员交底

1. 施工员熟悉规范

施工员熟悉相关现行综合布线工程施工规范、验收规范、技术规程、质量检验评定标准、厂商提供的资料，即安装使用说明书、产品合格证和测试数据等。

2. 现场勘察

施工员按照施工任务到现场进行勘察，了解建筑物内 / 外部环境、工作条件情况，确定走线路由。同时，施工员应熟悉施工现场环境，了解是否存在会对人和施工环境造成危害和污染，与废水、废气、噪声等相关的一些要素，明确各种危险源。预估工程施工过程中出现高空坠物等可能导致人身伤害或工作环境破坏等危险。

3. 施工单位向施工员交底

施工单位也有交底文件，主要是班组向施工员进行施工进度交底、施工质量交底、施工技术交底，并形成双方签字的交底记录。施工员了解工程规划情况和施工计划进度，熟悉施工要求，按照施工要求进行施工，使工程质量得以保证。施工方案应包括工期进度安排、材料准备、施工流程、设备安装量表、工期质量材料保障措施，内部交底后确定工程解决方案。

图纸交底

当施工要求发生变化时，应对安全技术交底内容进行变更并补充交底。

4. 资料整理和记录

施工员要及时进行资料整理和真实记录现场施工情况，并按照下面的要求规范记录。

（1）真实完整，字迹清楚，签章规范，不得随意涂改，并具有一致性和可追溯性。

（2）随工程施工同步形成，分类归集保管，直至工程竣工交付后处理或归档。

（3）采用信息化管理技术。

5. 施工工具准备

根据工程施工范围和施工环境的不同，准备不同类型的施工工具。清点工具数量，检查工具质量，如有欠缺或质量不佳必须补齐和修复。

需要准备的工具主要有临时用电接入设备、室外沟槽施工工具、走线所用的相关工具、穿墙打孔工具、管槽加工工具、管槽安装工具、布线专用工具和缆线端接工具、测试仪器等。

 理论链接 1

综合布线工程的施工特点

（1）工程牵涉的内容较多，子系统项目数量较多，既有光纤接续，也有吊装大型管道等构件。

（2）技术先进、专业性强，安装工艺要求较高。光缆施工、安装工艺要求严格，未经专业培训的人员不允许参与操作。

（3）涉及面广，对外配合协调工作多，且有一定技术难度。

（4）外界干扰影响的因素较多，施工周期容易被延长。

（5）工程现场比较分散，设备和布线部件的品种类型较多且价格较贵，工程管理有一定难度。

 理论链接 2

施 工 依 据

综合布线工程施工的依据是施工图设计文件。此外，遇到问题可以依据国内外的相关施工规范和标准进行，也可以查阅相关图集等资料。

 理论链接 3

施工指导性文件

综合布线工程施工指导性文件是指除施工图设计之外的影响施工的一系列文件，主要包括以下几种。

（1）经建设方和施工单位双方协商，共同签订的施工承包合同和有关协议。

（2）施工图设计会审纪要，施工前技术交底纪要。

（3）施工图纸设计变更。

（4）关键部分的操作规程和生产厂家提供的产品安装手册。

理论链接◁

安全法规标准

为了给施工员提供一个安全、可靠的工作环境，我国制定、执行的与综合布线工程施工相关的安全法规标准主要有以下几个。

（1）《中华人民共和国安全生产法》。

（2）《建筑安装工程安全技术规程》。

（3）《建筑安装工人安全技术操作规程》。

（4）《建筑施工安全检查标准》（JGJ 59—2011）。

（5）《安全标志使用导则》（GB 2894—2008）。

（6）《劳动防护用品选用规则》（GB 11651—1989）。

（7）《施工现场临时用电安全技术规范》（JGJ 46—2005）。

注意事项 1

把好产品质量关

要选择信誉良好、有实力的公司的产品，并从正规渠道进货。工程开始前，施工单位应将所用材料的样品交建设方作封样。施工单位开启材料包装时，应将包装内的质保书与产品合格证留存并交建设方备档。使用前一定要对产品进行性能抽测，布线施工中做到一旦发现假冒伪劣产品及时返工。

注意事项 2

加强工程协调

布线工程是一项综合性工程，常需与建筑主体工程和建筑物的室内装修工程同时进行，布线施工员应与建筑方、室内装修方及时沟通，使布线实施始终在协调的环境下进行。

注意事项 3

重视工程的收尾工作

应注意清理现场，保持现场清洁、美观；对墙洞、竖井等交界处要进行修补；汇总各种剩余材料并集中放置，登记仍可使用的数量。

2.2　管道和桥架工程施工

　　根据施工要求，在施工作业前，项目组对施工条件、安全措施等各方面作业条件进行验收，工地现场施工条件合格后，确定可施工前提下，施工员开始按照设计交底文件及施工图根据施工标准进场施工。

　　施工项目和时间按照施工进度表进行，施工进度表如表 2-2-1 所示。从表中可以看出，综合布线工程施工首先进行的是管道和桥架施工。

表 2-2-1　施工进度表

某高校机电系实训楼综合布线系统工程施工进度表

时间　项目	2019 年 5 月 1 3 5 7 9 11 13 15 17 19 21 23 25 27 29 31	2019 年 6 月 1 3 5 7 9 11 13 15 17 19 21 23 25 27 29 30
管道和桥架安装	━━━━━━━━━━━━━━━━━	
水平子系统工程施工		━━━━━━━
管理间子系统工程施工		━━━━━━━━
垂直子系统工程施工		━━━
设备间子系统工程施工		━━━━━━━━━━
工作区子系统工程施工		━━━━━━━━━━
进线间子系统工程施工		
建筑群子系统工程施工		

时间　项目	2019 年 7 月 1 3 5 7 9 11 13 15 17 19 21 23 25 27 29 31	2019 年 8 月 1 3 5 7 9 11 13 15 17 19 21 23 25 27 29 31
管道和桥架安装		
水平子系统工程施工		
管理间子系统工程施工	━━━━━━━	
垂直子系统工程施工	━━━━━━━	
设备间子系统工程施工		
工作区子系统工程施工	━━━━━━━	
进线间子系统工程施工	━━	
建筑群子系统工程施工	━━━━━━━━━━━━━	

　　管道和桥架施工包括预埋管道施工和安装金属或其他材质线槽、线管施工，如图 2-2-1 所示。

图 2-2-1　管道、桥架工程的内容

施工进度表编制

管道和桥架施工

　　管道和桥架施工包括室内和室外部分，要根据具体工程的整体规划和进度进行，如果条件允许，就可以室内、室外管道和桥架施工同时进行。因为室外施工涉及公路、道路等方面问题，可能先进行建筑单体土建施工，而室外道路部分还未开始进行，在这种室外条件不允许的情况下，则先进行室内管道施工，后期在室外建设的同时，再进行室外部分的管道施工。

　　本工程因为是先修建建筑单体，所以先进行室内管道施工，后期再进行室外管道施工。

　　室内管道施工先进行预埋工程的施工，隐蔽工程中管道的安装有墙体预埋和现浇混凝土预埋两种方式，预埋工程中要拍施工图片留存，预埋完后封闭之前要请监理复核进行验收。管道、桥架工程施工时要注意避让其他隐蔽工程的线缆、管道等。比如，桥架施工时用膨胀螺栓进行安装，如果打孔线路上两头已经安装强电 86 型盒子，则不能在两个盒子中间打孔，只能在其两侧面进行打孔。

 理论链接

施工进度表

　　根据实际情况进行综合布线工程的项目内容划分。在此基础上，制作施工进度表的表名及表头，然后按实际施工时间需求规划日期安排。

注意事项

施工进度表

　　（1）项目内容。各个项目的具体名称及内容是可以变化的，根据实际要完成的工程进行相应的修改。施工进度表中出现的只是需要完成该工程的实际操作项目名称。

　　（2）时间长短的安排。对于各个项目完成时间的长短安排也不是固定的，可以是以天为计量单位，也可以是以周为计量单位，具体内容根据实际情况而定。

2.2.1　管道和桥架工程施工准备工具

　　管道和桥架工程施工用到的主要工具如图 2-2-2~ 图 2-2-19 所示。

图 2-2-2　老虎钳　　　　　图 2-2-3　斜口钳　　　　　图 2-2-4　尖嘴钳

图 2-2-5　线管钳

图 2-2-6　十字螺钉旋具

图 2-2-7　金属管弯管器

图 2-2-8　活动扳手

图 2-2-9　锯子

图 2-2-10　多用剪

图 2-2-11　条形水平尺

图 2-2-12　φ20mm 弯管器

图 2-2-13　角尺

图 2-2-14　卷尺

图 2-2-15　长皮尺

图 2-2-16　直梯

图 2-2-17　"人"字梯

图 2-2-18　金属管切割器

图 2-2-19　角磨机

2.2.2　识图

设计中如果没有说明施工要求等，则参照相关图集。

（1）机电系实训楼布线方式及路由如图 2-2-20 所示。

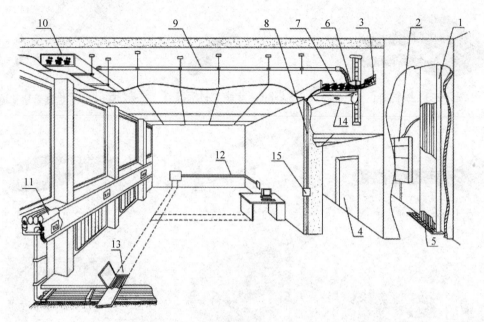

图 2-2-20　机电系实训楼布线方式及路由

1—竖井内电缆桥架；2—竖井内配线设备；3—竖井电缆引入（出）孔洞及其封堵；4—竖井（上升房）防火门；
5—上升孔洞及封堵；6—电缆桥架；7—电缆线束；8—暗配管路；9—天花板上明配管路；10—天花板上布线槽道；
11—窗台布线槽道；12—明配线槽（管）；13—暗配线槽；14—桥架托臂；15—接线盒

（2）地面内线槽安装示意图如图 2-2-21 所示。

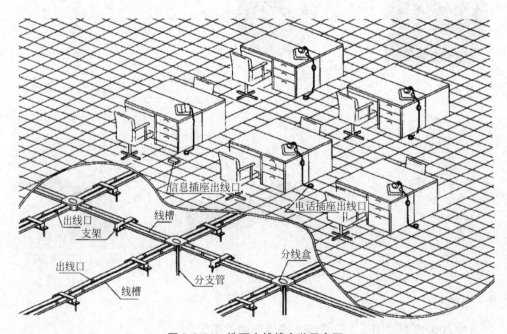

图 2-2-21　地面内线槽安装示意图

理论链接

《智能建筑弱电工程设计施工图集》

在综合布线系统图纸设计施工过程中，所采用的主要参考图集是《智能建筑弱电工程设计施工图集（97×700）》。该图集由中国建筑标准设计研究所与工程建设标准设计分会弱电专业委员会联合主编，由中华人民共和国原建设部批准。包括智能建筑弱电系统共 11 个系统的设计、施工和验收等内容，具体如下。

（1）通用标准与规范。

（2）综合布线系统。

（3）火灾自动报警系统。

（4）安全防范系统。

（5）建筑设备监控系统。

（6）电子计算机房及防雷接地装置。

PVC 线槽安装

（7）有线电视系统。

（8）广播、扩声及会议系统。

（9）住宅智能化系统。

2.2.3　PVC 线管安装

预埋管槽材质通常包括塑料 PVC 线管和金属线管两种，新修建筑水平子系统安装一般用暗埋 PVC 线管或金属线管方式。一般情况下，建筑楼层少的工程选用 PVC 线管，楼层多的工程选用金属线管，旧楼安装一般选用明装 PVC 线管方式。

本项目机电系实训楼工程是新建建筑，只有三层楼，所以主要选用 PVC 线管，用暗埋安装方式。

1. 暗埋 PVC 线管安装程序

土建配管→穿钢丝→布线。

在线管中预留有钢丝，便于后期布线时拉入网线或者其他缆线。

2. 穿牵引钢丝的步骤

（1）把钢丝一端用尖嘴钳弯曲成一个 $\phi 10$mm 左右的小圈，这样做目的是防止钢丝在 PVC 线管内弯曲，或者在接头处被顶住。

PVC 线管安装制作

（2）把钢丝从插座底盒内的 PVC 线管端往里面送，一直送到另一端出来。

（3）把钢丝两端折弯，防止钢丝缩回管内。

（4）穿线时用钢缆把电缆拉出来。

土建埋管后，必须穿牵引钢丝，以方便后续穿线。

用配件安装线管实操

3. 线管弯管成型

在 PVC 线管布线的过程中，不推荐使用直角弯头，由于在布线过程中双绞线和光纤都对曲率半径有要求。因此，一般施工中多采用弯管器在现场制作曲率半径比较大的弯管。

线管拐弯处必须使用弯管器制作大拐弯的弯头连接，弯管器如图 2-2-22 所示。

（1）准备和标记。用卷尺量取需要弯管之处，用记号笔在管壁上做出标记，如图 2-2-23 所示。

图 2-2-22　弯管器　　　　图 2-2-23　弯管器标记　　　　PVC 线管安装实操

（2）插入弯管器。将与管规格相配套的弯管器插入管内，并且插入到需要弯曲的部位，如果线管长度大于弯管器时，可用铁丝拴牢弯管器的一端，拉到合适的位置，如图 2-2-24 所示。

（3）弯管。用两手抓住线管弯曲位置，用力弯线管，逐渐弯出所需要的弯度，如图 2-2-25 所示。注意，不能用力过快、过猛，以免 PVC 线管发生断裂损坏。

（4）弯管安装。一般明装布线时，边布管边穿线；暗装布线时，先把全部管和接头安装到位，并且固定好，然后从一端向另一端穿线，如图 2-2-26 所示。注意，在布线前必须做好线标。

 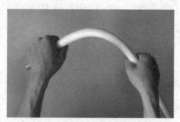 

图 2-2-24　放入弯管器　　　图 2-2-25　弯管器到位　　　图 2-2-26　弯管安装

注意事项 1

PVC 线管预埋注意事项

（1）线管要横平竖直地敷设，土建预埋管一般都在隔墙和楼板中，为了垒砌隔墙方便，一般按照横平竖直的方式安装线管，不允许将线管斜放，如果在隔墙中倾斜放置线管，需要异形砖，这样会影响施工进度。

（2）同一走向的线管要平行敷设，不允许出现交叉或者重叠现象。因为智能建筑的工作区信息点非常密集，楼板和隔墙中有许多线管，必须合理布局这些线管，避免出现线管重叠。

（3）PVC 线管在敷设时，必须考虑与电力电缆之间的距离。

（4）PVC 线管在敷设时，应该采取措施保护管口，防止水泥砂浆或者垃圾进入管口，堵塞管道，一般用塞头封住管口，并用胶布绑扎牢固。

注意事项 2

PVC 线管预埋曲率半径

墙内暗埋 ϕ16mm、ϕ20mm PVC 塑料布线管时，要特别注意拐弯处的曲率半径。宜用弯管器现场制作大拐弯的弯头连接，这样既保证了缆线的曲率半径，又方便轻松拉线，从而降低布线成本，保护线缆结构。工业成品弯头曲率半径如图 2-2-27 所示，自制大拐弯曲率半径如图 2-2-28 所示。

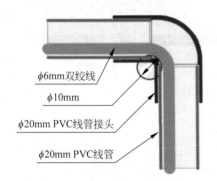

图 2-2-27　工业成品弯头曲率半径

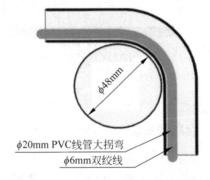

图 2-2-28　自制大拐弯曲率半径

1. 布线弯曲半径要求

布线中如果不能满足最低弯曲半径要求，双绞线电缆的缠绕节距会发生变化，严重时电缆可能会损坏，直接影响电缆的传输性能。例如，在铜缆系统中，布线弯曲半径直接影响回波损耗值，严重时会超过标准规定值。在光纤系统中，可能会导致高衰减。因此，在设计布线路径时，尽量避免和减少弯曲，增加电缆的拐弯曲率半径值。

2. 有关缆线弯曲半径的规定

（1）非屏蔽 4 对对绞电缆的弯曲半径应至少为电缆外径的 4 倍。

（2）屏蔽 4 对对绞电缆的弯曲半径应至少为电缆外径的 8 倍。

（3）主干对绞电缆的弯曲半径应至少为电缆外径的 10 倍。

（4）二芯或四芯水平光缆的弯曲半径应大于 25mm。

（5）光缆允许的最小曲率半径在施工时应当不小于光缆外径的 20 倍，施工完毕应当不小于光缆外径的 15 倍。

（6）其他芯数的水平光缆、主干光缆和室外光缆的弯曲半径应至少为光缆外径的 10 倍。

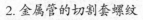

PVC 线管预埋注意事项

从插座底盒至楼层管理间之间的整个布线路由的线管必须连续，如果出现一处不连续时，将来就无法穿线。特别是在用 PVC 线管布线时，要保证管接头处的线管连续，管内光滑，以方便穿线。如果留有较大的间隙，管内有台阶，将来穿牵引钢丝和布线就会比较困难。PVC 线管连续如图 2-2-29（a）所示，PVC 线管有较大间隙如图 2-2-29（b）所示。

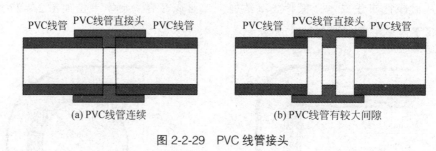

图 2-2-29　PVC 线管接头

2.2.4　金属管安装

1. 金属管的加工

金属管实物如图 2-2-30 所示，其加工的基本要求如下。

（1）为了防止穿电缆时划伤电缆，管口应无毛刺和尖锐棱角。

（2）为了减少直埋管在沉陷时管口处对电缆的剪切力，金属管管口宜做成喇叭形状。

（3）镀锌管锌层剥落处应涂防腐漆，以延长使用寿命。

图 2-2-30　金属管

2. 金属管的切割套螺纹

在配管时，应根据实际所需长度对管子进行切割。管子的切割可以使用钢锯、管子切割刀或电动切管机等工具，严禁使用气割。

管子和管子的连接，管子和接线盒、配线架的连接，都要在管子端部套螺纹。管端套螺纹长度不应小于套管接头长度的 1/2，套螺纹后，应随即清扫管口，将管口端面和内壁的毛刺用锉刀锉光，使管口保持光滑，以免割破缆线绝缘护套。

金属管安装

3. 金属管的弯曲

金属管的弯曲一般都要使用弯管器。先将管子弯曲部分的前段放在弯管器内，如果有焊缝就放在弯曲方向的背面或侧面，以利于管子弯曲；然后用脚踩住管子，手扳弯管器进行弯曲，并逐步移动弯管器，或者用脚踩弯管器、手扳管子进行弯曲，并逐步移动管子，便可得到所需要的弯度。

4. 金属管的连接

可用短套管或管箍（长度不应小于金属管外径的 2.2 倍）。采用短套管，施工简单、方便；采用管箍螺纹连接则比较美观，可保证金属管套接后的强度。无论采用哪一种方式均应保证牢固、密封。严禁对口焊接。

5. 金属管的敷设

金属管的敷设一般分为暗敷和明敷两种，暗敷即敷设于建筑结构主体内部，常与主体结构同步施工；明敷即敷设于建筑主体结构之外。

金属管暗敷步骤如下。

（1）预埋在墙体中的金属管最大管外径不宜超过 50mm，楼板中暗管的最大管外径不宜超过 25mm，室外进入建筑物的最大管外径不宜超过 100mm。

（2）暗敷管路应尽量采用直线管道，直线布管每 30m 处应设置过线盒装置。

（3）如需转弯，角度应大于 90°，暗敷管路的弯曲处不应有褶皱、凹穴和裂缝。在路径上每根暗管的转弯角不得多于两个，并不应有 S 形弯或 U 形弯出现，有转弯的管段长度超过 20m 时，应设置过线盒装置；有两个弯时，不超过 15m 应设置过线盒。

（4）暗管内应安置牵引绳或拉线，并不应有铁屑等异物存在，以防堵塞。要求管口光滑无毛刺，并加设护口圈或绝缘套管，管端伸出的长度为 25~50mm。

（5）至楼层电信间的暗管管口应排列有序，便于识别和布放缆线。

（6）暗敷管路在与信息插座（又称接线盒）、拉线盒（又称过线盒）等设备连接时，由于安装场合、具体位置的不同，有不同的安装方法。

（7）在穿放缆线时，为了减少牵引缆线的拉力和对缆线外护套的磨损，暗敷管路在转弯时的曲率半径不应小于所穿入缆线的最小允许弯曲半径，不应小于该管路外径的 6 倍；如暗敷管路的外径大于 50mm，曲率半径不应小于管路外径的 10 倍。当实际施工中不能满足要求时，可以采用在适当部位设置拉线盒的方法，以利于缆线的穿设。

（8）金属管的两端应有标记，表示建筑物、楼层、房间和长度。

> **注意事项**
>
> **照顾后续施工步骤**
>
> 　管道预埋时，一定要留够余地，拐弯较多时应尽量留出空隙，布放缆线时，要在缆线两端做好标记。

2.2.5　PVC 线槽安装

在实际工程施工中，因为准确计算这些配件非常困难，所以一般都是现场自制弯头，这样做不仅能够降低材料费用，而且还比较美观。现场自制弯头时，要求接缝间隙小于 1mm。PVC 线槽水平直角成型示意图如图 2-2-31（a）所示，PVC 线槽非水平内弯角直角成型示意图如图 2-2-31（b）所示。

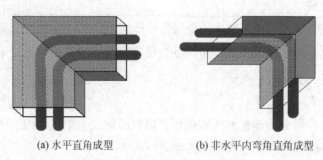

(a) 水平直角成型　　　　　　(b) 非水平内弯角直角成型

图 2-2-31　PVC 线槽成型示意图

1. PVC 线槽水平直角成型步骤

（1）量取线槽所需水平直角成型的长度，如图 2-2-32 所示。

（2）以点为顶画一条直线，如图 2-2-33 所示。

（3）以这条直线为中线定点画一个直角等腰三角形，如图 2-2-34 所示。

（4）在线槽边一侧对应直角等腰三角形两个角的位置画上直线，如图 2-2-35 所示。

（5）以线为边进行裁剪，如图 2-2-36 所示。

（6）把这个三角形和侧面剪去，如图 2-2-37 所示。

（7）裁剪后的效果如图 2-2-38 所示。

（8）把线槽弯曲成型，如图 2-2-39 所示。

PVC 线槽非水平内直角成型实操　　　　　PVC 线槽水平直角成型制作

图 2-2-32　量取长度　　　　图 2-2-33　画中线　　　　图 2-2-34　画直角等腰三角形

图 2-2-35　线槽侧边上画直线

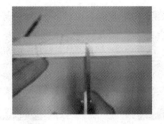
图 2-2-36　裁剪线槽侧边

图 2-2-37　裁剪三角形

图 2-2-38　裁剪后的效果

图 2-2-39　把线槽弯曲成型

2. PVC 线槽非水平内弯角直角成型步骤

（1）在线槽侧边量取线槽所需非水平直角成型的长度，如图 2-2-40 所示。

（2）以点为顶画一条直线，如图 2-2-41 所示。

（3）以该条直线为中线定点画一个直角等腰三角形，如图 2-2-42 所示。

（4）线槽侧边上直角等腰三角形，如图 2-2-43 所示。

（5）在线槽另一侧边画上同样的直角等腰三角形，如图 2-2-44 所示。

（6）剪去线槽侧边这两个三角形，如图 2-2-45 所示。

（7）把线槽弯曲成型，如图 2-2-46 所示。

PVC 线槽非水平内弯角直角成型制作

PVC 线槽非水平内弯角直角成型制作实操

图 2-2-40　线槽侧边量取长度

图 2-2-41　画中线

图 2-2-42　画直角等腰三角形

图 2-2-43 直角等腰三角形效果

图 2-2-44 另一侧画直角等腰三角形

图 2-2-45 剪去三角形

图 2-2-46 把线槽弯曲成型

3. PVC 线槽安装

PVC 线槽布线施工程序：画线确定安装位置→固定线槽→布线→安装线槽盖板。

（1）钻孔。先量好线槽的长度，再使用电动起子在线槽上开孔，孔位置必须与安装孔对应，每段线槽至少开两个安装孔，如图 2-2-47 所示。

（2）安装。用螺钉把线槽固定在墙面上，如图 2-2-48 所示。

（3）布线。如图 2-2-49 所示。

（4）盖板。在线槽布线，边布线边装盖板，必须做好线标，如图 2-2-50 所示。

PVC 线槽安装

图 2-2-47 钻孔

图 2-2-48 安装

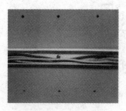

图 2-2-49 布线

图 2-2-50 盖板

4. 用配件安装线槽

（1）用直角连接线槽示意图，如图 2-2-51 所示。

（2）用三通连接线槽示意图，如图 2-2-52 所示。

（3）用三通连接线槽，如图 2-2-53 所示。

（4）用阴角连接线槽，如图 2-2-54 所示。

（5）用阳角连接线槽，如图 2-2-55 所示。

用配件安装线槽

用配件安装线槽实操

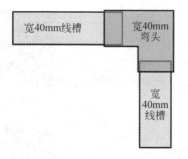
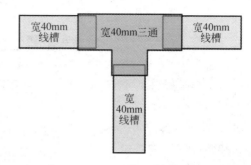

图 2-2-51 用直角连接线槽示意图　　　　图 2-2-52 用三通连接线槽示意图

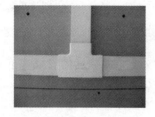  

图 2-2-53 用三通连接线槽　　图 2-2-54 用阴角连接线槽　　图 2-2-55 用阳角连接线槽

注意事项

线槽安装注意事项

（1）线槽尽量横平竖直。当强弱电都采用 PVC 线槽时，为避免干扰，弱电配管应尽量避免与强电线槽平行敷设，若必须平行敷设，相隔距离宜大于 0.5m。

（2）安装线槽时，先在墙面测量并且标出线槽的位置，在建工程以 1m 线为基准，保证水平安装的线槽与地面或楼板平行，垂直安装的线槽与地面或楼板垂直，没有可见的偏差。

（3）拐弯处宜使用 90° 弯头或者三通，线槽端头安装专门的堵头。

布线时，先将缆线放到线槽中，边布线边装盖板，拐弯处保持缆线有比较大的拐弯半径。完成安装盖板后，不要再拉线，如果拉线会改变线槽拐弯处的缆线曲率半径。

（4）安装线槽时，用水泥钉或者自攻螺钉把线槽固定在墙面上，固定距离为 300mm 左右，必须保证长期牢固。两根线槽之间的接缝必须小于 1mm，盖板接缝宜与线槽接缝错开。

2.2.6 底盒安装

（1）去掉进线挡板，如图 2-2-56 所示。

（2）底盒固定。

在土建施工时，采用暗装底盒，在墙面上安装塑料底盒，与预埋线管连接的信息点位置嵌入安装信息插座的底盒，用砂浆糊实在墙体内，如图 2-2-57 所示。

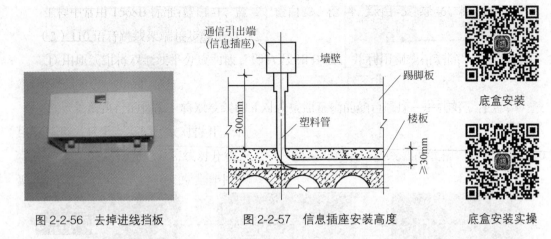

图 2-2-56　去掉进线挡板　　　　图 2-2-57　信息插座安装高度　　　底盒安装实操

底盒高度一般为距离地面 300mm，在后续穿线时，将双绞线的一端从信息插座底盒上的孔拉出。从底盒中拉出的双绞线约 15cm。图 2-2-58 是信息插座在钢筋混凝土墙上安装的方法。

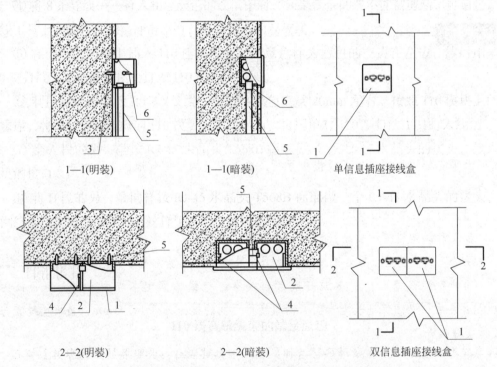

1—1(明装)　　　　　1—1(暗装)　　　　单信息插座接线盒

2—2(明装)　　　　　2—2(暗装)　　　　双信息插座接线盒

图 2-2-58　信息插座在钢筋混凝土墙上安装的方法

1—信息插座面板；2—信息插座接线盒（金属盒）；3—水泥钢钉；4—螺钉；5—保护管；6—护口（与保护管配套）

在办公桌不靠墙摆设的房间，在地面上安装方形地弹插座。地面底盒的安装一般是在房间进行装修时再安装，安装位置选择在办公桌对应的地面上。

常规底盒安装高度距离地面 300mm，但是根据设备终端的需要会有所调整，例如本工程机电系实训楼摄像机信息插座底盒安装位置，根据实际需要安装位置在离地面 3m 的位置，如图 2-2-59 所示。

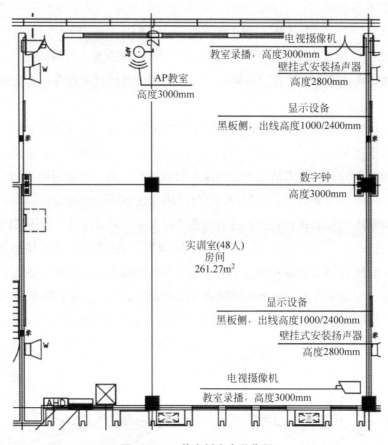

图 2-2-59 信息插座安装位置

2.2.7 桥架施工

管道施工结束后就是桥架施工，本工程采用金属桥架材料，如图 2-2-60 所示。

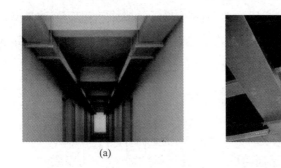

(a)   (b)

图 2-2-60 桥架施工

明敷桥架要求如下。

（1）桥架底部应高于地面 2.2m 及以上，若桥架下面不是通行地段，其净高度可不小于

1.8m，顶部距建筑物楼板不宜小于300mm，与梁及其他障碍物交叉处的间距不宜小于50mm。

（2）桥架水平敷设时应整齐、平直；沿墙垂直明敷时，应排列整齐、横平竖直、紧贴墙体。支撑加固的直线段的间距不大于3m，一般为1.5~2.0m；垂直敷设时固定在建筑物结构体上的间距宜小于2m。间距大小视桥架的规格尺寸和敷设缆线的多少决定，桥架规格较大和缆线敷设重量较重，其支承加固的间距应较小。

桥架安装

（3）直线段桥架每超过15~30m或跨越建筑物变形缝时，应设置伸缩补偿装置（其连接宜采用伸缩连接板）。

（4）敷设桥架时，在下列情况下应设置支架或吊架：接头处；每间距2m处；离开桥架两端出口0.5m（水平敷设）或0.3m（垂直敷设）处；转弯处。

（5）桥架采用吊装方式安装时，吊架与桥架要垂直，形成直角，各吊装件应在同一直线上安装，间隔均匀、牢固可靠、无歪斜和晃动现象。沿墙装设时，要求墙上支撑铁件的位置保持水平、间隔均匀、牢固可靠，不应有起伏不平或扭曲歪斜现象。桥架吊装示意图如图2-2-61所示，桥架分支（三通）连接安装示意图如图2-2-62所示，桥架转弯进房间安装示意图如图2-2-63所示，桥架与配线柜的连接及托臂水平安装方法示意图如图2-2-64所示。

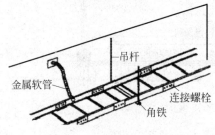

图2-2-61　桥架吊装示意图

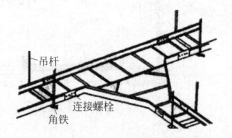

图2-2-62　桥架分支（三通）连接安装示意图

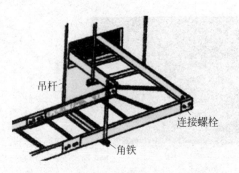

图2-2-63　桥架转弯进房间安装示意图

图2-2-64　桥架与配线柜的连接及托臂水平安装示意图

（6）桥架的转弯半径不应小于槽内缆线的最小允许弯曲半径，直角弯处最小弯曲半径不应小于槽内最粗缆线外径的10倍。

（7）桥架与桥架的连接应采用接头连接板拼接，螺钉应拧紧。线槽截断处和两槽拼接处应平滑无毛刺。为保证桥架接地良好，在两槽的连接处必须用不小于 2.5mm² 的铜线进行连接。

（8）桥架穿过防火墙体或楼板时，不得在穿越楼板的洞孔或在墙体内进行连接。缆线布放完成后应采取防火封堵措施，可用防火泥密封孔洞口的所有空隙。

（9）敷设在网络地板中的线槽之间应沟通，盖板可开启，主线槽的宽度宜在 200~400mm，支线槽宽度不宜小于 70mm；可开启的线槽盖板与明装插座底盒间应采用金属软管连接；地板块与线槽盖板应抗压、抗冲击和阻燃；当网络地板具有防静电功能时，地板整体应接地；地板块间的桥架段间应保持良好导通并接地。

（10）不同类型的缆线在同一金属槽道中的敷设，可用同槽分室敷设方式，即用金属板隔开形成不同的空间。

此外，金属槽道应有良好的接地，并符合设计要求。槽道间应用螺栓固定法连接，在槽道的连接处应焊接跨接线。托臂水平安装示意图如图 2-2-65 所示，桥架穿墙洞的做法示意图如图 2-2-66 所示，槽式桥架的空间布置示意图如图 2-2-67 所示。

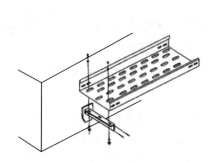

图 2-2-65　托臂水平安装示意图

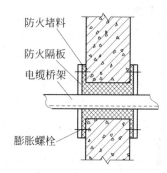

图 2-2-66　桥架穿墙洞的做法示意图

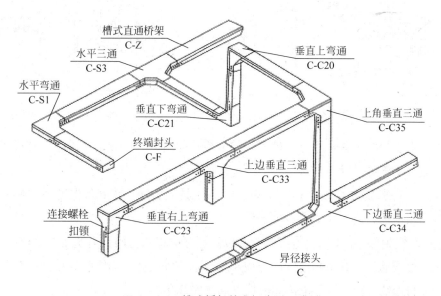

图 2-2-67　槽式桥架的空间布置示意图

注意事项 -

桥架安装注意事项

（1）桥架的吊架和支架安装应保持垂直，整齐牢固，无歪斜现象。

（2）各段桥架之间应保持连接良好、安装牢固。

2.2.8 吊顶内布线

吊顶内布线的步骤如下。

（1）索取施工图纸，确定布线路由。

（2）沿着所设计的路由，打开吊顶。用双手推开每块镶板，如图 2-2-68 所示。

（3）如果需要布置 6 条电缆，则 6 条电缆应从 6 个纸箱中同时拉出，需给每个纸箱加标注。纸箱上可直接写标注，电缆的标注写在标签上，并将标签贴到电缆末端。

吊顶内布线

（4）将一个带卷连接到合适长度的牵引绳上，投掷牵引绳时，带卷将作为一种重锤。

（5）从离电信间最远的一端开始，将牵引绳的末端（带卷端）投向吊顶。

（6）移动梯子将牵引绳投向吊顶上的下一孔，直到绳子到达吊顶的另一端，然后拉出绳子。

（7）将每两个箱子中的电缆拉出形成"对"，再用电工带捆扎好，如图 2-2-69 所示。

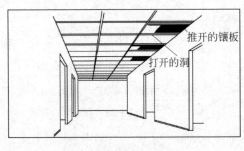

图 2-2-68　打开吊顶

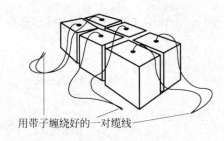

用带子缠绕好的一对缆线

图 2-2-69　捆扎缆线

（8）将牵引绳穿过 3 个用电工带缠好的电缆对并结成一个环，再用电工带将 3 对电缆与绳子缠紧，要缠得平滑而牢固。

（9）走到牵引绳的另一端（有吊圈端），人工拉牵引绳。将 6 条电缆一并从纸箱中拉出并经过吊顶牵引到位，如图 2-2-70 所示。

（10）暂不要固定吊顶内的电缆，因为以后还可能移动它们。当缆线在吊顶内布完后，还要通过墙壁或墙柱的管道将缆线向下引至信息插座安装孔。当缆线在吊顶内布完后，还可通过地板将缆线引至上一层电信间或信息插座安装孔。

图 2-2-70 拉线

2.2.9 终端盒安装

保护管进终端盒的方法如图 2-2-71 所示，金属管进入信息插座接线盒后，暗埋管可用焊接固定，管口进入盒内的露出长度应小于 5mm。明设管应用锁紧螺母或带丝扣的管帽固定，露出锁紧螺母的丝扣为 2~4 扣。

金属管与终端盒的连接如果采用铜杯臣和梳结，工序比螺帽对口连接要简捷得多，且能保证管子进入接线盒顺直、紧丝牢固，在接线盒内的露出长度也可小于 5mm。

铜杯臣、梳结和接线盒连接示意图如图 2-2-72 所示。

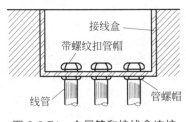

图 2-2-71 金属管和接线盒连接

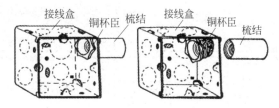

图 2-2-72 铜杯臣、梳结和接线盒连接

2.3 水平子系统工程施工

管道、桥架施工等工程结束后，在土建工程允许的条件下，即建筑单体允许施工的条件下，接下来就是同步进行水平子系统穿线施工和管理间子系统安装机柜等施工，首先介绍水平子系统工程施工，本工程三层楼的水平子系统如图 2-3-1~ 图 2-3-3 所示，一层水平

子系统由一层管理间通过桥架连接各信息点，二层和三层水平子系统由二层设备间通过桥架连接各信息点，缆线布放在管道和桥架中。

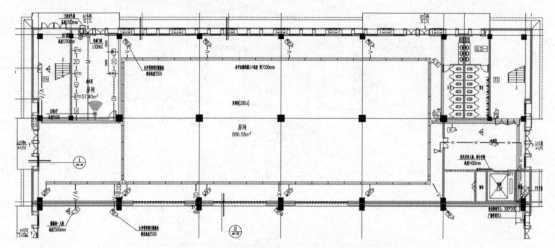

图 2-3-1　机电系实训楼一层水平子系统

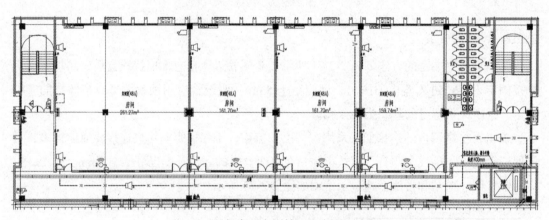

图 2-3-2　机电系实训楼二层水平子系统

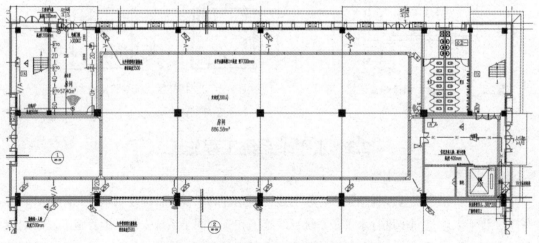

图 2-3-3　机电系实训楼三层水平子系统

图 2-3-4 所示为实训室水平子系统施工图，右边墙壁上的 3 个信息点的缆线通过桥架引入实训室的插座上，施工员根据图纸上标注的尺寸进行水平子系统的工程施工。

水平子系统工程施工包括线缆的敷设、做缆线的标签等，如图 2-3-5 所示。

2.3.1　施工主要工具

施工所需主要工具如图 2-3-6~ 图 2-3-11 所示。

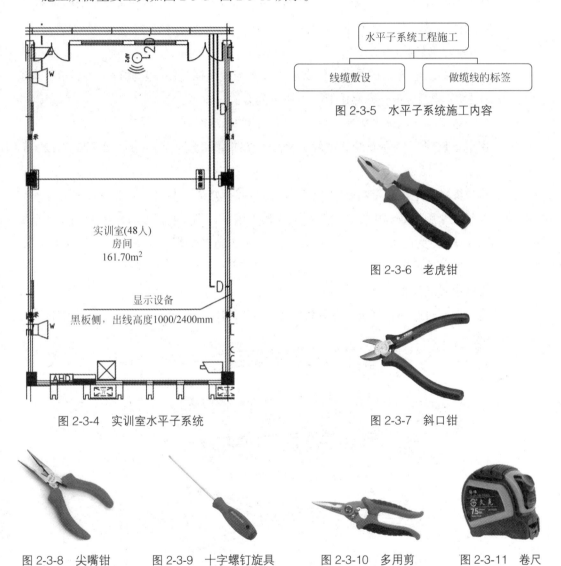

图 2-3-4　实训室水平子系统

图 2-3-5　水平子系统施工内容

图 2-3-6　老虎钳

图 2-3-7　斜口钳

图 2-3-8　尖嘴钳　　图 2-3-9　十字螺钉旋具　　图 2-3-10　多用剪　　图 2-3-11　卷尺

2.3.2　牵引 4 对双绞线电缆

1. 从纸板箱中拉线

一般情况下，电缆线出厂时都包装在各种纸板箱中，如果纸板箱是常规类型的，通常使用下列放线技术能避免缆线的缠绕。

（1）除去塑料塞。

（2）通过孔拉出 3~5m 电缆线。

（3）将纸板箱放在地板上，并根据需要放送电缆线。

（4）按所要求的长度将电缆线割断，需留有余量供终接、扎捆及

牵引 4 对双绞线电缆

日后维护使用。

（5）将电缆线滑回到槽中，留 3~5cm 在外，并在末端系一个环，以使末端不滑回到槽中。

（6）重新插上塞，固定电缆线。

2.4 对双绞线电缆的牵引方法

牵引 4 对双绞线电缆，只要将它们用电工胶带与拉绳捆扎在一起就行了。当牵引多条（如 4 条或 5 条）缆线穿放一条路由时，可用下列方法。

（1）将多条双绞线电缆聚集成一束，并使它们的末端对齐。

（2）用电工胶带紧绕在双绞线电缆束外面，在末端外绕长 5~7cm，如图 2-3-12（a）所示。

（3）将拉绳穿过电工胶带缠好的双绞线电缆，并打好结，如图 2-3-12（b）所示。

（4）如果在牵引双绞线电缆的过程中，连接点散开，则要收回双绞线电缆和拉绳重新制作更牢固的连接，为此可以除去一些绝缘层暴露出 5cm 长的裸线，如图 2-3-12（c）所示。

（5）将裸线分成两束。

（6）将两束导线互相缠绕起来形成一个环，如图 2-3-12（d）所示。

（7）将拉绳穿过此环并打结，然后将电工胶带缠到连接点周围，要缠得结实和平滑。

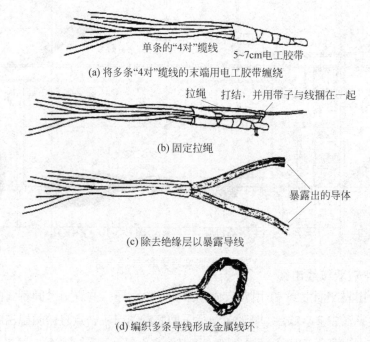

图 2-3-12　牵引 4 对双绞线电缆的方法

3. 两端线缆的处理

（1）在信息插座底盒这一端的双绞线，从底盒上的孔拉出约 15cm 的预留长度，将线盘在底盒里面，待后续信息模块的端接。

（2）穿到管理间的双绞线被接入管理间的机柜。

2.3.3　牵引单条大对数电缆

（1）将电缆向后弯曲以便建立一个直径为 15~30cm 的环，并使电缆末端与电缆本身绞紧，如图 2-3-13（a）所示。

（2）用电工胶带紧紧地缠在绞好的电缆上，对环进行加固，如图 2-3-13（b）所示。

（3）把拉绳连接到电缆环上，如图 2-3-13（c）所示。

（4）用电工胶带紧紧地将连接点包扎起来。

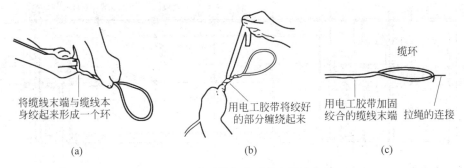

图 2-3-13　牵引单条大对数电缆的方法

2.3.4　牵引多条大对数电缆

（1）剥除 5cm 左右的电缆外护套，将大对数电缆均匀分为两组，如图 2-3-14（a）所示。

（2）将两组电缆交叉地穿过拉线环，如图 2-3-14（b）所示。

（3）将两组缆线缠在自身电缆上，加固与拉线环的连接，如图 2-3-14（c）所示。

（4）在缆线缠绕部分紧密地缠绕多层电工胶带，加固电缆与拉线环的连接，如图 2-3-14（d）所示。

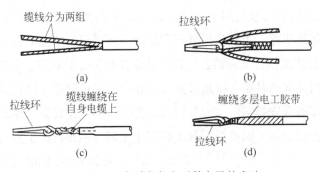

图 2-3-14　牵引多条大对数电缆的方法

牵引电缆和光缆

2.3.5 牵引光缆

以牵引方式敷设光缆时，主要牵引力应加在光缆的加强芯上；敷设时应控制光缆的敷设张力，避免使光纤受到过度的外力（弯曲、侧压、牵拉和冲击等），这是提高工程质量、保证光缆传输性能必须注意的问题。

一般在管道内或比较狭长的地方敷设光缆宜先制作光缆牵引头，以便用拉线（或鱼线）牵引光缆。制作光缆牵引头的方法如下。

（1）在离光缆末端0.3m处，用光缆环切器对光缆外护套进行环切，并将环切开的外护套从光纤上滑去，露出纱线和光纤，如图2-3-15所示。

（2）将纱线与光纤分离开来，切除光纤，保留纱线；然后将多条光缆的纱线绞起来并用电工胶带将其末端缠起来，如图2-3-16所示。

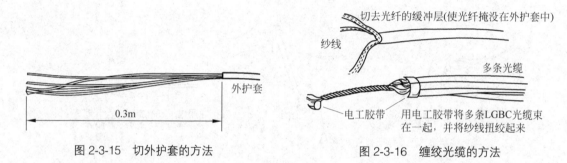

图2-3-15 切外护套的方法　　　　图2-3-16 缠绞光缆的方法

（3）将光缆端的纱线与牵引光缆的拉线用缆结连接起来，如图2-3-17所示。

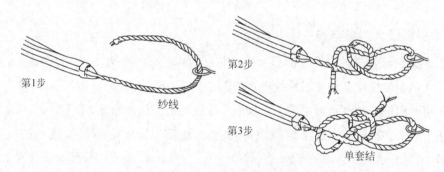

图2-3-17 连接光缆的步骤

（4）切去多余的纱线，利用套筒或电工胶带将绳结和光缆末端缠绕起来，确认没有粗糙之处，以保证在牵引光缆时不增加摩擦力，如图2-3-18所示。

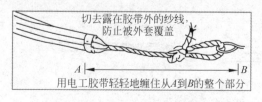

图2-3-18 切去多余纱线的方法

 理论链接 1

电缆的牵引

电缆牵引就是用一条牵引线或一条软钢丝绳将电缆牵引穿过墙壁管道、天花板或地板管道。牵引所用的方法取决于要完成作业的类型、电缆的质量、布线路由的难度，还与管道中要穿过电缆的数目有关。在已有电缆的拥挤管道中穿线要比空管道难很多，而且对于不同的电缆其牵引方法也不相同。但是，不管在哪种场合都应遵守一条规则，就是使牵引线与电缆的连接点应尽量平滑。

 理论链接 2

电缆牵引时的最大拉力

水平子系统路由的暗埋管比较长，大部分为 20~50m，有时可能长达 80~90m，中间还有许多拐弯，布线时需要用较大的拉力才能把网线从插座底盒拉到管理间。

综合布线穿线时应该采取慢速而又平稳的拉线，拉力太大时，会破坏电缆对绞的结构和一致性，引起线缆传输性能下降。拉力过大还会使线缆内的扭绞线对层数发生变化，严重影响线缆抗噪声（NEXT、FEXT 等）的能力，从而导致线对扭绞松开，甚至可能对导体造成破坏。4 对双绞线最大允许的拉力：一根为 100N、二根为 150N、三根为 200N。

注意事项

敷设线缆注意事项

1. 把好工程质量关

在布线施工过程中，施工方必须对所安装的缆线进行相关标准的测试以保证施工质量。

2. 关注缆线的布线问题

布设缆线首先要注意走线的可用空间，包括天花板（吊顶）内、地板下、走线槽内和走线管道内的空间。随时调整设计中考虑不周的地方，通常缆线生产厂商会给出缆线的最小弯曲半径和最大拉力等指标。

3. 特别注意光缆布线

光缆布设的技术要求比对绞电缆高，施工人员应特别注意。光缆一般布设在建筑物内部的暗敷管路或线槽内，不采用明敷。在建筑物外的布设方式与电缆相似。

4. 注意布线系统的防火

布线器材大多使用各种塑料材质，其燃烧值很大，当温度过高时，易引发火灾。为减少火灾的损失及对人身的危害，布线实施时应尽可能选用防火标准高的缆线。

5. 重视屏蔽布线系统的接地问题

如果选择屏蔽布线系统，必须有良好的接地措施并符合有关标准规定。

2.3.6 面板标签制作

水平子系统是整个工程中最复杂、造价最贵、缆线最多的子系统，众多的缆线一端在底盒处，另一端根据图纸分类绑扎于管理间机柜里，中间部分在预埋的管道里，所以缆线在穿管之后要立即在线缆两端做缆线标签，同一根缆线的标签一致。一般情况下，此时所做的标签是临时标签，后续等待管理间缆线端接于配线架并测试合格完毕之后再改成正式标签。

布线系统的缆线标记可以用塑料标牌或不干胶，可系在电缆端头或贴到电缆表面。其尺寸和形状根据需要而定，在现场安装和做标记前，电缆的两端应标明相同的编号。以此来辨别电缆的来源和去处。例如，一根电缆从三层的 311 房的第一个数据信息点拉至电信间，该电缆的两端可标上 311-D1 标记。

2.4 工作区子系统施工

施工人员要按照设计图纸上的信息点位置进行工作区子系统工程施工。

机电系实训楼一楼办公室，房间占地面积为 $57.40m^2$，左边靠楼梯墙壁安装 6 个信息点，用 3 个双口插座。在图 2-4-1 中，线上的 6D 字母表示此线是 6 根 UTP6 双绞线，4D 字母表示此线是 4 根 UTP6 双绞线，2D 字母表示此线是两根 UTP6 双绞线。右边墙壁安装 4 个信息点，底盒位置分别距离进门 2m 和 4m，高度为距离地面 300mm 的墙面上。

常规信息点一般都标注具体安装位置，如遇到未标注具体尺寸的施工图，则按照图上面标注信息点符号 _{2TO} 大致位置进行安装，图 2-4-1 中左边的 3 个信息插座未标注具体距离，但是按照图上的位置，3 个插座大致位置各占墙壁 1/3 距离，墙长 10m，所以施工员分别将 3 个信息插座安装在进门左边墙壁的 2.5m、5.0m

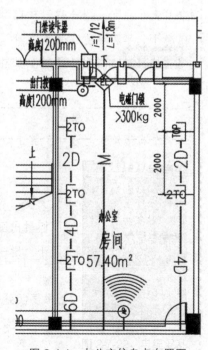

图 2-4-1 办公室信息点布置图

和 7.5m 处。

图 2-4-2 所示为 48 人的实训室，本工程中有很多间实训室的室内多媒体设备和此实训室设备一样，因此，不需要在相同的每个实训室建筑平面图都画出所有的路由线缆，所以在施工过程中，施工员如果施工相同类型的房间，就要找到该类型房间的大样，如图 2-4-2 所示的这 3 个 48 人的实训室均未画出缆线具体路由情况，该图的大样如图 2-4-3 所示。

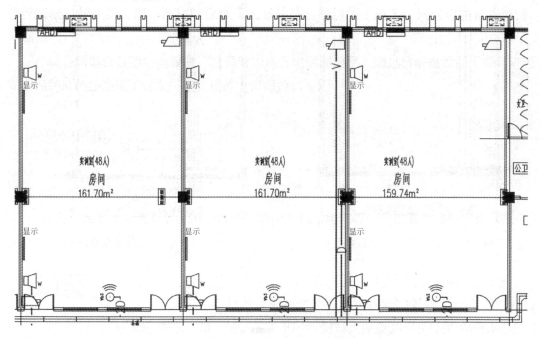

图 2-4-2　48 人实训室平面图

从图 2-4-3 中可见，靠左边双开门的墙面上，安装一个视频监控 ▭、两个广播 ◁ʷ、两个 LED 显示屏 ━━ 显示，右边双开门的墙壁上安装 6 个数据信息点 ⊢2TO，两扇门之间的墙壁上安装一个无线 Wi-Fi 📶，这个布局和图 2-4-2 中 3 个实训室布局完全相同，所以这 3 个实训室就按照图 2-4-3 所示大样图进行布线。图 2-4-3 所示实训室左边工作区的线管要从进线盒分别通过地面到墙面，将线管拉至两个广播和显示屏处，其中为了以后扩展和使用方便，还预留了一根光缆 1F，如图 2-4-3 线标所示。室内音箱、LED 显示屏等缆线均从家居配线箱 AHD 引出到墙面，水平布线到配线箱为止。所以，从 AHD 引出的缆线已经属于工作区子系统范围。

图 2-4-3 和图 2-4-4 都属于大样图，区别在于图 2-4-3 中是家居配线箱 AHD 大样图，图 2-4-3 中符号 [AHD] 表示家居配线箱，此大样图表示从实训室家居配线箱到多媒体设备的走线样图，AHD 走六类非屏蔽双绞线、四芯光缆、投影控制线、投影信号线、音箱线、话筒线，具体走的线类按照图中的线例读出。

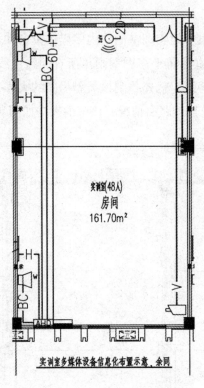

图 2-4-3　48 人实训室信息点布局

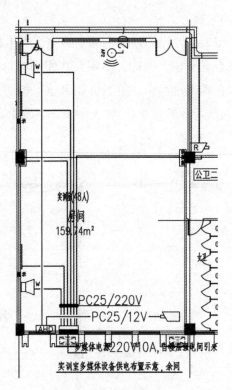

图 2-4-4　照明配电箱路由

而图 2-4-4 中多了强电线缆的走向，因为实训室内的设备需要信号线的同时也需要强电电源进线供电，图 2-4-4 是动力照明配电箱的大样图，图中 ▬ 表示动力照明配电箱，动力照明配电箱 PZ30、进线 220V/10A、出线为设备电源线、控制台电源线。在其他房间有 ▬ 图标的安装都按照图 2-4-4 所示进行施工。

图 2-4-5　工作区子系统工程施工

在管理间子系统安装配线架、端接线缆的同时，施工员开始端接信息模块，工作区子系统工程施工包括端接信息模块和端接水晶头，如图 2-4-5 所示。

2.4.1　施工主要工具

施工前需准备的主要工具如图 2-4-6~图 2-4-13 所示。

图 2-4-6　压线钳

图 2-4-7　斜口钳

图 2-4-8　单刀打线刀

图 2-4-9　十字螺钉旋具

图 2-4-10　光纤剥线钳

图 2-4-11　电缆剥线器

图 2-4-12　卷尺

图 2-4-13　光纤熔接机

2.4.2　信息模块安装

（1）剥开双绞线外绝缘护套，用剥线钳剥除双绞线的绝缘层包皮约 20mm，如图 2-4-14 所示。

（2）用剪刀把撕拉线剪掉，如图 2-4-15 所示。

（3）各个单绞线线对不用打开直接放入相应位置，需要拆开的地方拆开，并将线对放入相应的位置，如图 2-4-16 所示。

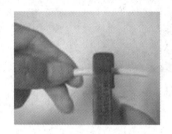

图 2-4-14　剥外绝缘护套

图 2-4-15　剪撕拉线

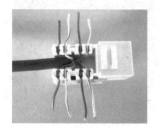

图 2-4-16　按照线序放入端接口

EIA/TIA 的布线标准中规定了信息插座的两种压接线序 T568A 与 T568B。

标准 T568B：如图 2-4-17 所示，蓝白 -1、蓝 -2、橙白 -3、橙 -4、绿白 -5、绿 -6、棕白 -7、棕 -8。

标准 T568A：蓝白 -1、蓝 -2、绿白 -3、绿 -4、橙白 -5、橙 -6、棕白 -7、棕 -8。

（4）用准备好的单用打线刀（刀要与模块垂直,刀口向外）逐条压入，并打断多余的线，如图 2-4-18 所示。

（5）无误后给模块安装保护帽，如图 2-4-19 所示。

信息模块端接

图 2-4-18　压接

图 2-4-17　信息模块 T568B 线序

图 2-4-19　安装保护帽

（6）在缆线两端 60~80mm 处制作标签，如图 2-4-20 所示。

（7）缆线在底盒内应预留 150~200mm 的长度，缆线打个环放在底盒内，如图 2-4-21 所示。

（8）将端接好的模块插入信息面板中，将信息面板安装在底盒上，上好螺钉，扣好外扣盖，信息插座安装完成，如图 2-4-22 所示。

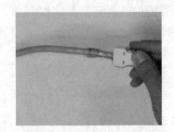

图 2-4-20　制作缆线标签

图 2-4-21　预留缆线

图 2-4-22　模块插入信息面板

 理论链接

网络模块端接原理

利用打线钳的机械压力将双绞线的 8 根线芯逐一压接到模块的 8 个接线口金属刀片中，在快速端接过程中刀片首先快速划破线芯绝缘层，然后与铜线芯紧密接触，利用刀片的弹性将铜线芯长期夹紧，实现刀片与线芯的长期电气连接，这 8 个刀片通过电路板与 RJ-45 口的 8 个弹簧片连接。在端接过程中利用打线钳前端的小刀片裁剪掉多余的线头。

网络模块端接

 实践链接

网络模块端接技巧

（1）每对线对拆开绞绕的长度越少越好。

（2）打线时一次性打线成功，不要反复打压很多次。

（3）多余线端要打掉。

（4）模块的端接根据端接线缆不同可分为屏蔽线和非屏蔽线两种，非屏蔽双绞线缆只需按照线序接好即可，而屏蔽双绞电缆则要求其屏蔽层与连接硬件端接处的屏蔽罩必须保持良好接触，线缆屏蔽层应与连接硬件屏蔽罩 360° 接触的长度不小于 10mm。

注意事项

打线刀使用注意事项

（1）单对打线工具带刀刃的一侧要向外，用力要垂直向下，听到"喀"的一声后，模块外多余的线端会被剪断，不要反复多次打压。

（2）将 8 条导线一一打入相应颜色的线槽中时，如果多余的线不能被剪断，可通过调节打线工具上的旋钮来调整冲击压力，剪断多余的双绞线线端。

2.4.3　电动起子的使用

（1）检查电动起子电池是否有电，安装上适合大小的螺钉钻头，并检查钻头是否安装牢固，如图 2-4-23 所示。

（2）安装螺钉时先要调整好电动起子的工作方向（电动起子有顺、逆时针方向）。

图 2-4-23　安装合适的钻头　　电动起子的使用

 理论链接

冲 击 电 钻

冲击电钻依靠旋转和冲击来工作。单一的冲击是非常轻微的，但每分钟 40000 多次的冲击频率可产生连续力。冲击电钻可用于天然的石头或混凝土，因为它们既可以用"单钻"模式，也可以用"冲击钻"模式。

注意事项

充电式电钻使用注意事项

（1）电钻属于高速旋转工具，转速为 600r/min，在使用电钻前必须先检查工具的情况，谨慎使用，以保护人身安全。

（2）禁止使用电钻在工作台、实验设备上打孔。

（3）禁止使用电钻玩耍或者开玩笑。

（4）首次使用电钻时，必须阅读说明书，并且在教师或专业人员的指导下进行。

（5）装卸钻头时，必须注意旋转方向开关。逆时针方向旋转卸下钻头，顺时针方向旋转拧紧钻头。将钻头装进卡盘时，适当旋紧套筒。如不将套筒旋紧，钻头将会滑动或脱落，从而引起人身受伤事故。

（6）请勿连续使用充电器。每充完一次电后，需等 15min 左右让电池降温后再进行第二次充电。每个电钻配有两块电池，一块使用，一块充电，轮流使用。

（7）切勿使电池短路。电池短路时会造成很大的电流和过热，从而烧坏电池。

（8）在墙壁、地板或天花板上钻孔时，请检查这些地方，确认没有暗埋的电线和钢管等。

（9）钻头夹持器应妥善安装。

（10）作业时钻头处在灼热状态，应注意避免灼伤肌肤。

（11）钻 ϕ 12mm 以上的手持电钻钻孔时应使用有侧柄手枪钻。

（12）站在梯子上工作或高处作业应做好高处坠落措施，梯子应有地面人员扶持。

（13）随身携带和使用的工具应搁置于顺手和安全的地方，以防发生事故伤人。

（14）在施工过程中不能用身体顶着电钻。

（15）在打过墙洞或开孔时，一定先确定梁位置，并且错过梁；否则会打不通。

2.4.4　信息插座面板安装

面板安装是信息插座最后一道工序，一般应该在端接模块后立即进行，以保护模块。安装时将模块卡接到面板接口中。如果双口面板上有网络和电话插口标记时，按照标记口位置安装。如果双口面板上没有标记时，宜将网络模块安装在左边，电话模块安装在右边，并且在面板表面做好标记。具体步骤如下。

（1）安装合适的螺钉钻头，如图 2-4-24 所示。

（2）把螺钉钻头拧紧，如图 2-4-25 所示。

（3）调整好电动起子的工作方向，如图 2-4-26 所示。

（4）固定面板。

信息插座底盒和面板安装

将卡装好模块的面板用两个螺钉固定在底盒上，要求横平竖直、用力均匀、固定牢固。需特别注意，墙面安装的面板为塑料制品，不能用力太大，以面板不变形为原则，如图 2-4-27 所示。

图 2-4-24 安装合适的　　图 2-4-25 把螺钉钻头　　图 2-4-26 调整好电动起　　图 2-4-27 安装信息
　　　　　　螺钉钻头　　　　　　　　　拧紧　　　　　　　　　子的工作方向　　　　　　　面板

注意事项

底盒面板安装注意事项

（1）目视检查产品的外观合格，特别检查底盒上的螺孔要正常，如果其中有一个螺孔损坏则坚决不能使用。

（2）取掉底盒挡板。根据进出线方向和位置，取掉底盒预设孔中的挡板。

（3）固定明装底盒要按照设计要求用膨胀螺栓直接固定在墙面。

（4）暗装底盒首先使用专门的管接头把线管和底盒连接起来，这种专用接头的管口有圆弧，既方便穿线，又能保护线缆不会划伤或者损坏，然后用螺钉或者水泥砂浆固定底盒。

2.4.5 面板标签制作

1. 做初步标签

面板安装完毕，立即用标签做好标记，用不干胶贴在面板上作为初步标签。

2. 通断测试

在预埋线管里面穿的缆线，一头已经端接在管理间子系统机柜里的配线架上，另一头端接在信息模块上之后，紧接着要用简易测试仪进行链路的通断测试。

如果测试不通，则通过重新打信息模块等方式进行纠错。纠错完毕后，要将面板的初步标签改成正式标签。将信息点编号粘贴在面板上，用标签标明端接区域、物理位置、编号等，可贴在面板表面，使面板标签、线缆标签、配线架标签三者保持一致。

3. 成品保护

在实际工程施工中，面板安装后，土建还需要修补面板周围的空洞，刷最后一次涂料，因此必须做好面板保护，防止污染。一般常用塑料薄膜保护面板。

2.4.6　双绞线端接

1. 量线

量取符合工程需要长度的跳线。

在管理间和设备间中，需要大量的跳线连接设备，合适的长度有利于整理，不宜过长或过短，跳线应长度合适且整齐规范地进行绑扎，如图 2-4-28 所示，如果跳线过长并且未绑扎会造成凌乱，如图 2-4-29 所示。

图 2-4-28　长度合适、规范整齐的配线　　　图 2-4-29　凌乱的配线　　　双绞线端接实操

2. 剥线

用双绞线剥线器剥除外绝缘护套大约 20mm，不能剥除太长或太短，剪去撕拉线，如图 2-4-30 所示。

3. 排线

拆开 4 对双绞线，捏住线端，轻轻拆开每一线对进行开绞，分别拆开相同长度，将每根线轻轻捋直，如图 2-4-31 所示。注意线序排列正确，RJ-45 水晶头连接按 T568A 和 T568B 排序。T568A 的线序是白绿、绿、白橙、蓝、白蓝、橙、白棕、棕，如图 2-4-32 所示。T568B 的线序是白橙、橙、白绿、蓝、白蓝、绿、白棕、棕，如图 2-4-33 所示。

图 2-4-30　剥线　　　　　　　图 2-4-31　排线　　　　　　闯关游戏动画

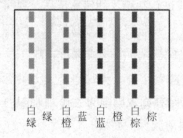 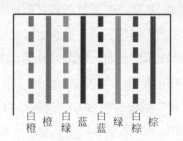

图 2-4-32　T568A 线序　　　　　图 2-4-33　T568B 线序

T568B 的线序将绿色线对与蓝色线对放在中间位置,而橙色线对与棕色线对放在靠外的位置,形成左一橙、左二蓝、左三绿、左四棕的线对次序,拆开 4 对双绞线,八芯线排好线序。

4. 剪线

将 8 根线排好线序,将裸露出的双绞线芯整齐地一次性剪掉,只剩下约 13mm 的长度,从线头开始,至少 10mm 导线之间不应有交叉,如图 2-4-34 所示。

5. 插入

一只手以拇指和中指捏住水晶头,并用食指抵住,水晶头的方向是金属引脚朝上、弹片朝下。另一只手捏住双绞线,用力缓缓将双绞线 8 条导线依序插入水晶头,并一直插到 8 个凹槽顶端,如图 2-4-35 所示。

 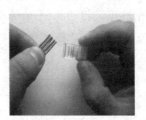

　　　图 2-4-34　剪线　　　　　　　　　图 2-4-35　插入

6. 检查

检查水晶头正面,查看线序是否正确;检查水晶头顶部,可以从水晶头侧面和端面观察 8 根线芯是否插到底部,如图 2-4-36 所示。

7. 压接

确认无误后,将 RJ-45 水晶头推入压线钳夹槽后,用力握紧压线钳,将凸出在外面的针脚一次性全部压入 RJ-45 水晶头内,RJ-45 水晶头压接完成,如图 2-4-37 所示。

　　图 2-4-36　检查　　　　　　图 2-4-37　压接　　　　　　动画:水晶头铜片压接

8. 制作跳线

用同一标准在双绞线另一侧安装水晶头,完成直通网络跳线的制作。

9. 测试

用测线仪对跳线进行测试,直通网线会有通路、开路、短路、反接和跨接等显示结果。

RJ-45 水晶头的保护胶套可防止跳线拉扯时造成接触不良，如果水晶头要使用胶套，需在连接 RJ-45 水晶头之前将胶套插在双绞线电缆上，水晶头压接完成后再将胶套套上。

 理论链接

水晶头端接原理

图 2-4-38 是 RJ-45 水晶头刀片压线前的示意图，图 2-4-39 是 RJ-45 水晶头刀片压线前的实物，图 2-4-40 是 RJ-45 水晶头刀片压线后的示意图，图 2-4-41 是 RJ-45 水晶头刀片压线后的实物，通过对比由图 2-4-38 可见压接前后 8 个刀片位置的变化情况，在没有压接水晶头之前，刀片要高于水晶头端面，当用压线钳的机械压力压接水晶头之后，压接后 8 个刀片向下压入导线，位置比压接前要低。

水晶头端接与跳线制作

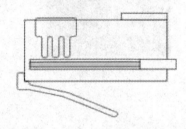

图 2-4-38　RJ-45 水晶头刀片压线前示意图

图 2-4-39　RJ-45 水晶头刀片压线前实物

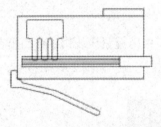

图 2-4-40　RJ-45 水晶头刀片压线后示意图

图 2-4-41　RJ-45 水晶头刀片压线后实物

利用压线钳的机械压力使 RJ-45 水晶头中的刀片首先刺破线芯导线绝缘层，然后再压入铜线芯中，实现刀片与铜线芯的长期电气连接。每个 RJ-45 水晶头中有 8 个刀片，每个刀片均与一根导线连接。

 实践链接

水晶头端接技巧

连接水晶头虽然简单，但它是影响通信质量非常重要的因素，开绞过长会影响近端串扰指标；压接不稳会引起通信的时断时续；剥皮时损伤线对线芯会引起短路、断路等故障，所以端接时要严格按照步骤和要求进行操作。

注意事项 1

水晶头端接常见故障

（1）拆开长度不符合《综合布线系统工程验收规范》（GB 50312—2016）的规定，且护套压接不到位，如图 2-4-42 所示。

（2）双绞线位置偏心，如图 2-4-43 所示。

（3）没有剪掉牵引线，如图 2-4-44 所示。

（4）线序错误。没有按照线序标准进行排序。

动画：排除故障

　　　　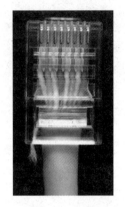

图 2-4-42　拆开长度过长、护套　　图 2-4-43　双绞线偏心　　图 2-4-44　未剪掉牵引线
　　　　　　压接不到位

注意事项 2

双绞线端接影响

1. 重视接插件环节

在布线的各环节，最脆弱的环节是接插件环节。对绞电缆的对绞结构被破坏并被挤压在一个很小的空间，线对之间彼此交叉或跨接，从而带来阻抗的变化，影响回波损耗。

2. 重视跳线

跳线处在发送信号能量最强的位置和接收信号能量最弱的位置，对近端串音有影响。实际布线中，跳线经常被随意地使用，如在座椅之间的缠绕、强力拖曳或被重物挤压等，都会对跳线造成永久性损伤。

2.5 管理间子系统工程施工

根据工程具体情况设置管理间子系统，有的工程是一层楼设置一个管理间，有的工程两层楼共同设置一个管理间等。在实际工程中，一个管理间管理三层、四层、五层、六层楼的情况都存在，因为楼层高度为 2.8m 左右，只要从信息点通过垂直桥架到管理间长度不超过 90m，管理间的设置就是合理的。这种设置方式适合建筑物较小的情况，楼层的信息点数量少，共用管理间可以提高设备利用率，减少工程成本。

本工程机电系实训楼二层和三层均不单独设置管理间，二层和三层的信息点直接通过桥架接到二层的设备间子系统，如任务描述中图 2-0-4 和图 2-0-5 所示。一层管理间设置在一层货梯旁的弱电间里面，弱电井长 3.6m、宽 1.7m，使用 19 英寸标准机柜，如图 2-5-1 所示。

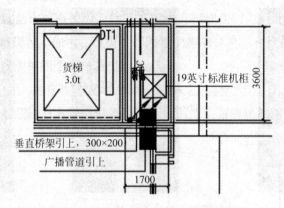

图 2-5-1　机电系实训楼一层管理间

管理间一般设置在一栋楼的中间位置，靠近设备间和垂直竖井，如果设备间和垂直竖井设计在楼房的边上，则管理间也设置在边上。如机电系实训楼的竖井在楼房的货梯右边，则弱电间就设置在楼房的右边。另外，如果设计员在图纸上有管理间位置等信息标注不清楚的地方，施工员要及时向相关人员提出疑问。

管理间子系统工程施工前先要进行管理间环境施工，即要先整理管理间，将现场环境的杂物、废弃材料、垃圾等清理掉，对房间进行清理、除尘，将地面打扫干净，使房间现场各方面条件符合工程施工环境要求才能开始机柜、配线架等设备的安装施工。

管理间子系统工程施工包括安装机柜、端接 110 语音跳线架等，如图 2-5-2 所示。

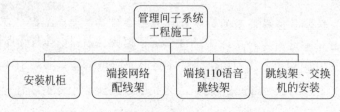

图 2-5-2　管理间子系统工程施工的内容

2.5.1 施工主要工具

施工前需准备的主要工具如图 2-5-3~ 图 2-5-16 所示。

图 2-5-3 剥线器　　　　　　图 2-5-4 5 对打线刀　　　　　　图 2-5-5 多用剪

图 2-5-6 压线钳　　　　　　图 2-5-7 老虎钳　　　　　　图 2-5-8 斜口钳

图 2-5-9 尖嘴钳　　　　　　图 2-5-10 光纤熔接机　　　　　　图 2-5-11 十字螺钉旋具

图 2-5-12 单刀打线刀　　　　　　图 2-5-13 活扳手　　　　　　图 2-5-14 条形水平尺

图 2-5-15 电缆剥线器　　　　　　图 2-5-16 光纤剥线钳

2.5.2 机柜安装

清理好管理间之后，按照管理间装修规定进行完房间的粉刷、地板安装等工程后，就开始机柜的安装。

在《综合布线系统工程设计规范》（GB 50311—2016）安装工艺要求内容中，机柜安装的基本要求如下。

（1）机柜的安装位置、设备排列布置和设备朝向应符合设计要求。

（2）机柜安装完工后，垂直偏差度不应大于 3mm。

（3）机柜及其内部设备上的各种零件不应脱落或碰坏，外表面漆如有损坏或脱落，应予以补漆，各种标志应统一、完整、清晰、醒目。

（4）机柜及其内部设备必须安装牢固、可靠，各种螺钉必须拧紧，无松动、缺少、损坏或锈蚀等缺陷，机柜更不应有摇晃现象。

（5）为便于施工和维护人员操作，机柜前应预留长为 1500mm 的空间，其背面距离墙面应大于 800mm。

（6）机柜的接地装置应符合相关规定的要求，并保持良好的电气连接。

综合布线系统的接地系统结构包括设备接地线、接地干线、接地引入线、总接地铜排、分接地铜排和接地体六部分，如图 2-5-17 所示。

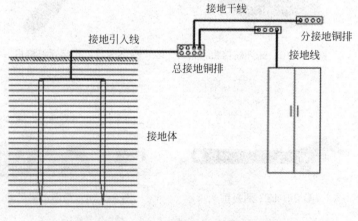

图 2-5-17 综合布线系统的接地系统结构

机柜的安装

（7）当安装壁挂式机柜时，要求墙壁必须坚固、牢靠，能承受机柜重量。

机柜配件安装如图 2-5-18 所示。

在新建建筑中，布线系统应采用暗线敷设方式，所使用的配线设备也可采用暗敷方式，埋装在墙体内。在建筑施工时，应根据综合布线系统要求，在规定位置处预留墙洞，并先将设备箱体埋在墙内，布线系统工程施工时再安装内部连接硬件和面板。

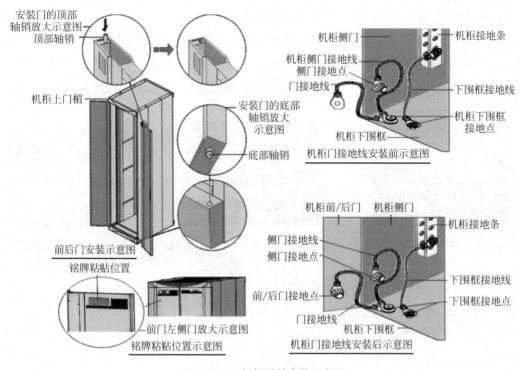

图 2-5-18   机柜配件安装示意图

※ **实践链接**

线缆整理

在端接配线架电缆之前，应把电缆按编号进行整理，然后捆扎整齐并用尼龙扎带缠绕电缆直至进入机柜，固定在机柜的后立柱上或其他位置，要求电缆进入机柜后整齐美观，并留有一定余量。

2.5.3   网络配线架端接

（1）将配线架固定到机柜合适位置，在配线架下面安装理线器。

（2）从机柜进线处开始整理电缆，电缆沿机柜两侧整理至理线器处，使用绑扎带固定好电缆，一般 6 根电缆作为一组进行绑扎，将电缆穿过理线器摆放至配线架处。

网络配线架端接 1

（3）根据每根电缆连接接口的位置，测量端接电缆应预留的长度，然后使用压线钳、剪刀、斜口钳等工具剪断电缆。

（4）根据 T568A 或 T568B 标签的接线标准，将线端按照标签色标排列顺序放入模块组插槽内。

网络配线架端接 2

（5）将线对逐一压入槽内，然后使用打线工具固定线对连接，同时将伸出槽位外多余的导线截断，如图 2-5-19 所示。

（6）将每组线缆压入槽位内，然后整理并绑扎固定线缆，如图 2-5-20 所示。

（7）配线架上要贴标签，线与配线架对应，如图 2-5-21 所示，配线架安装完毕。用硬纸片作为插入标签，可插在模块的缆线端接部位。

  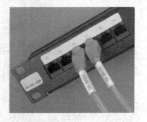

图 2-5-19　将线对逐次压入槽位并打压固定　　图 2-5-20　整理并绑扎固定线缆　　图 2-5-21　配线架标签

 理论链接 1

网络配线架的端接原理

网络配线架的反面是刀片结构，端接打线前，刀片两边闭合夹紧，如图 2-5-22 所示。

当刀片压入线芯后，线芯的外绝缘层被刀锋划破，刀片与铜芯电气相连，从而实现双绞线与网络配线架的连接，如图 2-5-23 所示。

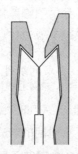 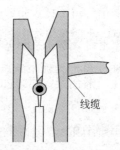

线缆

图 2-5-22　打线前刀片结构　　图 2-5-23　打线后刀片结构

 理论链接 2

网络配线架的作用

配线架是综合布线系统灵活性的集中体现，在配线架上可进行互连或交接操作，起着传输信号的灵活转接、灵活分配及综合统一管理的作用。通过配线架提供各子系统间相互连接的手段，使整个布线系统与其连接的设备或器件构成一个有机的整体。调整配线架上的跳线，可安排或重新安排缆线路由，从而使传输线路能够延伸到建筑物内部的各个工作区。

 实践链接 1

网络配线架安装基本要求

配线架是配线子系统关键的配线接续设备，它安装在配线间的机柜（机架）中，配线架在机柜中的安装位置要综合考虑机柜线缆的进线方式、有源交换设备散热、美观性以及便于管理等要素。

（1）为了管理方便，配线间的数据配线架和网络交换设备一般都安装在同一个 19 英寸的机柜中。

（2）线缆一般从机柜的底部进入，所以通常配线架安装在机柜下部，交换机安装在机柜上部，也可根据进线方式作出调整。

（3）为了美观和管理方便，机柜正面配线架和交换机之间要安装理线器，跳线从配线架面板的 RJ-45 端口接出后，通过理线器从机柜两侧进入交换机间的理线器，然后接入交换机端口，如图 2-5-24 所示。

理线器

图 2-5-24　机柜缆线

 实践链接 2

配线架信息点分布图

根据楼层信息点标识编号，按顺序安放配线架，并画出机柜中配线架信息点分布图。机柜配线架分布图反映：机柜中需安装的各种设备，各设备的安装位置和安装方法，各配线架的用途（端接什么缆线），各缆线的成端位置（对应的端口），以便安装和管理，如图 2-5-25 所示。

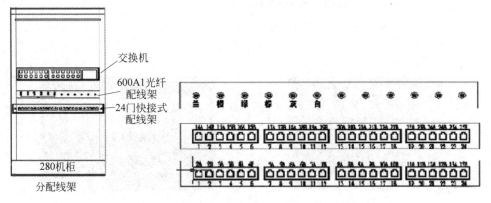

图 2-5-25　机柜配线架分布

 实践链接 3

配线架贴标签

对于要端接的线缆，先以配线架为单位，在机柜内部进行整理、用扎带绑扎、将冗余的线缆盘放在机柜的底部后再进行端接，使机柜内整齐美观，便于管理和使用。网络配线架上要贴标签，线缆两端也要对应贴标签，并且同一链路标签一致。

 实践链接 4

网络配线架安装技巧

进行网络配线架端接时，根据网络配线架的结构，按照贴在网络配线架反面的 T568A 或 T568B 的标签端接顺序，将每对绞线拆开并且端接到对应的位置，每对线拆开绞绕的长度越短越好，不能为了端接方便将线对拆开很长，特别在六类和七类系统端接时非常重要，直接影响永久链路的测试结果和传输速率。

网络配线架端接实操

注意事项

网络配线架端接常见故障

网络配线架端接时要求线序正确、压接到位、剪掉端头和牵引线。

常见的端接故障有以下几种。

（1）拆开长度过长，不符合《综合布线系统工程验收规范》（GB 50312—2016）的规定，如图 2-5-26 所示。

（2）双绞线位置偏心，如图 2-5-27 所示。

（3）没有剪掉端头，如图 2-5-28 所示。

（4）没有剪掉牵引线，如图 2-5-29 所示。

（5）线序错误。

图 2-5-26　拆开长度过长

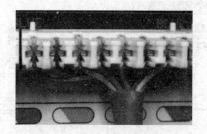

图 2-5-27　双绞线位置偏心

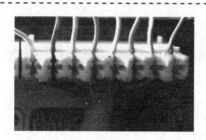

图 2-5-28　没有剪掉端头

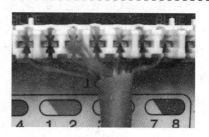

图 2-5-29　没有剪掉牵引线

2.5.4　110 语音跳线架端接

1.110 语音跳线架 5 对连接片端接

（1）5 对连接片下层端接方法和步骤如下。

① 剥开网线的外绝缘护套，剪掉牵引线。

② 剥开 4 对双绞线。

③ 剥开单绞线。

④ 按照线序放入端接口。

⑤ 将 5 对连接块用力压紧并且裁线。

（2）5 对连接片上层端接方法和步骤如下。

① 剥开外绝缘护套，剪掉牵引线。

② 剥开 4 对双绞线。

③ 剥开单绞线。

④ 按照线序放入端接口。

⑤ 用单口打线刀逐一压接每个线芯，同时剪掉余线。

⑥ 盖好防尘帽。

110 语音跳线加端接

2.110 语音跳线架的端接步骤

（1）110 语音跳线架构成链路示意图如图 2-5-30 所示。

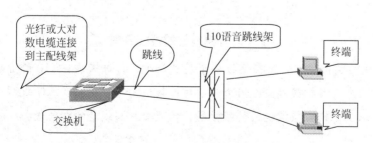

图 2-5-30　110 语音跳线架构成链路示意图

（2）110 语音跳线架压接线序。

EIA/TIA 的布线标准中规定了两种 110 语音跳线架端接的压接线序，即 T568A 与 T568B。

工程中常用 T568B 标准：蓝白 -1、蓝 -2、橙白 -3、橙 -4、绿白 -5、绿 -6、棕白 -7、棕 -8。

（3）110 语音跳线架端接步骤。

① 用压线钳将双绞线平分成两段，即 A 段和 B 段，并利用剥线钳剥除 A 段双绞线一端的绝缘包皮层 20mm 左右。

② 依据所执行的标准，将双绞线的 4 对线按照正确的颜色顺序一一排好。注意，一般用 B 标准，且千万不要将线对拆开。

③ 在需要开绞的地方将线对开绞，并一一置入 110 语音跳线架的线槽，并用单对 110 型打线工具将导线压到相应的线槽中去。

> **注意事项**
>
> 单对 110 型打线工具带刀刃的一侧要向外，用力垂直向下压，听到"喀"的一声后，多余的线端会被剪断。

④ 将 8 条导线一一打入相应颜色的线槽中时，如果多余的线不能被剪断，可通过调节打线工具上的旋钮来调整冲击压力，剪断多余的双绞线。

⑤ 在卡好的线槽上插入 110 连接模块，注意色标为蓝色的一边在左边，然后用多对 110 型打线工具把连接模块打入 110 语音跳线架。

⑥ 利用剥线钳剥除 B 段双绞线一端的绝缘包皮层 20mm 左右。按照 110 模块上的色标顺序，将线对卡入相应的 110 模块上的线槽内，再用单对 110 型打线工具打入线槽。

⑦ 将 A 段的另一端按 RJ-45 水晶头 T568B 标准做一个 RJ-45 水晶头的接头，接入交换机的接口。

⑧ 将 B 段的另一端同样按 RJ-45 水晶头 T568B 标准做一个 RJ-45 水晶头的接头，接入网络配线架对应的接口，这样 110 语音跳线架端接完毕。

 理论链接

110 语音跳线架的端接原理

5 对连接块的端接原理为：在连接块下层端接时，将每根线在 110 语音跳线架底座上对应的齿形条放好，用打线刀快速用力将 5 对连接块向下冲压，在压紧过程中刀片首先快速划破线芯绝缘层，然后与铜线芯紧密接触，实现刀片与线芯的电气连接，同时裁剪掉多余的线头。

5 对连接块上层端接为同一原理。5 对连接块刀片两端都压好线，线芯的外绝缘层均被划破，通过刀片实现上、下两根双绞线接通。

未打线前的 5 对连接片如图 2-5-31 所示。打线后的 5 对连接片如图 2-5-32 所示。

图 2-5-31　连接片端接前

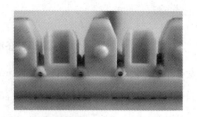

图 2-5-32　连接片端接后

2.5.5　设备安装

1. 110 语音跳线架安装

（1）取出 110 语音跳线架和附带的螺钉。

（2）利用十字旋具把 110 语音跳线架用螺钉直接固定在网络机柜的立柱上。

（3）理线。

（4）按打线标准把每个线芯按照顺序压在跳线架下层卡槽端接口中。

（5）把 5 对连接模块用力垂直压接在 110 语音跳线架上，完成下层端接，接着完成上层端接。

2. 网络配线架的安装

（1）理线。

（2）端接打线。

（3）用螺钉将网络配线架安装在机柜设计位置的立柱上。

（4）做好标记，安装标签条。

3. 交换机的安装

（1）从包装箱内取出交换机设备。

（2）给交换机安装两个支架，安装时要注意支架方向。

（3）将交换机放到机柜中提前设计好的位置，用螺钉固定到机柜立柱上，一般交换机上、下要留一些空间用于空气流通和设备散热。

（4）将交换机外壳接地，拿出电源线插在交换机后面的电源接口。

（5）完成上面几步操作后就可以打开交换机电源了，开启状态下查看交换机是否出现抖动现象，如果出现则检查脚垫高低或机柜上的固定螺钉松紧情况。

4. 贴标识

贴标识称为场标记，又称为区域标记，是一种色标标记。在设备间、进线间、电信间的各配线设备上，用色标来区分配线设备连接的电缆是干线电缆、配线电缆还是设备端接点，且用标签标明端接区域、物理位置、编号、容量、规格等。

场标记的背面是不干胶，可贴在建筑物布线场的平整表面上。

实践链接

配线架在机柜中的安装技巧

在楼层配线间和设备间内，配线架和网络交换机一般安装在19英寸的标准机柜内，配线架在机柜中的安装如图 2-5-33 所示。为了使安装在机柜内的配线架和网络交换机美观大方且方便管理，必须事先对机柜内设备的安装进行规划，具体遵循以下原则。

（1）如果从机柜底部走线，可将配线架安装在机柜下方，交换机安装在其上方。如果从机柜顶部走线，可将配线架安装在机柜上方，交换机安装在其下方。

（2）每个配线架之间安装一个理线器，每个交换机之间也要安装理线器。

（3）正面的跳线从配线架中出来后全部要放入理线器，然后从机柜侧面绕到上部的交换机之间的理线器中，再接插进入交换机端口。

图 2-5-33　配线架在机柜中的安装

2.6　垂直子系统工程施工

管理间子系统要通过垂直子系统连接到设备间子系统，实现主干缆线的接通。

本工程的垂直子系统位于管理间旁边，如图 2-6-1 所示，因为两种线的电压不一样，双绞线用 48V 电压，广播用 70V 电压，所以由两个垂直桥架分别引上，每个桥架尺寸均为 300mm×200mm，一个桥架内是大对数线缆和室内光缆，另一个桥架内是广播线缆。每层楼的垂直子系统电缆井在对应的同一位置，方便桥架安装和走线。

垂直子系统工程施工包括装设电缆井、牵引缆线、端接大对数线缆等，如图 2-6-2 所示。

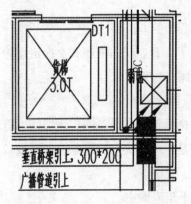

图 2-6-1　机电系实训楼垂直子系统

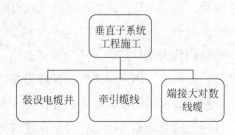

图 2-6-2　垂直子系统工程施工的内容

2.6.1 施工主要工具

施工前需准备的主要工具如图 2-6-3~ 图 2-6-14 所示。

图 2-6-3 老虎钳　　　　　图 2-6-4 斜口钳　　　　　图 2-6-5 尖嘴钳

图 2-6-6 线管钳　　　　图 2-6-7 十字螺钉旋具　　　图 2-6-8 美工刀

图 2-6-9 锯子　　　　　图 2-6-10 活扳手　　　　　图 2-6-11 多用剪

图 2-6-12 光纤剥线钳　　　图 2-6-13 长皮尺　　　　图 2-6-14 单刀打线刀

2.6.2 电缆井装设

综合布线系统的主干线缆应选用带门的封闭型专用通道敷设，以保证通信线路安全运行且有利于维护管理。因此，在大型建筑中都采用电缆竖井或上升房等作为主干线缆敷设通道，并兼作管理间。由于高层建筑的结构体系和平面布置不同，所以综合布线垂直子系统的建筑结构类型有所区别，基本上有电缆孔、电缆竖井两种类型。

电缆孔适用于信息业务量较小，今后发展较为固定的中、小型建筑。电缆竖井适用于今后发展较为固定，变化不大的大、中型建筑垂直子系统的建筑结构。工程施工按照设计图和要求进行，如果没有设计图或设计说明则按照相关规范、图集进行施工，电缆孔方式如图 2-6-15 所示，电缆井方式如图 2-6-16 所示。

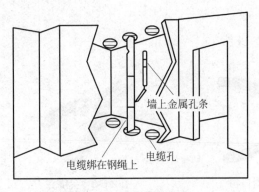

图 2-6-15　电缆孔方式

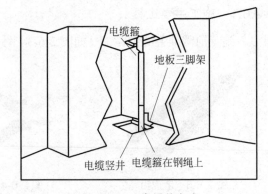

图 2-6-16　电缆井方式

综合布线系统的主干线路在竖井中一般有以下几种安装方式。

（1）将上升的主干电缆或光缆直接固定在竖井的墙上，它适用于电缆或光缆条数很少的综合布线系统。

（2）在竖井内墙壁上设置电缆孔，这种方式适用于中型的综合布线系统。

（3）在竖井墙上装设走线架，上升电缆或光缆在走线架上绑扎固定，适用于较大的综合布线系统。在有些要求较高的智能化建筑的竖井中，需安装特制的封闭式槽道，以保证线缆安全。

2.6.3　向下垂放缆线

（1）在离建筑顶层槽孔 1~1.5m 处安放缆线卷轴，放置卷轴时，要使缆线的末端在其顶部，保证从卷轴顶部牵引缆线。注意：必须先将卷轴固定好，以防卷轴滚动。

（2）在缆线卷轴处安排所需的布线施工员，每层楼上要有一个施工员，以便引导下垂的缆线。

（3）转动缆线卷轴，将拉出的缆线引导进弱电间中的电缆孔，在此之前，先在孔中安放一个塑料的靴状保护物，以防止电缆孔不光滑的边缘擦破缆线的外皮，如图 2-6-17 所示。

垂直子系统
线缆垂放

（4）继续放缆，直到下一层布线施工员能将缆线引到下一电缆孔。

（5）在每一层楼重复上述步骤，直到缆线到达目的楼层，用扎带将缆线固定。

1. 小孔垂放线缆

小孔向下垂放线缆的一般步骤如下。

（1）首先把线缆卷轴放到最顶层。

（2）在离竖井（孔洞）3~4m 处安装线缆卷轴（图 2-6-18），并从卷轴顶部馈线。

2. 大孔垂放线缆

如果要经由一个大孔垂放线缆，就无法使用靴状保护物来保护线缆了，这时就需要使用滑轮来垂直向下敷设线缆，滑车轮如图 2-6-19 所示，大孔垂放线缆如图 2-6-20 所示。

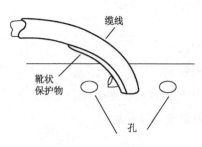

图 2-6-17 向下垂放缆线

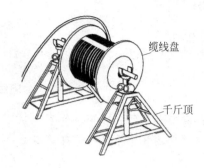

图 2-6-18 小孔向下垂放线缆

图 2-6-19 滑车轮

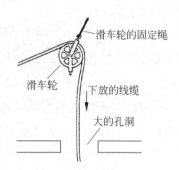

图 2-6-20 大孔向下垂放线缆

2.6.4 向上牵引缆线

布放的缆线较少时，可用人工向上牵引的方法。布放的缆线较多时，可采用电动牵引绞车向上牵引的方案，如图 2-6-21 所示。

（1）先往绞车中穿一条拉绳（确认此拉绳的强度足够牵引缆线）。

（2）启动绞车，往下垂放拉绳，直至拉绳前端到达安放缆线的底层。

（3）将拉绳与缆线的拉眼（牵引头）连接起来。

（4）启动绞车，慢速而均匀地将缆线通过各层的孔向上牵引。

（5）当缆线的末端到达顶层时，停止绞动。

（6）在地板孔边沿上用夹具将缆线固定。

（7）当所有的连接制作好时，从绞车上释放缆线的末端。

图 2-6-21 向上牵引缆线

196 | 综合布线技术

 理论链接

电缆井的特点

能适应今后变化，灵活性较大，便于施工和维护，占用房屋面积和受建筑结构限制因素较少；竖井内各个系统的管理应有统一安排，电缆竖井造价较高。

注意事项

布放干线缆线注意事项

较重的缆线必须绕在轮轴上，从卷轴上布放缆线的要点如下。

卷轴要安装在千斤顶上，如图 2-6-22（a）所示，以使它能转动并将缆线从线轴顶部拉出。施工员要做到平滑、均匀地放线。如要同时布放走向同一区域的多条缆线，可先将缆线安装在滚筒上，然后从滚筒上将它们拉出，如图 2-6-22（b）所示。

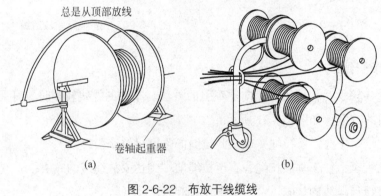

总是从顶部放线

卷轴起重器

(a)   (b)

图 2-6-22   布放干线缆线

2.6.5   大对数线端接

（1）将配线架固定到机柜合适位置，如图 2-6-23 所示。

（2）从机柜进线处开始整理电缆。

电缆沿机柜两侧整理至配线架处，并留出大约 25cm 的大对数电缆，用电工刀或剪刀把大对数电缆的外皮剥去，使用绑扎带固定好电缆，将电缆穿入 110 语音配线架左右两侧的进线孔，摆放至配线架打线处，如图 2-6-24 至图 2-6-27 所示。

（3）根据电缆色谱排列顺序，将对应颜色的线对逐一压入槽内，然后使用打线工具固定线对连接，同时将伸出槽位外多余的导线截断。注意打线刀要与配线架垂直，刀口向外，如图 2-6-28 至图 2-6-34 所示。

25 对大对数电缆
端接实操

大对数线端接

（4）线对逐一压入槽内后，再用 5 对打线刀把 110 语音配线架的连接端子压入槽内，完成后可以在连接端子上端安装语音跳线，并贴上编号标签，如图 2-6-35 至图 2-6-37 所示。

图 2-6-23　把线固定在机柜上

图 2-6-24　剥去大对数线缆外皮

图 2-6-25　抽出外皮

图 2-6-26　剪掉撕裂绳

图 2-6-27　线对插入进线口

图 2-6-28　分线

图 2-6-29　先按主色排列

图 2-6-30　把主色里的配色排列

图 2-6-31　卡线

图 2-6-32　卡好后的效果

图 2-6-33　压线

图 2-6-34　压线效果

图 2-6-35　把端子打入配线架

图 2-6-36　端接语音跳线

图 2-6-37　完成效果

2.7 设备间子系统工程施工

机电系实训楼由 A、B 两栋独立的建筑物组成，中间不连通，如图 2-7-1 所示，A 栋楼位于图纸上面部分，如图 2-7-2 所示，B 栋楼位于图纸下面部分，如图 2-7-3 所示，两栋楼的间距为 20m。两栋楼的设备间均位于二层，设备间之间通过 24 芯光缆进行连接，如图 2-7-4 所示。

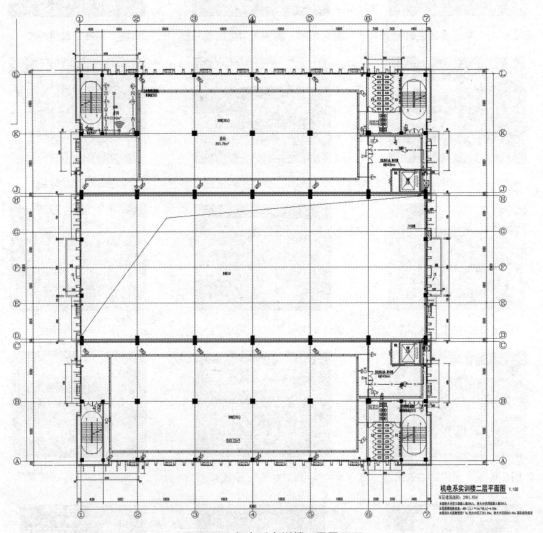

图 2-7-1 机电系实训楼二层平面图

两栋楼的设备间均设置在二层，位于弱电间内，选用 19 英寸标准机柜，负责机电系实训楼二层和三层的信息点与一层的管理间子系统的管理。图 2-7-5 中箭头向上的是通过垂直桥架引到三层，箭头向下是通过垂直桥架引入到一层的管理间子系统处。

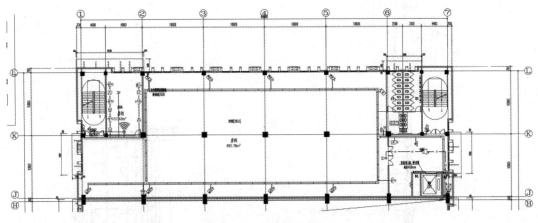

图 2-7-2　机电系实训楼 A 栋

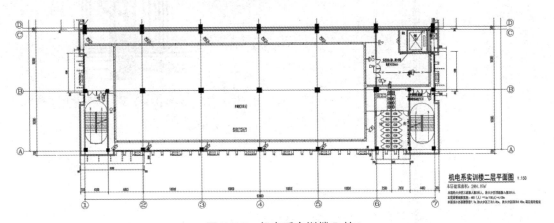

图 2-7-3　机电系实训楼 B 栋

设备间设置在二楼的原因是方便 3 个楼层的接线，一层的信息点通过水平子系统汇聚到一层的管理间向上引至二层的设备间，二层和三层不单独设置管理间，二层信息点通过水平桥架接至二层的设备间，三层信息点通过水平桥架和垂直桥架向下接至二层的设备间，只要保证最长水平子系统的缆线长度不超过 90m 即可。

设备间子系统一般设置在建筑物的一层或二层，本工程是设置在二层位置。

设备间应尽量保持干燥、无尘土、通风良好，应符合有关消防规范，配置有关消防系统。应安装空调以保证环境温度满足设备要求。数据系统的光纤盒、配线架和设备均放于机柜中，配线架、交换机交替放置，方便跳线且增加美观。

设备间子系统包括安装电源、安装机柜、端接和安装网络配线架、端接和安装 110 语音跳线架、安装交换机、安装理线器等施工，这些安装和端接方法在管理间子系统已经介绍过，这里不再赘述。除了上述施工外，设备间子系统还有布线通道安装、防雷和防静电施工等，如图 2-7-6 所示。

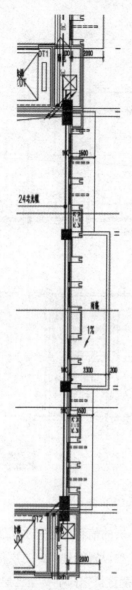

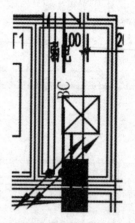

图 2-7-5　机电系实训楼二层设备间子系统

图 2-7-4　光缆连接 A、B 两栋的设备间子系统

图 2-7-6　设备间子系统工程施工的内容

2.7.1　施工主要工具

施工前需准备的主要工具如图 2-7-7~ 图 2-7-20 所示。

图 2-7-7　老虎钳

图 2-7-8　斜口钳

图 2-7-9　尖嘴钳

图 2-7-10 单刀打线刀

图 2-7-11 十字螺钉旋具

图 2-7-12 美工刀

图 2-7-13 锯子

图 2-7-14 光纤切割机

图 2-7-15 活扳手

图 2-7-16 条形水平尺

图 2-7-17 光纤剥线钳

图 2-7-18 光纤熔接机

图 2-7-19 横向开缆刀

图 2-7-20 多用剪

2.7.2 设备间布线通道安装

1. 划线定位

根据设计图或施工方案，从电缆桥架始端至终端（先干线后支线）找好水平或垂直线（建筑物如有坡度，电缆桥架应随其坡度），确定并标出支撑物的具体位置。

2. 固定件安装

采用直径不小于 8mm 的圆钢自制或选用成品，在土建结构施工中按划定的位置预埋，注意固定牢固，用胶布包缠螺纹部分。

3. 桥架支撑件安装

自制支架与吊架所用扁铁规格应不小于 30mm×3mm，扁钢规格不小于 25mm×25mm×3mm，圆钢不小于 φ8mm。自制吊支架必须按设计要求进行防腐处理。

在安装支架与吊架时，应挂线或弹线找直，用水平尺找平，以保证安装后横平竖直。

图 2-7-21　桥架封堵

4. 槽式桥架安装

槽式桥架用连接板连接，用垫圈、弹簧垫、螺母紧固，螺母应位于槽式桥架外侧。桥架与电气柜、箱、盒连接时，进线口和出线口处应用抱脚连接，并用螺钉紧固，末端加装封堵，如图 2-7-21 所示。

5. 金属桥架的接地保护

桥架全长应为良好的电气通路。镀锌制品的桥架搭接处用螺母、平垫、弹簧垫紧固后，可不做跨接地线，如设计另有要求的，按设计施工。桥架在建筑变形缝处要做跨接地线，跨接地线要留有余量。

6. 室内电缆桥架上敷设电缆

室内电缆桥架敷设的电缆，不应有易燃材料外护层，并对铠装加以防腐处理。

电缆敷设前应清扫桥架，检查桥架有无毛刺等可能划伤电缆的缺陷，并予以处理。电缆在桥架上可以无间距敷设，应分层敷设且排列整齐，不应交叉。

7. 成品保护

室内沿桥架敷设电缆，宜在管道及空调工程基本施工完毕后进行，防止其他专业施工时损伤电缆。电缆两端头处的门窗装好并加锁，防止电缆丢失或损毁。

注意事项 1

桥架安装现场要求

电缆桥架安装时，其下方不应有人停留，进入现场应戴好安全帽。使用"人"字梯必须坚固，距梯脚 40~60cm 处要设拉绳，防止劈开。使用单梯上端要绑牢，下端应有人扶持。使用电气设备、电动工具要有可靠的保护接地（接零）措施。打眼时，要戴好防护眼镜，工作地点下方不得站人。

注意事项 2

电缆排列

沿桥架敷设电缆时，应防止电缆排列混乱、不整齐、交叉严重，如图 2-7-22 所示。电缆敷设前须将电缆排列好，画出排列图表，按图表进行施工。电缆敷设时，应敷设一根整理一根、卡固一根。电缆弯曲半径应符合要求，在电缆桥架施工时，应事先考虑好电缆路径，满足桥架上敷设的最大截面电缆弯曲半径的要求，并考虑好电缆的排列位置。

图 2-7-22　电缆混乱

2.7.3 防静电地板施工

为了防止静电对设备间电源造成危害，更好地保护机房设备和利用布线空间，在设备间安装高架防静电地板。

设备间用防静电地板有钢结构和木结构两大类，其要求是既具有防火、防水和防静电功能，又要轻、薄并具有较高的强度和适应性，且有微孔通风。本工程采用钢结构防静电地板，防静电地板下面或防静电吊顶板上面的通风道应留有足够余地，以作为机房敷设线槽、线缆的空间，这样既保证了大量线槽、线缆便于施工，同时也使机房整洁、美观。

在设备间铺设抗静电地板时，应同时安装静电泄漏地网，通过将静电泄漏干线和机房安全保护地的接地端子封在一起，将静电泄漏掉。

 理论链接

防雷标准

《建筑物防雷设计规范》（GB 50057—2010）和《建筑物电子信息系统防雷技术规范》（GB 50343—2012）等。

注意事项

高架防静电地板的安装要求

（1）清洁地面。用水冲洗或拖湿地面，必须待地面完全干了以后才可以施工。

（2）画地板网格线和线缆管槽路径标识线，这是确保地板横平竖直的必要步骤。先将每个支架的位置正确标注在地面坐标上，之后应马上将地板下面集中的大量线槽线缆的出口、安放方向、距离等一同标注在地面上，并准确地画出定位螺钉的孔位，而不能急于安放支架。

（3）敷设线槽线缆时，先敷设防静电地板下面的线槽，这些线槽都是金属可锁闭和开启的，因而这一工序是将线槽位置全面固定，并同时安装接地引线，然后布放线缆。

（4）支架及线槽系统的接地保护。这一工序对于网络系统的安全至关重要。注意，连接在地板支架上的接地铜带是作为防静电地板的接地保护的。

2.7.4 防雷施工

雷击防护就是通过合理、有效的手段将雷电流的能量尽可能地引入大地，防止其进入被保护的电子设备，注意是疏导，而不是堵雷或消雷。

根据国际电工委员会的最新防雷理论，外部和内部的雷电保护已采用面向电磁兼容性（EMC）的雷电保护新概念。对于感应雷的防护，已经与直击雷的防护同等重要。

感应雷的防护就是在被保护设备前端并联一个参数匹配的防雷器。在雷电流的冲击下，防雷器在极短时间内与地网形成通路，使雷电流在到达设备之前，通过防雷器和地网泄放入地。当雷电流脉冲泄放完成后，防雷器自恢复为正常高阻状态，使被保护设备继续工作。

直击雷的防护是一个很早就被重视的问题。现在的直击雷防护基本采用有效的避雷针、避雷带或避雷网作为接闪器，通过引下线使直击雷能量泄放入地。防雷等电位连接图如图 2-7-23 所示。

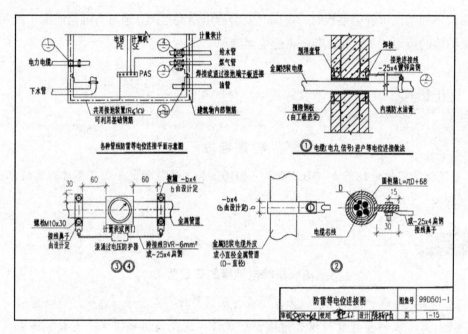

图 2-7-23　防雷等电位连接图

2.7.5　防火施工

参照《建筑设计防火规范》（GB 50016—2014）、《火灾自动报警系统施工及验收规范》（GB 50166—2019）和《建筑安装工程施工技术操作规程建筑消防工程》（DB 21/900.17）等相关规定。

2.8　进线间子系统施工

进线间设置在地下，设置管道入口，入口的尺寸应满足多家电信业务经营者通信业务接入及建筑群布线系统和其他弱电系统的引入管道管孔容量的需求。满足室外引入缆线的敷设与成端位置及数量、缆线的盘长空间和缆线的弯曲半径等要求，面积按相关标准设置。管道入口位置与引入管道高度相对应，以便缆线引入。进线间子系统施工包括开缆和光纤熔接等，如图 2-8-1 所示。

进线间有时候和设备间合并，具体要根据施工情况来定。

图 2-8-1 进线间子系统工程施工的内容

2.8.1 施工主要工具

施工前需准备的主要工具如图 2-8-2~ 图 2-8-7 所示。

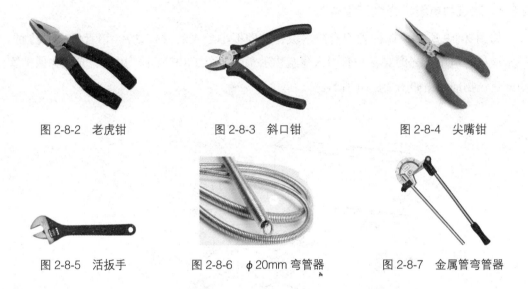

图 2-8-2 老虎钳　　　　图 2-8-3 斜口钳　　　　图 2-8-4 尖嘴钳

图 2-8-5 活扳手　　　　图 2-8-6 φ20mm 弯管器　　　图 2-8-7 金属管弯管器

2.8.2 建筑物光缆引入

如图 2-8-8 所示，在很多情况下，光缆引入口与设备间距离较远，可设进线间，由进线间敷设至设备间的光缆，往往从地下或半地下层进线间经由电信间爬梯引至所在楼层，

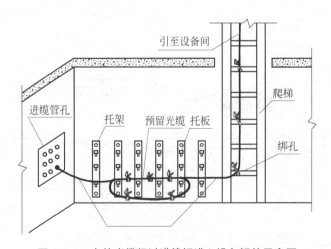

图 2-8-8 室外光缆经过进线间进入设备间的示意图

因引上光缆不能只靠最上层拐弯部位受力固定，所以引上光缆应进行分段固定，即要沿爬梯作适当绑扎。对无铠装光缆，应衬垫胶皮后扎紧，拐弯受力部位还应套胶管保护。在进线间，可将室外光缆转换为室内光缆，也可引至光配线架进行转换。

当室外光缆引入口位于设备间，不必设进线间时，室外光缆可直接端接于光配线架（箱）上，或经由一个光缆进线设备箱（分接箱），转换为室内光缆后再敷设至主配线架或网络交换机。光缆布放应有冗余，一般室外光缆引入时预留长度为5~10m，室内光缆在设备端预留长度为3~5m。

2.8.3 建筑物电缆、光缆穿管引入

如图2-8-9所示，保护管应有防水坡，坡度不小于4%（约1.3）；钢管要采取防腐、防水措施。电缆、光缆穿保护管引入建筑物示意图如图2-8-9所示，电缆、光缆穿保护管引入建筑物剖面图如图2-8-10所示。

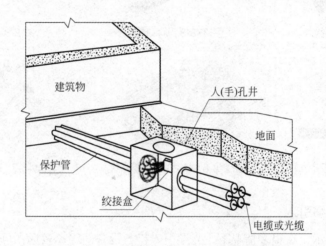

图 2-8-9　电缆、光缆穿保护管引入建筑物示意图

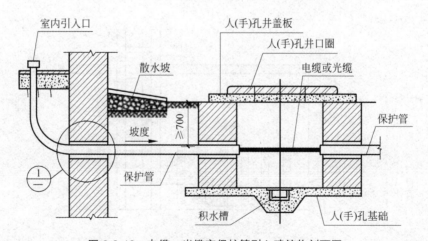

图 2-8-10　电缆、光缆穿保护管引入建筑物剖面图

光缆引入建筑物时，应在人（手）孔井内预留 5~10m 光缆，盘成圆圈固定，半径一般为 200mm。光缆从人（手）孔井接续进入建筑物示意图如图 2-8-11 所示。

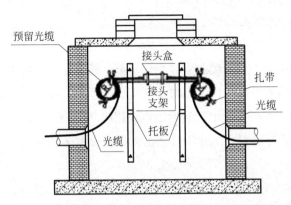

图 2-8-11　光缆从人（手）孔井接续进入建筑物示意图

2.8.4　开缆

开缆就是剥离光纤的外护套、缓冲管。光纤在熔接前必须去除涂覆层，为提高光纤成缆时的抗张力，光纤有两层涂覆。由于不能损坏光纤，所以剥离涂覆层是一个非常精密的程序，去除涂覆层应使用专用剥离钳，不得使用刀片等简易工具，以防损伤纤芯。去除光纤涂覆层时要特别小心，不要损坏其他部位的涂覆层，以防在熔接盒内盘绕光纤时折断纤芯。光纤的

开缆

末端需要进行切割，要用专业的工具切割光纤以使末端表面平整、清洁，并使之与光纤的中心线垂直。切割对于接续质量十分重要，它可以减少连接损耗。任何未正确处理的表面都会引起由于末端的分离而产生的额外损耗。

光缆有室内光缆和室外光缆之分，室内光缆借助工具很容易开缆。由于室外光缆内部有钢丝拉线，故对开缆增加了一定的难度，这里介绍室外光缆开缆的一般方法和步骤。

（1）在光缆开口处找到光缆内部的两根钢丝，用斜口钳剥开光缆外皮，用力向侧面拉出一小截钢丝，如图 2-8-12 所示。

（2）一只手握紧光缆，另一只手用斜口钳夹紧钢丝，向身体内侧旋转拉出钢丝，如图 2-8-13 所示。用同样的方法拉出另一根钢丝，两根钢丝都旋转拉出，如图 2-8-14 所示。

图 2-8-12　拨开外皮　　　　图 2-8-13　拉出钢丝　　　　图 2-8-14　拉出两根钢丝

钢丝拉出后，钢丝旋转停留处距光缆开口处应该为 25cm 左右（以备光纤熔接后在光纤配线盒内部的盘绕）。

（3）用束管钳将任意一根光缆的旋转钢丝剪断，留一根以备在光纤配线盒内固定。当两根钢丝拉出后，外部的黑皮保护套就被拉开了，用手剥开保护套，然后用斜口钳剪掉拉开的黑皮保护套，如图 2-8-15 所示，然后用剥皮钳将其剪剥后抽出。

（4）剥皮钳将保护套剪剥开，并将其抽出，如图 2-8-16 所示。

由于这层保护套内部有油状的填充物（起润滑作用），应该用棉球擦干。

（5）完成开缆，如图 2-8-17 所示。

图 2-8-15　剪掉保护套

图 2-8-16　抽出保护套

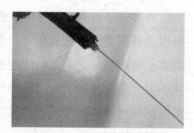
图 2-8-17　完成开缆

2.8.5　光纤熔接

（1）开缆。剥去光缆外皮和保护套。用开缆工具去除光纤外部护套及中心束管，剪除凯弗拉线，除去光纤上的油膏，如图 2-8-18 至图 2-8-20 所示。

（2）剥除光纤表面涂覆的树脂层。用光纤剥线钳剥去光纤涂覆层，其长度由熔接机决定，大多数熔接机规定剥离的长度为 2~5cm，如图 2-8-21 所示。

光纤熔接实操

光纤熔接

图 2-8-18　剥开尾纤外皮

图 2-8-19　抽出外皮

图 2-8-20　剥开光纤保护套　　　　　　　图 2-8-21　刮下树脂保护膜

（3）切割光纤。用酒精擦拭光纤，左手固定切割刀，右手扶着刀片盖板，并用大拇指迅速向远离身体的方向推动切割刀刀架。用切割刀将光纤切到规范距离，此时就完成了光纤的切割部分，如图 2-8-22 至图 2-8-24 所示。

图 2-8-22　　放入切割刀导槽　　　图 2-8-23　放下大小压板　　　图 2-8-24　大拇指推动切割刀刀架

（4）穿入热收缩管。将热缩套管套在一根待熔接光纤上，熔接后保护接点，如图 2-8-25 所示。

（5）清洁光纤表面，如图 2-8-26 所示。

（6）打开电极上的护罩，将光纤放入 V 形槽，在 V 形槽内滑动光纤，在光纤端头达到两电极之间时停下来，光纤端面不能触到 V 形载纤槽底部，如图 2-8-27 所示。

图 2-8-25　安装热缩套管保护　　　图 2-8-26　用酒精棉球清洁裸纤　　　图 2-8-27　放入 V 形载纤槽

（7）两根光纤放入 V 形槽后，合上 V 形槽和电极护罩，盖上光纤熔接机的防尘盖，检查光纤的安放位置是否合适，在屏幕上显示两边光纤位置居中为宜。

（8）通过高压电弧放电把两光纤的端头熔接在一起。主要是靠电弧将光纤两头熔化，同时运用准直原理平缓推进，以实现光纤端面的耦合。两根电极棒瞬间释放高电压，击穿空气产生瞬间的电弧，电弧会产生高温，将已经对准的两根光纤的前端热熔化，这样两根光纤就熔接在一起了。由于光纤是二氧化硅材质，也就是通常所说的玻璃，很容易达到熔融状态，如图 2-8-28 和图 2-8-29 所示。

图 2-8-28 开始熔接光纤

图 2-8-29 光纤 X、Y 轴会自动调节

（9）光纤熔接后，测试接头损耗，作出质量判断，如图 2-8-30 所示。

（10）符合要求后，小心取出接好的光纤，避免碰到电极，将事先装套在光纤上的热缩套管小心地移到光纤接点处，使两根光纤留在热缩套管中的长度基本相等。将套管置于加热器中加热收缩，保护接头，如图 2-8-31~ 图 2-8-33 所示。

图 2-8-30 熔接结束

图 2-8-31 将光纤热缩套管放在裸纤中间

图 2-8-32 加热光纤上的热缩套管

图 2-8-33 取出光纤

（11）盘纤固定。将接续好的光纤盘到光纤收容盘内，如图 2-8-34 所示。在盘纤时，盘圈的半径越大，弧度越大，整个线路的损耗越小。所以，要保持一定的半径，使激光在光纤中传输时避免产生一些不必要的损耗。完成盘纤后盖上盘纤盒盖板，如图 2-8-35 所示。

图 2-8-34 盘纤固定

图 2-8-35 盖上盘纤盒盖板

2.8.6 光纤配线架安装

（1）用双手从两侧轻抽面板后，将箱体向自己方向拉出（不能全部抽出）。

（2）在光缆端部剪去约 1m 长，然后取适当长度（约 1.5m），剥除外护套，从光缆开剥处取金属加强芯（如果光缆有加强芯）约 85mm 长度后剪去其余部分，将金属加强芯固定在接地柱上，并用尼龙扎带将光缆扎紧使其稳固；开剥后的光缆束管用 PVC（约 0.9m）保护软管置换后，盘在绕线盘上并引入熔接盘，在熔接盘入口处用扎带扎紧 PVC 软管。

（3）取 1.5m 长的光纤尾纤，在离连接器头 0.9m 处剥出光纤，并在连接器根部和外护套根部贴上同号的标签纸，将尾纤的连接器头固定在适配器面板的适配器上，将尾纤盘在绕线盘上并引入熔接盘，用扎带将尾纤固定在熔接盘片入口处。

（4）将熔接盘移至箱体外进行光纤熔接，熔接点用热缩套管保护，并卡入熔接盘内的热缩管卡座内，完成后将熔接盘固定在箱体内并理顺、固定光纤。

（5）将箱体推回光纤配线架机架后，光纤配线架安装完毕，如图 2-8-36 所示。

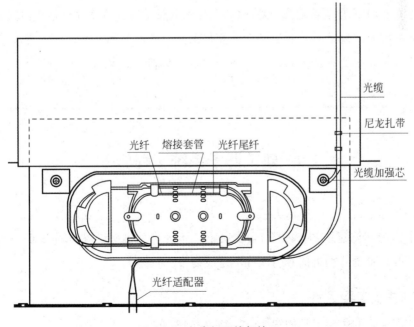

图 2-8-36 光纤配线架施工

 理论链接

光纤熔接原理

光纤熔接技术是将需要熔接的光纤放在光纤熔接机中，对准需要熔接的部位进行高压放电，产生热量将两根光纤的端头处熔接，合成一段完整的光纤，这种方法快速、准确、接续损耗小，一般小于0.1dB，而且可靠性高，是目前使用最为普遍的一种方法。

注意事项

现场施工注意事项

（1）进线间应防止渗水，宜设置抽排水装置，以免长期存在积水。

（2）进线间应采用相应防火级别的防火门，门向外开，房门净高不应小于2.0m，门宽不应小于0.9m。

（3）进线间应采取防止有害气体进入的措施，并设置通风装置，采用轴流式通风机通风，排风量按每小时不小于5次换气次数计算。

（4）建筑群主干电缆和光缆以及公用网和专用网电缆、光缆等室外缆线进入建筑物时，应在进线间由器件成端转换成室内电缆、光缆。缆线的终接处设置的入口设施外线侧配线模块应按出入的电缆、光缆容量配置。

（5）综合布线系统和电信业务经营者设置的入口设施内线侧配线模块应与建筑物配线设备（BD）或建筑群配线设备（CD）之间敷设的缆线类型和容量相匹配。

（6）进线间的缆线引入管道管孔数量应满足建筑物之间、外部接入各类信息通信业务、建筑智能化业务及多家电信业务经营者缆线接入的需求，并留有不少于3孔的余量。

2.9 建筑群子系统工程施工

某高校修建信息中心、行政办公楼、学术交流中心、学术公寓、教学楼、实训楼、创意楼和图书馆等多栋建筑物，如图2-9-1所示。园区将总机房设置在图书馆，使用室外光缆通过建筑群子系统分别将信号引入各个建筑物中。

2.9.1 施工主要工具

施工前需准备的主要工具如图2-9-2~图2-9-13所示。

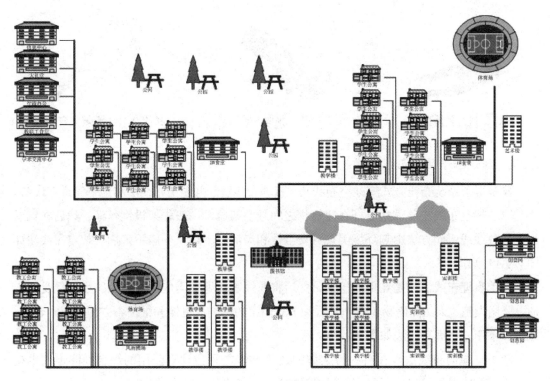

图 2-9-1 建筑群子系统

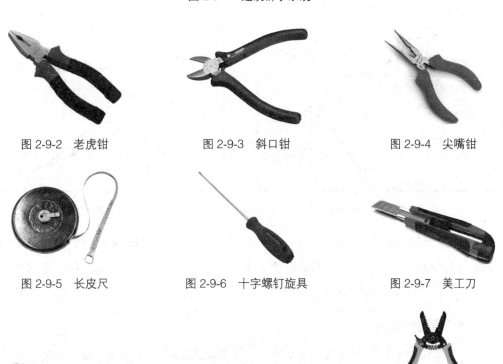

图 2-9-2 老虎钳   图 2-9-3 斜口钳   图 2-9-4 尖嘴钳

图 2-9-5 长皮尺   图 2-9-6 十字螺钉旋具   图 2-9-7 美工刀

图 2-9-8 活扳手   图 2-9-9 条形水平尺   图 2-9-10 光纤剥线钳

图 2-9-11　多用剪　　　　图 2-9-12　横向开缆刀　　　图 2-9-13　金属管弯管器

2.9.2　建筑群子系统布线方式

　　建筑群子系统布线方式有架空布线法、直埋布线法、电缆沟布线法和地下管道布线法。

　　（1）架空布线法要求用电杆在建筑物之间悬空架设，一般先架设钢丝绳，然后在钢丝绳上挂放缆线。此方法影响环境美观且安全性和灵活性不足，一般不采用。架空布线法如图 2-9-14 所示。

　　（2）直埋布线法就是在地面挖沟，然后将缆线直接埋在沟内。此方法路由选择受到土质、公用设施、天然障碍物（如木、石头）等因素的影响，更换和维护不方便且成本较高，故很少采用。直埋布线法如图 2-9-15 所示。

　　（3）电缆沟布线法。在有些特大型的建筑群体之间会设有公用的综合性隧道或电缆沟。电缆沟布线法一般用于已有隧道设施情况下。电缆沟布线法如图 2-9-16 所示。

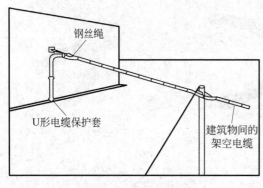 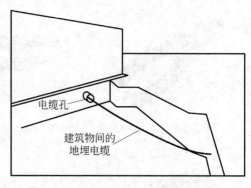

图 2-9-14　架空布线法　　　　　　　　　图 2-9-15　直埋布线法

　　（4）地下管道布线法。地下管道工程是一项永久性的隐蔽施工项目，整个施工过程中必须保证工程质量，尤其是施工前的准备工作，它关系到整个管道工程的施工进度和工程质量。地下管道布线法如图 2-9-17 所示。

2.9.3　地下管道布线法

　　本工程采用地下管道布线法。建筑群主干子系统为室外布线部分，建筑群地下电缆管道示意图如图 2-9-18 所示。其建筑标准和技术要求与市区的地下电缆管道完全一样，只是管道长度较短、管孔数量较少、工程范围不大。

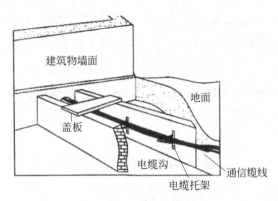

图 2-9-16　电缆沟布线法

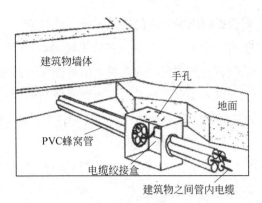

图 2-9-17　地下管道布线法

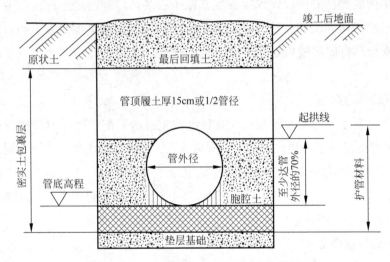

图 2-9-18　建筑群地下电缆管道的示意图

室外管道施工时如果有具体的设计图纸，则按照图纸进行施工；如果没有具体的图纸，则按照图集规范施工。

建筑群地下通信管道施工步骤包括基础工程施工、铺设管道、安装建筑人孔、安装建筑手孔。

1. 基础工程施工

基础工程在铺设管道之前，包括挖掘管道沟槽和人孔坑，是一项劳动强度很大的施工项目，在设计和施工中都必须充分注意土方工程量的多少。此外，在施工过程中还应注意土质、地下水位和附近其他地下管线状况，以便确定挖掘施工方法和采取相应的保护措施。

1）地基的平整和加固

沟底的地基是承受其上全部荷重（其中包括路面车辆、行人、堆积物、管顶到路面的覆土、电缆管道、基础和电缆等所有重量）的地层，因此地基的结构必须坚实、稳定；否则会影响电缆管道的施工质量。地基分为天然地基和人工地基两种。天然地基必须是土壤坚实、稳定,地下水位在管道沟槽底以下,土壤承载能力不小于全部荷重的两倍,因此,只有岩石类或坚硬的老黏土层可作为天然地基。一般的地层都需进行人工加固才能符合建筑管道的要求,经过人工加固的地基称为人工地基。目前,地基人工加固的方法很多,经济适用的方法有铺垫碎石加固和铺垫砂石加固两种。

2)浇筑混凝土基础

混凝土管道、硬聚氯乙烯塑料管(除钢管外)单孔管材的电缆管道均采用混凝土基础,一般均在现场浇筑。

(1)支设和固定基础模板。

在管道沟槽底部,先按设计规定测定基础中心线,钉好固定标桩,以中心线为基准支设和钉固基础两边的模板,两边模板对中心线的左、右偏差不大于1cm,高程偏差不大于1cm,支设和钉固的模板必须平直,稳固不动。基础模板的宽度和厚度的负偏差不应大于1cm。

(2)现场浇筑混凝土。

基础所用混凝土的配料及水灰比应按设计规定进行试配,经证明合格后再进行正式搅拌。要求搅拌的混凝土必须均匀合适、颜色一致,搅拌好的混凝土要在初凝时间内(约45min)浇灌,否则容易产生离析现象,影响混凝土的质量。浇灌混凝土基础时,应边浇边灌边振捣密实,要求混凝土基础表面平整、不起皮、无断裂等现象。在浇筑过程中要注意不要中断时间太长,必须连续作业,以保证混凝土基础的质量。

(3)养护和拆除模板

混凝土基础初凝后,应加强养护管理,一般应覆盖草帘,并洒水养护。基础模板拆除后,基础表面和两边侧面均不允许有蜂窝、掉边、断裂等现象。如有这些现象,应及时修补。

2. 铺设管道

铺设管道前,必须根据设计文件对所选用管材进行检验,只有符合技术要求的管材才能在工程中使用,并按施工图要求的管群组合断面排列铺设管道。

1)铺设钢管

钢管一般采用对缝焊接钢管,严禁不同管径的钢管连接使用。钢管接续方法一般采取管箍套接法。铺设钢管管道一般不需对地基加工,可直接铺设,管材间回填细土夯实。钢管接续的具体质量要求有以下几点。

(1)钢管套接前,要求其管口套螺纹,加工成圆锥形的外螺纹。螺纹必须清楚、完整、光滑,不应有毛刺和乱丝的现象。

(2)钢管在接续前,应将钢管管口内侧挫平成坡边或磨圆,保证光滑、无刺。

(3)两根钢管分别旋入管箍的长度应大于管箍长度的1/3。管箍拧紧后,不要把管口螺纹全部旋入,应露出1~2扣。钢管的对接缝应一律置于管身的上方。

2）铺设单孔双壁波纹塑料管（HDPE）

单孔双壁波纹塑料管的特点是重量轻、便于运输和施工、管道接续少、易弯曲加工、躲让障碍物简便、无污染、阻燃、密闭性能和绝缘性能均好、使用寿命长等。所以，目前在智能小区内使用较多。其施工方法简单，应主要注意以下几点。

（1）沟槽的地基土壤结构必须结实、稳定，否则会影响管道工程质量，难以保证今后通信的安全可靠。因此，当地基土壤松软、不稳定时，必须将沟槽底部平整夯实，还应在上面进行人工加固，再在其上浇筑混凝土基础。

（2）当由多根单孔双壁波纹塑料管组成管群时，其断面组合排列应遵照设计规定。在铺设管道时，应先将所需的多根单孔双壁波纹塑料管捆扎成设计要求的管群断面，捆扎带用直径为 4mm 的钢筋预先支撑，一般以 1~2m 为捆扎间距，同时将多根单孔双壁波纹塑料管采用专制的短塑料套管和配套的弹性密封胶圈连接。

（3）弹性密封胶圈的规格尺寸及物理力学性能应符合标准。各根管子的接续处应互相错开。管群应按设计要求的位置放平、放稳，管群管孔端在人孔或手孔墙壁上的引出处放妥，其管控端应用水泥砂浆抹成喇叭口，以利于牵引线缆。

（4）将管群放在沟槽中，在其周围填灌水泥砂浆，尤其应在捆扎带处形成钢筋混凝土的整体，增加管群的牢固程度。

3. 安装建筑人孔

建筑人孔的外观示意图如图 2-9-19 所示，本工程为高校校区，校内的道路一般不会有极重的重载车辆通行，所以地下通信电缆管道上所用人孔以混合结构的建筑方式为主。人孔基础为素混凝土，人孔四壁为水泥砂浆砌砖形成墙体，人孔基础和人孔四壁均为现场浇灌和砌筑。

建筑人孔的施工步骤包括浇灌人孔基础、砌筑人孔四壁墙体、现场组装人孔上覆、人孔口圈安装和回填土等步骤。

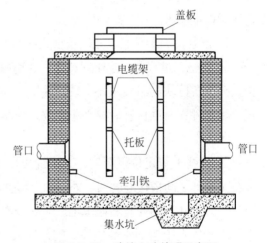

图 2-9-19 建筑人孔外观示意图

（1）浇灌人孔基础。现场浇灌人孔基础之前，必须对人孔坑底进行平整，对天然地基夯实压平，并采取碎石加固措施。碎石铺垫厚度为 20cm，夯实到设计规定的高程，人工加固的地基面积应比浇灌的素混凝土基础四周各宽出 30~40cm。

根据设计规定和施工要求使用人孔规格尺寸，认真校核人孔基础的形状、尺寸、方向和地基高程等项目，确定完全正确无误后，使用钉子固定人孔基础模板。人孔基础一般采用 C10 或 C15 素混凝土，其配比均应符合设计规定。浇灌时要不断捣固，使混凝土密实，不得出现跑模、漏浆等现象。

（2）砌筑人孔四壁墙体。砖砌人孔为现场人工操作制成，又是地下永久性建筑，在施工中必须严格执行操作规程和施工质量标准，应注意以下几点。

① 砖砌人孔墙体的四壁必须与人孔基础保持垂直，允许偏差范围在 ±1cm 以内。砌体顶部四角应水平一致，墙体顶部的高程允许偏差范围在 ±2cm 以内。人孔四壁砌体的形状和尺寸应符合施工图样的要求。

② 人孔四壁与基础部分应结合严密，做到不漏水、不渗水。墙体和基础的结合部内、外侧应使用 1：2.5 的水泥砂浆抹八字角，要求严密贴实、表面光滑。

③ 砌筑人孔墙体的水泥砂浆强度应不低于 M7.5 或 M10，不得使用掺有白灰的混合砂浆或水泥失效的砂浆，确保墙体砌筑质量。砌筑的墙体表面应平整、美观，不得出现竖向通缝。砂浆缝宽度要求尽量均匀一致，一般为 1~1.5cm。砖缝砂浆必须饱满严实，不得出现跑漏和空洞现象。

④ 管道进入人孔四壁的窗门位置应符合设计规定。管道四周与墙体应抹筑成圆弧形的喇叭口，不得松动或留有空隙。人孔内喇叭口的外表应整齐、光滑、匀称，其抹面层应与人孔四壁墙体抹面层接合成整体。

（3）现场组装人孔上覆。校内的地下电缆管道一般管孔数量不多，大都采用小号人孔。为加快施工进度，人孔上覆一般采取预制构件在现场组装拼成，在现场组装人孔上覆时，需注意以下要求。

① 预制件的形状、尺寸以及组成件的数量等必须符合设计规定。

② 在施工过程中要求组织严密，在确保人员安全操作的前提下才能施工。组装过程应按人孔上覆分块的组装顺序吊装，并以人孔基础中心为准进行定位。吊装构件必须轻吊轻放。预制件在对准位置后要平稳轻放，预制件之间的缝隙应尽量缩小，互相对准定位，形成整体。

③ 人孔上覆定位组装后，其拼缝必须用 1：2.5 的水泥砂浆涂抹，主要涂抹的部位有上覆预制件之间搭接缝的内、外侧和上覆预制件与人孔四壁墙体间的内、外侧。

（4）人孔口圈安装和回填土。人孔口圈安装必须注意其与人孔上覆配套，其承载能力不得小于人孔上覆的承载能力。管道和人孔的回填土应在管道工程施工基本完成后进行，一般宜再养护 24h 以上，并经隐蔽工程检验合格。

4. 安装建筑手孔

建筑手孔内部规格尺寸较小，且是浅埋（最深仅 1.1m），建筑手孔的尺寸如图 2-9-20 所示。手孔内部空间很小，施工和维护人员难以在其内部操作主要工艺，一般是在地面将线缆接封完工后再放入其中。手孔结构基本是砖砌结构，通常为 240mm 厚的四壁砖墙，如因现场断面的限制，也可改为 180mm 或 115mm 砖墙，其结构更为单薄。进入手孔的管道，其最底层的管孔与手孔的基础之间的最小距离不应小于 180mm。手孔按大小规格分为 5 种，其规格尺寸如表 2-9-1 所示。

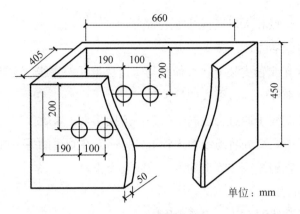

图 2-9-20 典型建筑手孔尺寸

表 2-9-1 建筑手孔的规格尺寸

手孔简称	手孔名称	规格尺寸 /mm			墙 壁	手孔盖	适合场合	备 注
		长	宽	深				
SSK	小手孔	500	400	400~700	墙壁厚度有 115mm、180mm 和 240mm	1 块小手孔外盖	架空或墙壁缆线引上用	手孔盖配以相应的外盖底座
SK1	一号手孔	840	450	500~1000	同上	1 块手孔外盖	可共几条缆线使用	手孔盖配以相应的外盖底座
SK2	二号手孔	950	840	800~1100	同上	2 块手孔外盖	可供 5~10 根缆线使用，可作为拐弯手孔或交接箱手孔	手孔盖配以相应的外盖底座
SK3	三号手孔	1450	840	800~1100	同上	3 块手孔外盖	可容纳 12 孔的配线管道	手孔盖配以相应的外盖底座
SK4	四号手孔	1900	450	800~1100	同上	4 块手孔外盖	最多容纳 24 孔的配线管道	手孔盖配以相应的外盖底座

2.9.4 牵引缆线

在管道中敷设缆线，一般光缆应和其他缆线分开单独占用管孔，多管孔时，光缆占用底层靠边的管孔，光缆应布放在预先布放的子管内。管道全程布放缆线的孔位力求对应，不要错乱，以便施工和管理。

1. 人工牵引缆线

1）小孔到小孔牵引

小孔到小孔牵引是指缆线通过小孔从一处进入地下管道，经由小孔在另一处出来，如图 2-9-21 所示。

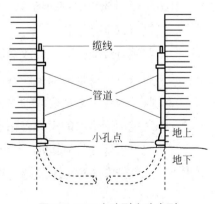

图 2-9-21 小孔到小孔牵引

（1）在牵引的出口点和入口点揭开管道堵头。

（2）利用管道穿线器布放一条牵引绳。

（3）将缆线轴放在线轴支架上，并使其与管道尽量成一直线。在管道口放置一个靴形保护物，以防止牵引缆线时划破缆线的外护套。

（4）将牵引绳和缆线（通过合适的牵引头）连接起来，要确保连接点的牢固和平滑。

（5）一人在管道的入口处将缆线馈入管道，另一人在管道的另一端平稳地牵引绳。

（6）继续牵引，直到缆线在管道的另一端露出为止。

2）手孔到手孔牵引

（1）先利用管道穿线器布放一根牵引绳。

（2）将缆线轴安放到缆线支架上，要从卷轴的顶部馈送缆线。

（3）在两个手孔中使用绞车或其他硬件，如图 2-9-22 所示。

（4）将牵引绳通过一个芯钩或牵引孔眼固定在缆线上。

（5）为了保证管道边缘是平滑的，要安装一个引导装置（软塑料块），以防止牵引缆线时管道孔边缘划破缆线保护层。

（6）一人在馈缆线手孔处放缆线，另一人或多人在另一端的手孔处拉牵引绳以便缆线被牵引到管道中，如图 2-9-23 所示。

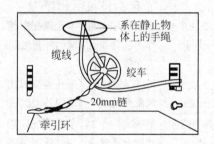

图 2-9-22　使用绞车牵引

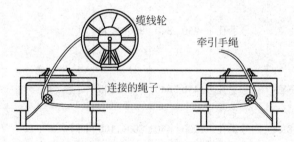

图 2-9-23　牵引手绳放线

2. 机器牵引

在人工牵引缆线困难的场合，要用机器来辅助牵引缆线。为了将缆线拉过两个或多个手孔，需进行以下操作。

（1）将装有绞绳的卡车停放在欲作为缆线出口的手孔旁边。

（2）将装有缆线轴的拖车停放在另一手孔旁边。卡车、拖车与管道都要对齐。

（3）将一根牵引绳从缆线轴手孔布放到绞车手孔。

（4）装配用于牵引的索具，在牵引非常重的缆线时，要不断地在索具上添加润滑剂。

（5）将牵引绳连接到绞车，启动绞车。保持平稳的速度进行牵引，直到缆线从手孔中露出来。注意绞车的拉力不能超过规定值，以免拉断缆线。

理论链接

地下管道布线

地下管道布线是一种由管道和人孔组成的地下系统，它把建筑群的各个建筑物进行互连，一根或多根管道通过基础墙进入建筑物内部结构。地下管道能够保护缆线，不会影响建筑物的外观及内部结构。管道埋设的深度一般为 0.8~1.2m，或符合当地相关法规规定的深度。为了方便日后的布线，管道安装时应预埋一根拉线，以供以后布线使用。为了方便管理，地下管道应间隔 50~180m 设立一个接合井，此外安装时至少应预留 1~2 个备用管孔，以供扩充之用。地下管道布线如图 2-9-24 所示。

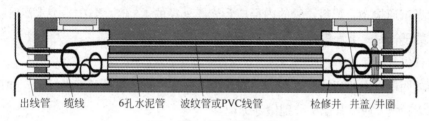

出线管　缆线　　6孔水泥管　波纹管或PVC线管　　　检修井　井盖/井圈

图 2-9-24　地下管道布线

注意事项

现场施工要求

（1）选择的电缆路由应比较通畅。

（2）在阻碍电缆的任何位置安装摩擦力适中的电缆导向，或安排人员在该位置引导电缆。在外部线路管道安装过程中，要采用双向联络，以保证电缆的牵引力与馈送电缆的动力协调一致。由于主干线直径大于建筑物内部各分支使用的电缆直径，所以室外线路牵拉操作经常需要机械绞线车辅助。

（3）长距离牵拉要配备足够的人力，保证电缆的重量不影响正常的拉力。

（4）当电缆穿过主干管道和电缆槽牵拉时，主干管道、电缆槽与电缆接触的表面摩擦会使拉力急剧增加。在安装光缆时也要注意同样的情况，而且光缆的最大拉力比铜缆大得多。

（5）各厂家生产的产品的最大拉力极限值可能有所不同。如果可能，应向电缆生产厂家咨询，以确定其特定电缆类型的最大拉力。

（6）对于牵拉缆线的速度，从理论上讲，线的直径越小牵拉的速度越快。但是，有经验的施工员采取慢速而又平稳的牵拉速度，而不是快速地牵拉。原因是快速牵拉会造成缆线的缠绕或被绊住。

2.9.5　光缆布线施工

光缆与电缆同是通信线路的传输介质，其施工方法虽基本相似，但因光纤是石英玻璃制成的，故光缆施工比电缆施工的难度要大，难度包括光缆的敷设难度与光纤连接的难度。由于光缆与电缆所用材质和传输信号原理、方式有根本的区别，对于安装施工的要求自然也会有所差异。

综合布线室外光缆主要用于建筑群子系统的布线，在实施建筑群子系统布线时，应当首选管道光缆，只有在不得已的情况下，才选用直埋光缆或架空光缆。

管道光缆敷设的要求如下。

1. 清刷并试通

敷设光缆前，应逐段将管孔清刷干净并试通。清扫时应用专制的清刷工具，清刷后应用试通棒做试通检查。塑料子管的内径应为光缆外径的 1.5 倍。当在一个水泥管孔中布放两根以上的子管时，子管等效总外径应小于管孔内径的 85%。

2. 布放塑料子管

当穿放两根以上的塑料子管时，如管材为不同颜色时，端头可不做标记。如果管材颜色相同或无颜色，应在其端头分别做好标记。

3. 光缆牵引

光缆一次牵引长度应小于 1000m，当超过该距离时，应采取分段牵引或在中间位置增加辅助牵引方式，以减小光缆张力并提高施工效率，为了在牵引过程中保护光缆外皮不受损伤，在光缆穿入管孔、管道拐弯处或与其他障碍物有交叉时，应采用导引装置或喇叭口保护管等保护措施。

4. 预留余量

光缆敷设后，应逐个在人孔或手孔中将光缆放置在规定的托板上，应留有适当余量，以防止光缆过于绷紧。在人孔或手孔中的光缆需要接续时，其预留长度应符合标准规定的最小值。

5. 接头处理

光缆在管道中间的管孔内不得有接头，当光缆在人孔中没有接头时，要求光缆弯曲放置在光缆托盘上固定绑扎，不得在人孔中间直接穿过，否则既影响施工和维护，又容易导致光缆损坏。当光缆有接头时，应采用蛇形软管或塑料管材进行保护，并放在托板上予以固定绑扎。

6. 封堵与标识

光缆穿放的管孔出口端应封堵严密，以防止水分或杂物进入管内，光缆及其接续应有标识，并注明编号、光缆型号和规格等。在严寒地区还应采取防冻措施，以防光缆受冻损坏。如遇光缆可能被碰损坏的情况，可在其上面或周围设置绝缘板材进行隔断保护。

┌─ **注意事项 1** ─────────────────────────────┐

地下通信管道的规定

地下通信管道应与建筑群及园区其他设施的地下管道进行整体布局。

（1）应与光缆交接箱引上管相衔接。

（2）应与公用通信网管道互通的人（手）孔相衔接。

（3）应与电力管、热力管、燃气管、给排水管保持安全的距离。

（4）应避开受到强烈震动的地段。

（5）应敷设在良好的地基上。

（6）路由宜以建筑群设备间为中心向外敷设，应选择在人行道、人行道旁绿化带或车行道下。

（7）地下通信管道的设计应符合现行国家标准《通信管道与通道工程设计规范》（GB 50373—2019）的相关规定。

└──────────────────────────────────────┘

┌─ **注意事项 2** ─────────────────────────────┐

光缆施工的安全规程

由于光纤传输和材料结构方面的特性，在施工过程中，如果操作不当，光源可能会伤害到人的眼睛，切割留下的光纤纤维碎屑会伤害人的身体，因此在光缆施工过程中要采取有效的安全防范措施。

光缆施工员必须经过专业培训，了解光纤传输特性，掌握光纤连接的技巧，遵守操作规程。未经严格训练的人员，不许参加施工，严禁操作已安装好的光纤传输系统。

在光纤使用过程中（正在通过光缆传输信号），技术人员不得检查其端头，只有光纤在未传输信号时方可进行检查。由于大多数光学系统中采用的光是人眼看不见的，所以在操作光纤传输通道时要格外仔细。

折断的光纤碎屑实际上是很细小的玻璃针形光纤，很容易划破皮肤和衣服，当它刺入皮肤时，会感到相当的疼痛，如将碎片吸入人体内，会对人体造成较大的危害。因此，制作光纤终接头或使用裸光纤的技术人员，必须戴眼镜和手套，穿工作服。可能存在裸光纤的所有工作区内应该坚持反复清扫，确保没有任何裸光纤碎屑。应该用瓶子或其他容器装光纤碎屑，确保这些碎屑不会遗漏，以免对人造成伤害。

决不允许观看已通电的光源、光纤及其连接器，更不允许用光学仪器观看已通电的光纤传输通道器件，只有在断开所有光源的情况下，才能对光纤传输系统进行维护操作。如果必须在光纤工作时对其进行检查，操作人员应佩戴具有红外滤波功能的保护眼镜，否则光纤连接不好或断裂，会使人受到光波辐射。

└──────────────────────────────────────┘

> 离开工作区之前，所有接触过裸光纤的工作人员必须洗手，并对衣服进行检查，拍打衣物，去除可能粘上的光纤碎屑。

2.9.6 光缆敷设

1. 光缆的检验要求

在敷设光缆之前，必须对光缆进行检验，检验要求如下。

（1）工程所用的光缆规格、型号、数量应符合设计的规定和合同要求。

（2）光缆所附标记、标签内容应齐全和清晰。

（3）光缆外护套需完整无损，光缆应有出厂质量检验合格证。

（4）光缆开盘后，应先检查光缆外观有无损伤、光缆端头封装是否良好。

（5）光纤跳线检验应符合下列规定：具有经过防火处理的光纤保护包皮，两端的活动连接器端面应装配有合适的保护盖帽，每根光纤接插线的光纤类型应有明显的标记，应符合设计要求。

2. 光纤衰减常数和光纤长度检验

衰减测试时可先用光时域反射仪进行测试，测试结果若超出标准或与出厂测试数据相差较大，要用光功率计测试，并将两种测试结果进行比较，排除测试误差对实际测试结果的影响。要求对每根光纤进行长度测试，测试结果应与盘标长度一致，如果差别较大，则应从另一端进行测试或做通光检查，以判定是否有断纤现象。

 理论链接 1

光纤的传输原理

光纤是利用光的全反射原理来导光的。当纤芯折射率 n_1 不小于包层折射率 n_2 时，光在光纤中的传输的原理如图 2-9-25 所示。

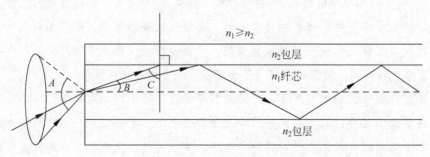

图 2-9-25　光纤的传输原理

入射到光纤端面的光并不能全部被光纤所传输，只是在某个角度范围内的入射光才可以。这个角度就称为光纤的数值孔径。

光纤的数值孔径大些对于光纤的对接是有利的。不同厂家生产的光纤的数值孔径会有一定差别。

光缆是数据传输中最有效的一种传输介质，具有频带较宽、电磁绝缘性能好、衰减较小、无中继段长等优点。

 理论链接 2

光缆的选用

光缆的选用除了考虑光纤芯数和光纤种类外，还要根据光缆的使用环境来选择光缆的外护套。

（1）户外用光缆直埋时，宜选用铠装光缆。架空时，可选用带两根或多根加强筋的黑色塑料外护套光缆。

（2）选用建筑物光缆时应注意其阻燃、毒和烟的特性。一般在管道中或强制通风处可选用阻燃但有烟的类型；暴露的环境中应选用阻燃、无毒和无烟的类型；楼内垂直布缆时，可选用层绞式光缆；而水平（配线）布线时，可选用可分支光缆。

（3）传输距离在 2km 以内的，选用多模光缆，超过 2km 可用中继或选用单模光缆。

2.9.7　供电系统的浪涌保护

根据建筑方的需要，按照国家最新防雷规范供电系统的浪涌保护进行。

 理论链接 1

供电系统浪涌的外部来源——雷电原因

雷电放电可能发生在云层之间或云层内部，或云层对地之间。另外，许多大容量电气设备的使用带来的内部浪涌，对供电系统（中国低压供电系统标准：交流 50Hz、220/380V）和用电设备的影响以及防雷和防浪涌的保护，已成为人们关注的焦点。

云层与地之间的雷击放电，由一次或若干次单独的闪电组成，每次闪电都携带若干幅值很高、持续时间很短的电流。一个典型的雷电放电将包括二次或三次的闪电，每次闪电之间大约相隔 0.05s。大多数闪电电流在 10000~100000A 降落，其持续时间一般小于 100μs。

理论链接2

供电系统浪涌的内部来源——供电系统内部

内部浪涌发生的原因同供电系统内部的设备启停和供电网络运行的故障有关。

供电系统内部由于大功率设备的启停、线路故障、投切动作和变频设备的运行等原因，都会带来内部浪涌，给用电设备带来不利影响。特别是对计算机、通信等微电子设备带来致命的冲击。即便是没有造成永久性的设备损坏，但系统运行的异常和停顿都会带来很严重的后果，比如核电站、医疗系统、大型工厂自动化系统、证券交易系统、电信局用交换机、网络枢纽等。

理论链接3

直接雷击和间接雷击

雷击对地闪电可能以两种途径作用在低压供电系统上，即直接雷击和间接雷击。

（1）直接雷击。雷电放电直接击中电力系统的部件，注入很大的脉冲电流。发生的概率相对较低。

直接雷击是最严重的事件，尤其是如果雷击击中靠近用户进线口架空输电线。在发生这些事件时，架空输电线电压将上升到几十万伏特，通常引起绝缘闪络。雷电电流在电力线上传输的距离为1km或更远，在雷击点附近的峰值电流可达100kA或以上。在用户进线口处低压线路的电流每相可达到5~10kA。在雷电活动频繁的区域，电力设施每年可能多次遭受雷电直击而引起严重雷电电流。而对于采用地下电力电缆供电或在雷电活动不频繁的地区，上述事件是很少发生的。

（2）间接雷击。雷电放电击中设备附近的大地，在电力线上感应中等程度的电流和电压。间接雷击和内部浪涌发生的概率较高，绝大部分用电设备损坏与其有关。所以，电源防浪涌的重点是对这部分浪涌能量的吸收和抑制。

2.10 线 缆 测 试

在《综合布线系统工程验收规范》（GB 50312—2016）中，规定了各等级的布线系统按照永久链路和信道进行测试两种测试方法。

链路进行抽检，根据设计文件的要求不同，进行10%~90%不同比例的抽检，对不通或指标不达标的线路进行修复，重新打模块，一般情况下都能达标，如果不达标通常情况是两端打线端接的问题，可以用替换法解决，找好的模块或配线架进行替换，最后还是不达标则只能重新穿线，直至测试达标。如果是水平子系统采用光缆，则每条链路均要进行测试达标。

相关的测试仪器有不同型号，使用方法等有所不同，所以在使用前要详看机器的说明书，准确地掌握操作步骤，防止误操作而损坏设备。

在开始测试之前，应该认真了解综合布线系统的特点、用途、信息点的分布情况，确定测试标准，在选定合适的测试仪后按下述程序进行。需要对测试仪的主机和远端机进行自校准，以确定仪表是正常的。

1. Fluke 测试仪初始化步骤

（1）充电。将 Fluke DTX 系列产品主机、辅机分别用电源适配器充电，直至电池显示灯转为绿色。

（2）设置语言。将 Fluke DTX 系列产品主机旋钮转至 SET UP 挡位，按右下脚绿色按钮开机；使用"↓"键；选中 Instrument Settings（本机设置）按 ENTER 键进入参数设置。首先使用"→"键，进入第二个页面，使用"↓"键选择最后一项 Language 按 ENTER 键进入；用"↓"键选择最后一项 Chinese 按 ENTER 键选择，将语言选为中文后进行以下操作。系统设置操作如图 2-10-1 所示。

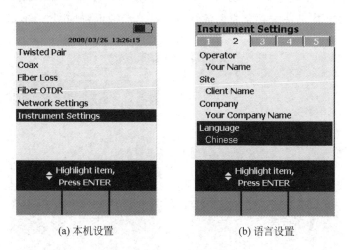

(a) 本机设置　　　　(b) 语言设置

图 2-10-1　系统设置操作

（3）自校准。取 Fluke DTX 系列产品 Cat 6A/Class EA 永久链路适配器，装在主机上，辅机装上 Cat 6A/Class EA 通道适配器。然后将永久链路适配器末端插在 Cat 6A/Class EA 通道适配器上，打开辅机电源进行辅机自检后，PASS 灯亮后熄灭，显示辅机正常。

在 Special Functions 挡位，打开主机电源，显示主机、辅机软件、硬件和测试标准的版本（辅机信息只有当辅机开机并和主机连接时才显示），自测后显示操作界面。选择"设置基准"后（如选错按 EXIT 键退出），按 ENTER 键和 TEST 键开始自校准，显示"设置基准已完成"说明自校准成功完成。校准设置操作如图 2-10-2 所示。

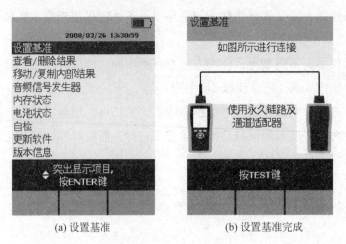

(a) 设置基准　　　　　　　(b) 设置基准完成

图 2-10-2　校准设置操作

2. 设置 Fluke 测试仪基本参数

将 Fluke DTX 系列产品主机旋钮转至 SETUP 挡位，使用"↑""↓"键选择"仪器值设置"项。按 ENTER 键进入参数设置，可以按"←""→"键翻页，用"↑""↓"键选择所需设置的参数。按 ENTER 键进入参数修改，用"↑""↓"键选择所需采用的参数设置，选好后按 ENTER 键选定并完成参数修改。基本参数设置如图 2-10-3 所示。

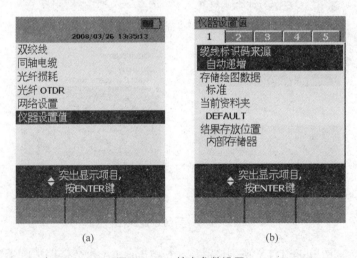

(a)　　　　　　　　　(b)

图 2-10-3　基本参数设置

测试仪基本参数分为新机第一次使用需要设置的参数、新机不需设置的参数、使用过程中经常需要改动的参数。

（1）新机第一次使用需要设置的参数（以后不需更改）包括以下的参数。

① 线缆标识码来源（一般使用自动递增，会使电缆标识的最后一个字符在每次保存测

试时递增，初始设置后一般不用更改）。

②是否存储图形数据（通常情况下选择"标准"）。

③当前目录（默认值为 DEFAULT，可以按 ENTER 键进入修改其名称）。

④结果存放位置（使用默认值"内部存储器"，如果有内存卡也可以选择"内存卡"）。

⑤操作员姓名。

⑥测试地点。

⑦公司名。

⑧语言（默认值是英文）。

⑨日期（输入当前日期）。

⑩时间（输入当前时间）。

⑪长度单位（通常情况下选择 m）。

（2）新机不需要设置的参数。这些参数一般采用出厂设置的默认值，包括以下参数。

①电源关闭超时（默认 30min）。

②背光超时（默认 1min）。

③可听音（默认"是"）。

④电源线频率（默认 50Hz）。

⑤数字格式（默认是 00.0）。

⑥NVP。

（3）使用过程中经常需要改动的参数。主要为双绞线测试参数，将旋钮转至 SETUP 挡位，选择双绞线，按 ENTER 键进入，双绞线参数设置如图 2-10-4 所示。

(a)

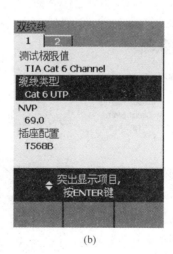
(b)

图 2-10-4　双绞线参数设置

①线缆类型。按 ENTER 键进入后按"↑""↓"键选择要测试的线缆类型。例如，测试六类的双绞线，在按 ENTER 键进入后，选择 UTP，按 ENTER 键进入后按"↑""↓"

键，选择 Cat 6 UTP，按 ENTER 键返回。

② 测试极限值。按 ENTER 键进入后，按"↑""↓"键
选择与要测试的线缆类型相匹配的标准，按 F1 键可选择更
多，进入后一般选择 TIA 系列的标准。测试极限值选择操作
如图 2-10-5 所示。

例如，测试六类的双绞线，按 ENTER 键进入后，查看上
次使用的列表里有无 TIA Cat 6 Channel，如果没有，则按 F1
键进入更多，选择 TIA Cat 6 Channel，按 ENTER 键确认返回。

③ 插座配置。按 ENTER 键进入，一般使用 RJ-45 水晶
头 TIA/EIA-568B 的标准。其他可以根据具体情况而定。可以
按"↑""↓"键选择要测试的打线标准。

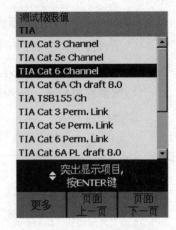

图 2-10-5　测试极限值
选择操作

3. Fluke 测试仪测试过程

（1）根据需求确定测试极限值和电缆类型。

（2）关机后将测试标准对应的适配器安装在主机、辅机上。如选择 TIA Cat 5E Channel
通道测试标准时，主、辅机安装 DTX-CHA002 通道适配器；如选择 TIA Cat 6A PERM.
LINK 永久链路测试标准时，主、辅机各安装一个 DTX-PLA002 永久链路适配器。

（3）再开机后，将旋钮转至 Auto TEST 挡或 Single TEST 挡。选择 Auto TEST 是将所
选测试标准的参数全部测试一遍后显示结果；选择 Single TEST 是针对测试标准中的某个
参数测试。将旋钮转至 Single TEST 后，按"↑""↓"键选择某个参数，按 ENTER 键后
再按 TEST 键即进行单个参数测试。线缆测试过程操作如图 2-10-6 所示。

(a) 将按钮转到"Auto TEST"

(b) 测试中

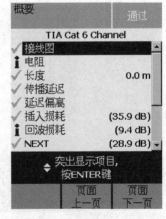

(c) 测试结果

图 2-10-6　线缆测试过程操作

（4）将所需测试的产品连接上对应的适配器，按 TEST 键开始测试，经过片刻后显示
测试结果 PASS 或 FAIL，线缆测试结果如图 2-10-7 所示。

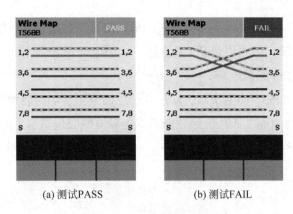

(a) 测试PASS　　　　　(b) 测试FAIL

图 2-10-7　线缆测试结果

4. 查看测试结果及故障检查

测试后，会自动进入结果。按 ENTER 键可查看参数明细，按 F2 键可返回上一页，按 F3 键可翻页，按 EXIT 键后再按 F3 键可查看内存数据存储情况。若测试后为 FAIL，可按 X 键查看故障具体情况。

（1）反向线对：指同一线对的两端针位接反。

（2）交叉线对：指不同线对的线芯发生交叉连接，形成不可识别的回路。

（3）串对：指将原来的线对分别拆开重新组成新的线对。

测试结果如图 2-10-8 所示。

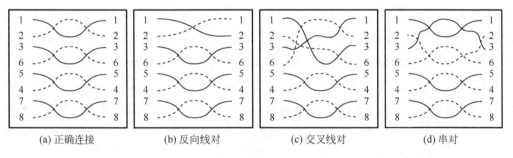

(a) 正确连接　　　　(b) 反向线对　　　　(c) 交叉线对　　　　(d) 串对

图 2-10-8　电缆测试的结果

5. 保存 Fluke 测试结果

（1）将刚才的测试结果按 SAVE 键保存，使用 "←" "→" "↑" "↓" 键来选择想使用的名字，如 01，则按 SAVE 键来保存。

（2）更换待测产品后重新按 TEST 键开始测试新数据，再次按 SAVE 键存储数据时，机器自动取名为上个数据加 1，即 02，如不想用此名则按 SAVE AS 键。一直重复以上操作，直至测试完所需测试产品或内存空间不够，需下载数据后再重新开始以上步骤。

6. 永久链路方式测试

永久链路是信息点与楼层设备间设备之间的传输线路。由水平电缆、水平电缆两端的工作区信息插座、楼层配线架等接插件组成。永久链路不包括工作区缆线和连接楼层配线设备的设备缆线、跳线,但可以包括 CP 链路,水平电缆最长为 90m。永久链路水平电缆的长度不包括两端的 2m 测试电缆。

永久链路的方式如图 2-10-9 所示,H 是从信息插座至楼层配线设备(包括集合点)的水平电缆,最大长度为 90m。永久链路性能测试连接模型应包括水平电缆及相关连接器件,对绞电缆两端的连接器件也可为配线架模块。

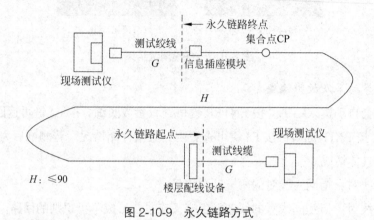

图 2-10-9   永久链路方式

7. 信道方式测试

信道是连接两个应用设备的端到端的传输通道。它指从网络设备到终端设备的端到端连接,包括最长为 90m 的在建筑物中的水平电缆、水平电缆两端的工作区信息插座、配线架接插件、设备缆线、工作区缆线,信道最长为 100m。信道的模型如图 2-10-10 所示,其中 A 是工作区终端设备电缆长度、B 是 CP 缆线长度、C 是水平电缆长度、D 是配线设备连接跳线长度、E 是配线设备到设备连接电缆长度,B 和 C 总计最大长度为 90m,A、D 和 E 总计最大长度为 10m。信道模型测试网络设备到计算机之间的端到端线路的整体性能。

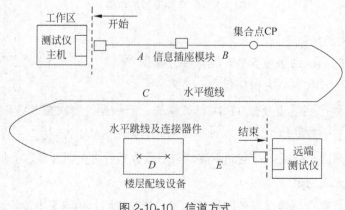

图 2-10-10   信道方式

理论链接 1

连通性电缆测试仪

连通性电缆测试仪是一种简单的测试设备，主要用于电缆连通性测试。连通性电缆测试仪由两部分组成，即基座部分和远端部分，连通性电缆测试仪的外观如图 2-10-11 所示。测试时，基座部分放在链路的一端，远端部分放在链路的另一端。

连通性电缆测试仪能够测试出的双绞线电缆故障有开路、短路、线对交叉、电缆端接不良。

测试链路时，基座部分对双绞线电缆链路的每个线对加一个电压。如果线芯是连通的，远端部分该线芯的对应 LED 发光管就会亮；如果线芯有问题，远端部分该线芯的对应 LED 发光管就不会亮。

图 2-10-11 连通性电缆测试仪的外观

连通性电缆测试仪通过基座部分和远端部分的 LED 发光管还可以诊断其他的配线错误。如果远端的 LED 发光管光线很弱，表明双绞线电缆链路端接不良，或者是电缆链路中的某些地方线路接触不良，导致线对上的损耗过大。

如果远端部分的几个 LED 发光管同时亮了，说明电缆中存在短路。

如果测试时发现在基座部分 LED 发光管亮端和远端部分的 LED 发光管亮端不对应，表明电缆线路的某些地方有线对交叉。

连通性电缆测试仪的优势是操作简单，可以快捷地进行双绞线电缆链路的测试；但不能在指定的频率范围测试衰减和近端串扰。

理论链接 2

图 2-10-12 Fluke 电缆网络测试仪的外观

Fluke 电缆网络测试仪

电缆网络测试仪是一种较为复杂的测试设备，常用品牌有 Fluke，电缆网络测试仪的外观如图 2-10-12 所示，这种测试仪除了可以进行基本的连通性测试外，也可以进行比较复杂的电缆性能测试，能够完成回波损耗（RL）、插入损耗（IL）、近端串扰（NEXT）等各种参数的测试。

理论链接 3

Fluke 电缆网络测试仪线缆测试结果

Fluke 电缆网络测试仪测试链路时，出现开路、短路和交叉时，仪器屏幕显示如图 2-10-13 所示。

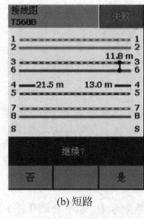
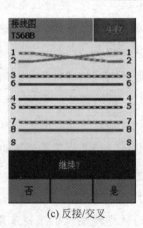

(a) 开路　　　　　　　(b) 短路　　　　　　　(c) 反接/交叉

图 2-10-13　线缆测试结果

注意事项

对绞电缆布线工程接线图与电缆长度要符合的规定

对于不同等级的电缆，需要测试的参数并不相同。

（1）接线图主要测试水平电缆终接在工作区或管理间配线设备的 8 位模块式通用插座安装连接是否正确。

（2）布线链路及信道线缆长度是否在测试连接图所要求的极限长度范围之内。

（3）对绞电缆系统永久链路和信道测试项目及各性能指标应符合《综合布线系统验收规范》（GB/T 50312—2016）中的规定。各项性能指标包括回波损耗（RL）、插入损耗（IL）、近端串扰（NEXT）、近端串音功率和（PS NEXT）、衰减近端串音比（ACR-N）、衰减近端串音比功率和（PS ACR-N）、衰减远端串音比（ACR-F）、衰减远端串音比功率和（PS ACR-F）、直流环路电阻、最大传播时延（μs）、最大传播时延偏差（μs）、外部近端串音功率和（PS ANEXT）、外部近端串音功率和平均值（PS ANEXT$_{AVG}$）、外部 ACR-F 功率和（PS AACR-F）、外部 ACR-F 功率和平均值（PS AACR-F$_{AVG}$）等。

① 综合布线系统工程设计中，100Ω 对绞电缆组成的永久链路或 CP 链路的各项指标值符合国家标准《综合布线系统验收规范》（GB/T 50312—2016）中的规定。

②综合布线系统工程设计中，100Ω对绞电缆组成信道的各项指标值符合国家标准《综合布线系统验收规范》（GB/T 50312—2016）中的规定。

（4）屏蔽布线系统电缆对绞线对的传输性能是否符合规定。

（5）电缆布线系统的屏蔽特性指标是否符合设计要求。

8.光纤信道和链路测试

光缆测试的目的是检测光缆敷设和端接是否正确。光纤测试主要包括衰减测试和长度测试。根据《综合布线系统工程验收规范》（GB/T 50312—2016）的规定，光纤链路主要测试以下内容。

1）测试模型和方法

测试前应对综合布线系统工程所有的光连接器件进行清洗，并应将测试接收器校准至零位，根据工程设计的应用情况，按等级 1 或等级 2 测试模型与方法完成测试。

（1）等级 1 测试应符合下列规定。

①测试内容应包括光纤信道或链路的衰减、长度与极性。

②使用光损耗测试仪 OLTS 测量每条光纤链路的衰减并计算光纤长度。

（2）等级 2 测试应包括等级 1 测试要求的内容，还应包括利用 OTDR 曲线获得信道或链路中各点的衰减、回波损耗值。

2）测试应符合的规定

（1）在施工前进行光器件检验时，应检查光纤的连通性；也可采用光纤测试仪对光纤信道或链路的衰减和光纤长度进行认知测试。

（2）对光纤信道或链路的衰减进行测试时，可测试光跳线的衰减值作为设备光缆的衰减参考值，整个光纤信道或链路的衰减值应符合设计要求。

3）综合布线工程所采用光纤的性能指标及光纤通信指标应符合的设计要求

（1）不同类型的光缆在标签的波长、每千米的最大衰减值应符合表 2-10-1 的规定。

表 2-10-1　光纤衰减限制　　　　单位：dB/km

项　目	多模光纤		单模光纤				
	OM1、OM2、OM3、OM4		OS1		OS2		
波长/nm	850	1300	1310	1550	1310	1383	1550
衰减/dB	3.5	1.5	1.0	1.0	0.4	0.4	0.4

（2）光缆布线信道在规定的传输窗口测量出的最大光衰减不应大于表 2-10-2 所规定的数值，该指标应包括光纤接续点和连接器件的衰减。

表 2-10-2　光缆信道衰减范围

级　别	最大信道衰减 /dB			
	单　模		多　模	
	1310 nm	1550nm	850nm	1300nm
OF-300	1.80	1.80	2.55	1.95
OF-500	2.00	2.00	3.25	2.25
OF-2000	3.50	3.50	8.50	4.50

注：光纤信道包括的所有连接器件的衰减合计不应大于 1.5dB。

（3）光纤信道和链路的衰减也可按下式计算，光纤接续及连接器件损耗值的取定应符合表 2-10-3 的规定。

光纤信道和链路损耗 = 光纤损耗 + 连接器件损耗 + 光纤接触点损耗

光纤损耗 = 光纤损耗系数（dB/km）× 光纤长度（km）

连接器件损耗 = 每个连接器件损耗 × 连接器件个数

光纤接续点损耗 = 每个光纤接续点损耗 × 光纤连续点个数

表 2-10-3　光纤接续及连接器件损耗值　　　　单位：dB

类　别	多　模		单　模	
	平均值	最大值	平均值	最大值
光纤熔接	0.15	0.3	0.15	0.3
光纤机械连接	—	0.3		0.3
光纤连接器件	0.65/0.5		—	
	最大值 0.75			

4）光纤到用户单元系统工程光纤链路测试应符合的规定

（1）光纤链路测试连接模型包括两端的测试仪器所连接的光纤和连接器件。

（2）工程检测中应对上述光纤链路采用 1310nm 波长进行衰减指标测试。

（3）用户接入点用户侧配线设备至用户单元信息配件箱，光纤链路全程衰减限值可按下式计算，即

$$\beta = \alpha_f L_{max} + (N + 2) \alpha_j$$

式中：β 为用户接入点用户侧配线设备至用户单元信息配线箱光纤链路衰减，dB；α_f 为光纤衰减常数，dB/km，采用 G.652 光纤时为 0.36dB/km，采用 G.657 光纤时为 0.38~0.4dB/km；L 为用户接入点用户侧配线设备至用户单元信息配线箱光纤链路最大长度，km；N 为用户接入点用户侧配线设备至用户单元信息配线箱光纤链路中熔接的接头数量；2 为光纤链路光纤终接数（用户光缆两端）；α_j 为光纤接续点损耗系数，采用热熔接方式为 0.06dB/ 个，采用冷接方式为 0.1dB/ 个。

实践链接 1

Fluke 测试仪测试光纤链路出现的长度问题

Fluke 测试仪测试光纤链路会出现的长度问题，长度测试屏幕显示结果如图 2-10-14 所示。

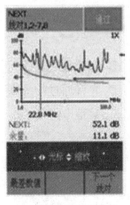

(a) 长度正常　　　　　　　　(b) 长度超长

图 2-10-14　长度测试结果

实践链接 2

Fluke 测试仪测试光纤链路出现的近端串扰问题

Fluke 测试仪测试光纤链路会出现的近端串扰问题，近端串扰故障常见于链路中的接插件部位。此外，一段不合格的电缆同样会导致串扰。近端串扰测试结果如图 2-10-15 所示。

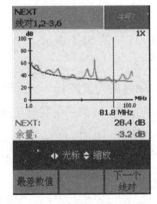

(a) 近端串扰正常值　　　　　(b) 近端串扰异常值

图 2-10-15　近端串扰测试结果

习　题

一、选择题

1. T568A 的标准线序是（　　　）。

    A. 橙白　橙　蓝白　蓝　绿白　绿　棕白　棕

    B. 橙白　橙　绿白　蓝　蓝白　绿　棕白　棕

    C. 绿白　绿　橙白　蓝　蓝白　绿　棕白　棕

    D. 绿白　绿　蓝白　蓝　橙白　橙　棕白　棕

2. T568B 的标准线序是（　　　）。

    A. 橙白　橙　蓝白　蓝　绿白　绿　棕白　棕

    B. 橙白　橙　绿白　蓝　蓝白　绿　棕白　棕

    C. 绿白　绿　橙白　蓝　蓝白　橙　棕白　棕

    D. 绿白　绿　蓝白　蓝　橙白　橙　棕白　棕

3. 以下产品属于综合布线产品的是（　　　）。

    A. 数据电缆　　　　　B. 水晶头　　　　　C. 模块　　　　　D. 配线架

4. 综合布线器材与布线工具中，穿线器属于（　　　）。

    A. 布线器材　　　　　B. 管槽安装工具　　C. 线缆安装工具　　D. 测试工具

5. 工作区安装在墙上的信息插座，一般要求距离地面（　　　）cm 以上。

    A. 20　　　　　　　　B. 30　　　　　　　C. 40　　　　　　　D. 50

6. 在网络综合布线中，工作区子系统的主要传播介质是（　　　）。

    A. 单模光纤　　　　　B. 超五类线 UTP　　C. 同轴电缆　　　　D. 多模光纤

7. 综合布线系统的电信间、设备间内安装的设备、机架、金属线管、桥架、防静电地板，以及从室外进入建筑物的电缆等都需要（　　　），以保证设备的安全运行。

    A. 屏蔽保护　　　　　B. 过流保护　　　　C. 电气保护　　　　D. 过压保护

8. 光纤规格 62.5/125 中的 62.5 表示（　　　）。

    A. 光纤芯的直径　　　　　　　　　　　B. 光纤包层直径

    C. 光纤中允许通过的光波波长　　　　　D. 允许通过的最高频率

9. 为了获得良好的接地，推荐采用联合接地方式，接地电阻要求小于或等于（　　　）Ω。

    A. 1　　　　　　　　 B. 2　　　　　　　　C. 3　　　　　　　　D. 4

10. 某项目位于电视塔附近，电磁干扰很严重，且要求信道传输带宽达到 200Mb/s，则应选择（　　　）双绞线。

    A. 超五类线 UTP　　　　　　　　　　　B. 六类线 UTP

    C. 超五类 STP　　　　　　　　　　　　D. 六类 STP

11. 非屏蔽双绞线在敷设中，弯曲半径应至少为线缆外径的（　　）倍。

    A. 1　　　　　　　　B. 2　　　　　　　　C. 3　　　　　　　　D. 4

12. 以下工具可以应用于综合布线的是（　　）。

    A. 弯管器　　　　　　　　　　　　　　B. 牵引线

    C. 数据线专用打线工具　　　　　　　　D. RJ-4/RJ-11 水晶头压接钳

13. 下列关于防静电活动地板的描述，错误的是（　　）。

    A. 缆线敷设和拆除均简单、方便，能适应线路增减变化

    B. 地板下空间大，电缆容量和条数多，路由自由短接，节省电缆费用

    C. 不改变建筑结构，即可以实现灵活布线

    D. 价格便宜，且不会影响房屋的净高

14. 在网络综合布线工程中，大量使用网络配线架，常用标准配线架有（　　）。

    A. 18 口配线架　　　　　　　　　　　B. 24 口配线架

    C. 40 口配线架　　　　　　　　　　　D. 48 口配线架

15. 下列属于光纤连接器类型的是（　　）。

    A. ST　　　　　　　B. SC　　　　　　　C. FC　　　　　　　D. CT

16. 下列属于有线传输的介质的是（　　）。

    A. 双绞线　　　　　　B. 同轴电缆　　　　　C. 光缆　　　　　　D. 微波

17. 工作区子系统又称为服务区子系统，它由跳线与信息插座所连接的设备组成。其中信息插座包括（　　）型。

    A. 墙面　　　　　　　B. 地面　　　　　　　C. 桌面　　　　　　D. 吸顶

18. 总工程师办公室有（　　）信息化需求。

    A. 语音　　　　　　　B. 数据　　　　　　　C. 视频　　　　　　D. 用餐

19. 对于双绞线电缆，主要技术参数有（　　）。

    A. 衰减　　　　　　　B. 直流电阻　　　　　C. 特征阻抗　　　　D. 近端串扰比

20. 按照综合布线铜缆系统的分级，（　　）系统的支持带宽在 200Mb/s 以上。

    A. 五类　　　　　　　B. 超五类　　　　　　C. 六类　　　　　　D. 七类

21. 根据《综合布线系统工程验收规范》（GB/T 50312—2016）的规定，缆线的检验应符合的要求是（　　）。

    A. 工程使用的电缆和光缆型式、规格及缆线的防火等级应符合设计要求

    B. 缆线所附标志、标签内容应齐全、清晰，外包装应注明型号和规格

    C. 尽量使用屏蔽缆线

    D. 缆线外包装和外护套需完整无损，当外包装损坏严重时，应测试合格后再在工程中使用

二、填空题

1. 光纤信道分为 OF-300、OF-500 和 OF-2000 三个等级，各等级光纤信道应支持的应用长度分别不应小于_____、_____及_____。

2. 在双绞线的制作工艺中，首先将铜棒拉制成直径为_____的铜导线。

3. 屏蔽双绞线比非屏蔽双绞线，更能防_____以避免数据传输速率降低。

4. 常用的双绞线电缆一般分为两大类：第一大类为_____，简称 UTP 网线；第二大类为_____，简称为 STP。

5. 一根 4 对 UTP 双绞线，共有_____根芯线。

6. 五类、超五类双绞线的传输速率能达到_____，六类双绞线的传输速率能达到_____，七类双绞线的传输速率能达到_____。

7. 目前光缆的安装方式主要有三种，分别是_____、_____、_____。

8. 常用的光缆连接器件有 ST 接头、_____、FC 接头等。

9. 水平子系统通常由_____、非屏蔽双绞线组成，如果有磁场干扰时可用_____。

10. 在综合布线工程中常使用的传输介质有_____、大对数双绞线、_____等。

11. 在建筑群子系统中，干线缆线一般采用_____，配线架一般采用_____。

12. 光纤适配器是将两对或一对光纤连接器件进行连接的器件，也称为_____。

13. 垂直干线子系统为提高传输速率，一般选用_____为传输介质。

14. 电缆桥架可分为_____、托盘式、槽式三种类型。

15. 光纤传输系统由_____、_____和_____组成。

16. 光纤按模式可分为_____光纤和_____光纤。

17. 建筑群干线子系统的布线方法可分为架空布线法，_____和管道布线法。

18. 水平干线子系统用线一般为_____。

19. 一箱普通的双绞线有_____m。

20. 网络传输介质有_____、同轴电缆、_____和无线传输四种。

21. 根据折射率的分布，光纤可分为_____光纤和_____光纤。

22. 与单模相比，多模光纤的传输距离_____，成本_____。

23. 水平子系统工程中，有四种布线路由方式：_____方式、_____方式、走廊桥架方式和墙面线槽方式。

24. 在垂井中敷设电缆一般有两种方法：_____和_____。

25. _____在给定的工作波上只能以单一的模式传输，使用激光作为光源，光信号损失小，传输距离远，常用于距离较远的场合。

26. 单模光纤的纤芯直径为_____μm，多模光纤的纤芯一般为_____μm 和_____μm 两种，两者的包层外径都是_____μm。

27. 典型的光纤结构自内向外分为_____、包层和涂覆层三层，其中纤芯和包层是不可分离的。

28. 信息模块按照打线方式可以分为_____和_____信息模块。

29. 常见的光纤连接器类型可分为 ST 型、_____、FC 型、LC 型等。

三、简答题

1. 简述双绞线的特点及主要应用环境。

2. 简述非屏蔽双绞线电缆（UTP）的优点以及常见的 UTP 型号。

3. 试比较双绞线电缆和光缆的优缺点。

4. 某一楼宇共六层，每层信息点数为 20 个，每个楼层的最远信息插座离楼层管理间的距离均为 60m，每个楼层的最近信息插座离楼层管理间的距离均为 10m，请估算出整座楼宇的用线量。

5. 已知某一楼宇共有六层，每层信息点数为 20 个，请估算出整座楼宇的信息模块使用量，并写出详细的计算过程。

6. 某六层宾馆大楼，楼层高 3.5m，每层 22 个房间，1 个管理间，管理间位于大楼的最顶点，离最近的工作区距离为 5m，最远的工作区 42m，要求每层有 15 个房间为宾馆的双人标准间，其余为单人标准间，试计算：①每层楼大约需要多少个信息模块？多少个水晶头？②每层楼需要几箱双绞线？总共需要多少箱？

7. 综合布线中的机柜有什么作用。

项目 3 综合布线工程验收

任务引入

某高校要建设信息中心、行政办公楼、学术交流中心、学生公寓、教学楼、机电系实训楼、创意楼和图书馆等多栋建筑物，其中机电系实训楼共3层，网络布线设计师小吴在设计完综合布线工程后，施工员小周等就开始按照设计交底文件及施工图根据施工标准进行综合布线工程的施工。因为工程验收包括施工前检查、随工检验、初步验收、竣工验收等几个阶段，对每一阶段都有其特定的内容，所以验收工作贯穿于整个综合布线工程中。验收员小张等则根据国家验收标准对工程进行验收。机电系实训楼一层、二层、三层施工图如图 2-0-1～图 2-0-3 所示。

3.1 《综合布线系统工程验收规范》简介

2016 年 8 月 26 日，中华人民共和国住房和城乡建设部公告《综合布线系统工程验收规范》（GB 50312—2016）自 2017 年 4 月 1 日起实施，原《综合布线系统工程验收规范》（GB 50312—2007）同时废止。

在综合布线工程施工与验收中，因工程涉及面广，除了《综合布线系统工程验收规范》（GB 50312—2016）之外，其验收还将涉及其他标准规范，如《智能建筑工程质量验收规范》（GB 50339—2016）、《建筑电气工程施工质量验收规范》（GB 50303—2015）、《通信管道工程施工及验收技术规范》（GB 50374—2018）等。

理论链接

综合布线工程验收相关标准

工程验收主要以《综合布线工程验收规范》（GB 50312—2016）作为技术验收标准。

由于综合布线工程是一项系统工程，不同的项目会涉及其他一些技术规范，因此，综合布线验收工程还需符合下列技术规范。

（1）《大楼综合布线总规范》（YD/T 926—2001）。

（2）《综合布线系统电气特性通用测试方法》（YD/T 1013—2013）。

（3）《数字通信用实心聚烯烃绝缘水平对绞电缆》（YD/T 1019—2001）。

（4）《本地网通信线路工程验收规范》（YD 5051—1997）。

（5）《通信线路工程验收规范》（YD 5121—2016）。

（6）《通信管道工程施工及验收规范》（GB 50374—2018）。

（7）《综合布线工程设计规范》（GB 50311—2016）。

（8）《建筑电气工程施工质量验收规范》（GB 50303—2015）。

（9）《智能建筑工程质量验收规范》（GB 50339—2016）。

（10）《用户建筑综合布线》（ISO/IEC 11801）。

（11）《商业建筑电信布线标准》（EIA/TIA 568）。

（12）《商业建筑电信布线安装标准》（EIA/TIA 568）。

（13）《商业建筑通信基础结构管理规范》（EIA/TIA 606）。

（14）《商业建筑通信接地要求》（EIA/TIA 607）。

（15）《信息系统通用布线标准》（EN 50173）。

（16）《信息系统布线安装标准》（EN 50174）。

> **注意事项**
>
> **规范的版本**
>
> 当遇到上述各种规范未包括的技术标准和技术要求时，可按有关设计规范和设计文件要求处理。由于综合布线技术日新月异，技术规范内容在不断地进行修订和补充，因此在验收时，应注意使用最新版本的技术标准。

3.2　综合布线工程验收步骤

综合布线工程的验收首先要组织验收队伍，从工程开始就有对工程的各种验收环节，其中第一步到第四步是工程前期验收，第五步和第六步是施工过程中的验收，综合布线施工验收步骤按照图 3-2-1 所示进行。

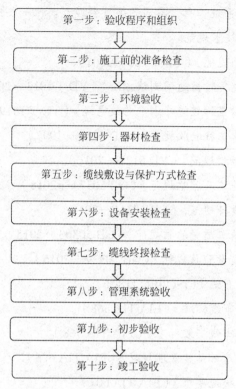

第一步：验收程序和组织

第二步：施工前的准备检查

第三步：环境验收

第四步：器材检查

第五步：缆线敷设与保护方式检查

第六步：设备安装检查

第七步：缆线终接检查

第八步：管理系统验收

第九步：初步验收

第十步：竣工验收

图 3-2-1　综合布线施工验收步骤

3.3　验收程序和组织

（1）检验应由专业监理工程师组织施工单位项目专业质量检查员、专业工长等进行验收。

（2）分项工程应由专业监理工程师组织施工单位项目专业技术负责人等进行验收。

（3）分部工程应由总监理工程师组织施工单位项目负责人和项目技术负责人等进行验收。

（4）单位工程中的分包工程完工后，分包单位应对所承包的工程项目进行自检，并应按照标准规定的程序进行验收。验收时，总包单位应派人参加。分包单位应将所分包工程的质量控制资料整理完整，并移交给总包工程单位。

（5）单位工程完工后，施工单位应组织有关人员进行自检。总监理工程师应组织各专业监理工程师对工程质量进行竣工预验收。存在施工质量问题时，应由施工单位整改。整改完毕后，由施工单位向建设单位提交工程竣工报告，申请工程竣工验收。

（6）建设单位收到工程竣工报告后，应由建设单位项目负责人组织监理、施工、设计勘察等单位项目负责人进行单位工程验收。

3.4　施工前的准备检查

工程验收应从工程开工之日起，就对工程材料验收，严把产品质量关，保证工程质量。

综合布线工程验收是一个比较复杂的环节，从施工前对施工资料的准备开始，一直持续到完成整个竣工验收资料的整理才完成工程验收工作。经历开工前检查、随工验收、初步验收、竣工验收等阶段。

施工前要准备好已批准的施工图，对施工图有充分的认知。设计单位向施工单位交底文件包括两部分，即设计交底文件和设计说明。施工单位也有交底文件，主要是班组向施工员进行施工进度交底、施工质量交底等众多资料。要做好施工组织计划，对各施工任务采取技术措施等。

3.5　环 境 验 收

综合布线工程经过施工阶段后进入测试、验收阶段，工程验收是全面考核工程的建设工作，检验工程施工质量。工程验收是一项系统性工作，它不仅包含链路连通性、电气和物理特性测试，还包括对施工环境、工程器材、设备安装、线缆敷设、缆线终接、竣工技术文档等的验收。验收工作贯穿于整个综合布线工程中，包括施工前检查、随工检验、竣工验收等几个阶段，对每一阶段都有其特定的内容。

环境验收

开工前检查包括设备材料检验和环境检查。设备材料检验包括查验产品的规格、数量、型号是否符合设计要求，检查线缆的外护套有无破损，抽查线缆的电气性能指标是否符合技术规范。环境检查指检查土建施工情况，包括地面、墙面、门、电源插座及接地装置、机房面积和预留孔洞等环境。

综合布线工程验收是施工方向用户方移交的正式手续，也是用户对工程施工工作的认可，检查工程施工是否符合设计要求和有关施工规范。

综合布线系统工程验收的主要内容为环境检查、器材检验、设备安装检验、缆线敷设和保护方式检验、缆线终接和工程电气测试。

环境检查是指对管理间、设备间、工作区、建筑物和进线间等建筑设施和环境条件进行检查。检查内容包括以下几项。

1. 管理间、设备间和工作区等建筑设施和环境条件检查

（1）管理间、设备间、工作区及用户单元区域的土建工程是否已全部竣工；房屋地面是否平整、光洁；门的高度和宽度是否符合设计文件要求，是否妨碍设备和器材的搬运。

（2）房屋预埋地槽、暗管及孔洞和竖井的位置、数量、尺寸是否均符合设计要求。

（3）铺设活动地板的场所、活动地板防静电措施中的接地是否符合设计要求。

（4）暗装或明装在墙体或柱子上的信息插座盒距地高度宜为300mm。

（5）安装在工作台侧隔板面及邻近墙面上的信息插座盒底距地面应为1000mm。CP集合点箱体、多用户信息插座箱体宜安装在导管的引入侧及便于维护的柱子、承重墙上等处，箱体底部距地面高度宜为500mm，当在墙体、柱子上部或吊顶预安装时，距地面高度不宜小于1800mm。

（6）每个工作区宜配置不少于两个带保护接地的单根交流220V/10A电源插座盒，电源插座宜嵌墙暗装，高度应与信息插座高度一致。

（7）每个用户单元信息配线箱附近水平70~150mm处，宜预留设置两个单相交流220V/10A电源插座，每个电源插座的配线线路均安装保护电器，配线箱内因引入单相交流220V电源，电源插座宜嵌墙暗装，底部距离地面高度宜与信息配线箱一致。

（8）电信间、设备间、进线间应设置不少于两个单相交流220V/10A电源插座盒，每个电源插座的配电线路均安装保护电器，设备供电电源应另行配置，电源插座宜嵌墙暗装，底部距离地面高度宜为300mm。

（9）电信间、设备间、进线间、弱电竖井是否提供了可靠的接地装置，设置接地体时，检查接地电阻值及接地装置是否符合设计要求。

（10）电信间、设备间、进线间的位置、面积、高度、通风、防火及环境温度和湿度等因素是否符合设计要求。

2. 建筑物进线间及入口设施的检查

（1）引入管道的数量、组合排列以及与其他设施，如电气、水、燃气、下水道等的位置及间距是否符合设计要求。

（2）引入缆线采用的敷设方法是否符合设计要求。

（3）管道入口部位的处理是否符合设计要求，是否采取了排水及防止有害气体、水、虫等进入措施。

3. 抗震设计检查

机柜、配线箱、管槽等设施的安装方式是否符合抗震设计要求。

4. 其他

隐蔽工程具备相应的文字材料和照片材料。

3.6 器材检查

器材检查主要指对各种布线材料的检查，包括各种缆线、接插件、管材及辅助配件。

器材检查1

1. 器材的检查要求

（1）工程所用缆线和器材的品牌、型号、规格、数量、质量在施工前应进行检查，应符合设计要求并具备相应的质量文件或证书，无出厂检验证明的材料不得在工程中使用。

（2）经检查的器材应做好记录，对不合格的器件应单独存放，以备核查与处理。

（3）进口设备和材料应具有产地证明和商检证明。

（4）工程中使用的缆线、器材应与订货合同的要求相符，或与封存的产品在规格、型号、等级上相符。

（5）备品、备件及各类资料应齐全。

器材检查2

2. 型材、管材与铁件的检查要求

地下通信管道和人（手）孔所使用器材的检查及室外管道的检验，应符合现行国家标准的相关规定《通信管道工程施工及验收规范》（GB 50374—2018）。

（1）各种型材的材质、规格、型号应符合设计文件的规定，表面应光滑、平整，不得变形、断裂。

（2）室内管材采用钢管、硬质聚氯乙烯管时，其管身应光滑、无伤痕，管孔无变形，孔径、壁厚应符合设计要求。

（3）金属导管、桥架及过线盒、接线盒等表面涂覆或镀层应均匀、完整，不得变形、损坏。

（4）室内管材应采用金属导管或塑料导管时，其管身应光滑、无伤痕，管孔无变形，孔径、壁厚应符合设计要求。

（5）金属管槽应根据工程环境要求做镀锌或其他防腐处理，塑料管槽应采用阻燃型管槽，外壁应具有阻燃标记。

（6）各种金属件的材质、规格均应符合质量标准，不得有歪斜、扭曲、飞刺、断裂或破损等现象。

（7）金属件的表面处理和镀层应均匀、完整，表面光洁，无脱落、气泡等缺陷。

3. 缆线的检查要求

（1）工程使用的电缆和光缆类型、规格等是否符合设计的规定和合同要求。

（2）电缆所附标志、标签的内容应齐全、清晰。

（3）电缆外护套需完整无损，电缆应附有出厂质量检验合格证。

（4）电缆应附有本样批量的电气性能检测报告，施工前应对盘、箱的电缆长度指标参数按电缆产品标准进行抽检，提供的设备电缆及跳线也应抽检，并做测试记录。

（5）光缆开盘后应先检查光缆端头封装是否良好，当光缆外包装或光缆护套有损伤时，应对该盘光缆进行光纤性能指标测试，并应符合下列规定。

① 当有断纤时，应进行处理，并应在检查合格后使用。

② 光缆 A、B 端标识应正确、明显。

③ 光纤检测完毕后，端头应密封固定，并应恢复外包装。

④ 单盘光缆应对每根光纤进行长度测试。

⑤ 检验光纤插接软线和光跳线时，应符合下列规定。

a. 两端的光纤连接器件端面应装配合适的保护盖帽。

b. 光纤应有明显的类型标记，应符合设计要求。

c. 使用光纤端面测试仪应对该批量光纤连接器件端面进行抽检，比例不宜大于 5%~10%。

4. 连接器件的检查要求

（1）配线模块和信息插座及其他接插件的部件应完整，电气和力学性能等指标应符合相应产品的质量标准。塑料材质应具有阻燃性，并应满足设计要求。

（2）光纤连接器件及适配器的形式、数量、端口位置应与设计相符。光纤连接器应外观平滑、洁净，不应有毛刺、油污、划痕及裂纹等缺陷，各零部件组合应严密、平整。

5. 配线设备的使用规定

（1）光缆、电缆交接设备的型号和规格应符合设计要求。

（2）光缆、电缆交接设备的编排及标志名称应与设计相符，各类标志应统一，标志位置正确、清晰。

3.7 缆线的敷设与保护方式检查

1. 缆线敷设的规定

（1）缆线的型号、规格应与设计规定相符。

（2）缆线在各种环境中的敷设方式、布放间距应符合设计要求。

（3）缆线的布放应自然平直，不得产生扭绞、打圈、接头等现象，不应受外力的挤压和损伤。凌乱的缆线如图 3-7-1 所示，整理好的缆线如图 3-7-2 所示。

缆线的敷设与
保护方式检查 1

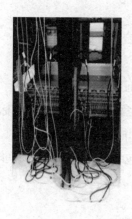

图 3-7-1　凌乱的缆线

图 3-7-2　整理好的缆线

（4）缆线的布放路由中不得出现缆线接头。

（5）缆线两端应贴有标签，应标明编号，标签书写应清晰、端正、正确，标签应选用不易损坏的材料。缆线标签如图 3-7-3 所示。

（6）缆线终接后应留有余量。

（7）对绞电缆在终接处，预留长度在工作区信息插座底盒内宜为 30~60mm，电信间宜为 0.5~2m，设备间宜为 3~5m。

图 3-7-3　缆线标签

（8）光缆布放路由宜盘留，预留长度宜为 3~5m；光缆在配线柜处预留长度应为 3~5m；楼层配线箱处光缆预留长度宜为 1~1.5m；配线箱终接时预留长度不应小于 0.5m；光缆纤芯在配线模块处不做终接时，应保留光缆施工预留长度。

2. 设置缆线桥架敷设缆线的规定

（1）密封槽盒内缆线布放应顺直、尽量不交叉，在缆线进出线槽部位及转弯处应绑扎固定。

（2）梯架或托盘内垂直敷设缆线时，缆线的上端和每隔 1.5m 处应固定在桥架或托盘内的支架上；水平敷设时，在缆线的首、尾、转弯及每隔 5~10m 处进行固定。

（3）在水平、垂直桥架和垂直线槽中敷设缆线时，应对缆线进行绑扎。

（4）室内光缆在梯架或托盘内敷设时应在绑扎固定段加装垫套。

3. 采用吊顶支撑柱（垂直槽盒）在顶棚内敷设缆线的要求

每根支撑柱所辖范围内的缆线可不设置密封槽盒进行布放，但应分束绑扎；缆线应阻燃；缆线的选用应符合设计文件要求。

4. 建筑群子系统敷设缆线的规定

采用架空、管道、电缆沟、电缆隧道、直埋、墙壁及暗管等方式敷设缆线的施工质量检查和验收，应符合现行行业标准《通信线路工程验收规范》（YD 5121—2016）的有关规定。

5. 水平子系统缆线的敷设保护要求

（1）金属导管、槽盒明敷设施应符合下列规定。

① 槽盒明敷设时，与横梁、侧墙或其他障碍物的间距不宜小于100mm。

② 槽盒的连接部位不应设置在穿越楼板处和实体墙的孔洞处。

③ 竖向导管、电缆槽盒的墙面固定间距不宜大于1500mm。

④ 在距接线盒300mm处、弯头两边及每隔3m处均应采用管卡固定。

缆线的敷设与
保护方式检查2

（2）预埋金属槽盒的保护要求。

① 在建筑物中预埋线槽宜按单层设置，每一路由进出同一过线盒的预埋槽盒均不应超过3根，槽盒截面高度不宜超过25mm，总宽度不宜超过300mm。当槽盒路由中包括过线盒和接线盒时，截面高度宜在70~100mm范围内。

缆线的敷设与
保护方式检查3

② 槽盒直埋长度超过30m或在槽盒路由有交叉、转弯时，宜设置过线盒。

③ 过线盒盖应能开启，并与地面齐平，盒盖处应具有防灰和防水功能。

④ 过线盒和接线盒盒盖应能抗压。

⑤ 从金属槽盒至信息插座模块接线盒、86底盒间或金属槽盒与金属钢管之间相连接时的缆线宜采用金属软管敷设。

（3）预埋暗管保护要求。

① 金属管敷设在钢筋混凝土现浇楼板内时，导管的最大外径不宜大于楼板厚度的1/3，导管在墙体、楼板内敷设时，其保护层厚度不应小于30mm。

② 导管不应穿越机电设备基础。

③ 预埋在墙体中间暗管的最大管外径不宜超过50mm，楼板中暗管的最大管外径不宜超过25mm，室外管道进入建筑物的最大管外径不宜超过100mm。

④ 直线布管每30m处、有一个拐弯的管段长度超过20m时、有两个拐弯长度不超过15m时，路由中反向（U形）弯曲的位置应设置过线盒。

⑤ 暗管的转弯角度应大于90º，在布线路由上，每根暗管的转弯处不得多于两个，并不应有S弯出现。

⑥ 暗管管口应光滑，应加护口保护，管口伸出部位宜为25~50mm。

⑦ 至楼层电信间暗管的管口应排列有序，应便于识别和布放缆线。

⑧ 暗管内应安置牵引线或拉线。

⑨ 管路拐弯的曲率半径不应小于所穿入缆线的最小允许弯曲半径，并且不应小于该管外径的 6 倍，当暗管外径大于 50mm 时，不宜小于 10 倍。

（4）设置桥架保护应符合的规定。

① 桥架底部应高于地面并不小于 2.2m，顶部距建筑物楼板不宜小于 300mm，与梁及其他障碍物交叉处的距离不宜小于 50mm。

② 梯架、托盘水平敷设时，支撑间距宜为 1.5~3.0m，垂直敷设时固定在建筑物结构体上的间距宜小于 2m，距地面 1.8m 以下部分应用金属盖板保护，或采用金属走线柜包封，但门应可开启。

③ 直线段梯架、托盘每超过 15~30m，或跨越建筑物变形缝时，应设置伸缩补偿装置。

④ 金属槽盒明装敷设时，在槽盒接头处、每间距 3m 处、离开槽盒两端出口 0.5m 处和转弯处均应设置支架或吊架。

⑤ 塑料槽盒槽底固定点间距宜为 1m。

⑥ 缆线桥架转弯半径不应小于槽内缆线的最小允许曲率半径，直角弯处最小弯曲半径不应小于槽内最粗缆线外径的 10 倍。

⑦ 桥架穿过防火墙体或楼板时，缆线布放完成后均应采取防火封堵措施。

（5）网络地板缆线的敷设保护要求。

① 槽盒之间应沟通。

② 槽盒盖板应可开启。

③ 主线盒的宽度宜在 200~400m 内，支槽盒宽度不宜小于 70mm。

④ 可开启的槽盒盖板与明装插座底盒间应采用金属软管连接。

⑤ 地板块与槽盒盖板应抗压、抗冲击和阻燃。

⑥ 具有防静电功能的网络地板应整体接地。

⑦ 网络地板板块间的金属槽盒段与段之间应保持良好导通并接地。

（6）在架空活动地板下敷设缆线时，地板内净高应为 150~300mm，当空调采用下送风方式时，地板内净高应为 300~500mm。

6. 间距要求

当综合布线缆线与大楼弱电系统缆线采用同一槽盒或托盘敷设时，各子系统之间应采用金属板隔开，间距应符合设计要求。

7. 干线子系统缆线的敷设保护要求

（1）缆线不得布放在电梯或供水、供气、供暖管道竖井中，也不宜布放在强电竖井中。当与强电共用竖井时，缆线的布放应符合《综合布线工程验收规范》（GB 50312—2016）中第 6.1.1 条第 8 款的规定。

（2）电信间、设备间、进线间之间干线通道间应沟通。

3.8 设备安装检查

在工程中为随时考核施工单位的施工水平和施工质量，对产品的整体技术指标和质量有所了解，部分验收工作应随工进行，如布线系统的电气性能测试工作、隐蔽工程等。这样可及早发现工程质量问题，避免造成人力、财力的浪费。

设备安装检查

随工验收是对工程的隐蔽部分边施工边验收，在竣工验收时，一般不再对隐蔽工程进行复查，由建设方工地代表和质量监督员负责。

1. 机柜、机架的安装要求

（1）机柜、机架安装完毕后，垂直偏差度应不大于 3mm，机柜、机架安装位置应符合设计要求。

（2）机柜、机架上的各种零件不得脱落或碰坏，漆面如有脱落应予以补漆，各种标志应完整、清晰。

（3）在公共场所安装配线箱时，壁嵌式箱体底边距地面不宜小于 1.5m，墙挂式箱体底边距地面不宜小于 1.8m。

（4）门锁的开启应灵活、可靠。

（5）机柜、机架的安装应牢固，如有抗震要求时，应按施工图的抗震设计进行加固。机柜的安装如图 3-8-1 所示。

2. 各类配线部件的安装要求

（1）各部件应完整，安装到位，标志齐全。

（2）安装螺钉必须拧紧，面板应保持在一个平面上。

图 3-8-1 机柜的安装

3. 信息插座模块的安装要求

（1）安装在活动地板或地面上时，应固定在接线盒内，插座面板采用直立和水平等形式；接线盒盖可开启，并应具有防水、防尘、抗压功能。接线盒盖面应与地面齐平。

（2）信息插座底盒、多用户信息插座或集合点配线箱、用户单元信息配线箱安装位置和高度应符合设计要求。

（3）信息插座底盒明装的固定方法应按施工现场条件而定。

（4）固定螺钉需拧紧，不应有松动现象。

（5）各种插座面板应有标识，以颜色、图形、文字表示所接终端设备类型。

（6）工作区内终接光缆的光纤连接器件及适配器安装底盒应具有空间，应符合设计要求。

4. 电缆桥架及线槽的安装要求

（1）桥架及线槽的安装位置应符合施工图规定，左右偏差不应超过 50mm。

（2）桥架及线槽水平度每米偏差不应超过 2mm。

（3）垂直桥架及线槽应与地面保持垂直，并且无倾斜现象，垂直度偏差不应超过 3mm。

（4）线槽截断处及两线槽拼接处应平滑、无毛刺。

（5）吊架和支架安装应保持垂直、整齐牢固、无歪斜现象。

（6）金属桥架及金属导管各段之间应保持连接良好、安装牢固。

（7）采用垂直槽盒布放缆线时，支撑点宜避开地面沟槽和槽盒位置，支撑应牢固。桥架安装如图 3-8-2 所示。

图 3-8-2 桥架安装

5. 安装机柜、机架、配线设备屏蔽层及金属钢管、线槽使用的接地体应符合的设计要求就近接地，并应保持良好的电气连接。

3.9 缆线终接检查

缆线终接检查

1. 缆线终接应符合的要求

（1）缆线在终接前，必须核对缆线标识内容是否正确。

（2）缆线终接处必须牢固、接触良好。

（3）对绞电缆与连接器件连接时应认准线号、线位色标，不得颠倒和错接。

2. 对绞电缆终接应符合的要求

（1）终接时，每对对绞线应保持扭绞状态，扭绞松开长度对于三类线不应大于 75mm，对于五类线不应大于 13mm，对于六类线及以上类别的电缆不应大于 6.4mm。

（2）对绞线与 8 位模块化通用插座相连时，应按色标和线对顺序进行卡接，T568A 和 T568B 两种连接方式均可采用，但同一布线工程中两种连接方式不应混合使用。

（3）4 对对绞电缆和非 RJ-45 模块终接时，应按线序号和组成的线对进行卡接。

（4）屏蔽对绞电缆的屏蔽层与连接器件终接处屏蔽罩应通过紧固件可靠接触，缆线屏蔽层应与连接器件屏蔽罩360°圆周接触，接触长度不宜小于10mm。

（5）对不同的屏蔽对绞线或屏蔽电缆，屏蔽层应采用不同的端接方法，应使编织层或金属箔与汇流导线进行有效端接。

（6）信息插座底盒不宜兼作过线盒使用。

3. 光纤终接与接续应符合的要求

（1）光纤与连接器件连接可采用尾纤熔接和机械连接方式。

（2）光纤熔接处应加以保护和固定。

4. 各类跳线的终接应符合的要求

（1）各类跳线、缆线和接插件应接触良好，接线无误，标志齐全。跳线选用类型应符合系统设计要求。

（2）各类跳线长度及性能参数指标应符合设计要求。

3.10　管理系统验收

1. 布线管理系统的分级

（1）一级管理应针对单一电信间或设备间的系统。

（2）二级管理应针对同一建筑物内多个电信间或设备间的系统。

（3）三级管理应针对同一建筑群内多栋建筑物的系统，并应包括建筑物内部及外部系统。

管理系统验收

（4）四级管理应针对多个建筑群的系统。

2. 综合布线管理系统应符合的规定

（1）管理系统级别的选择应符合设计要求。

（2）需要管理的每个组成部分均应设置标签，并有唯一的标识符进行表示，标识符与标签的设置应符合设计要求。

验收规定

（3）管理系统的记录文档应详细、完整并汉化，应包括每个标志符的相关信息、记录、报告、图纸等内容。

（4）不同级别的管理系统可采用通用电子表格、专用管理软件或智能配件系统等进行维护管理。

3. 综合布线管理系统的标识符与标签的设置应符合的规定

（1）标识符应包括安装场地、缆线终端位置、缆线管道、水平缆线、连接器件、主干缆线、接地等类型的专用标识，系统中每一组件应指定一个唯一标识符。

（2）电信间、设备间、进线间所设置配件设备及信息点处均应设置标签。

（3）每根缆线应规定专用标识符，标在缆线的护套上或在距每一段护套300mm内应设置标签，缆线的成端点应设置标签标记指定的专用标识符。

（4）接地体和接地导线应指定专用标识符，标签应设置在靠近导线和接地体连接处的明显部位。

（5）根据设置的部位不同，可使用粘贴型、插入型或其他类型标签，标签表示内容应清晰，材质应符合工程应用环境要求，具有耐磨、抗恶劣环境、附着力强等性能。

（6）成端色标应符合缆线的布放要求，缆线两端成端点的色标颜色应一致。

4. 综合布线系统各个组成部分的管理信息记录和报告应符合的规定

（1）记录包括管道、缆线、连接器件及连接位置、接地等内容，各部分记录应包括相应的标识符、类型、状态、位置等信息。

（2）报告中应包括管道、安装场地、缆线、接地系统等内容，各部分报告中应包括相应的记录。

5. 综合布线系统工程

当采用布线工程管理软件和由电子配线设备组成的智能配线系统进行管理和维护工作时，应按专项系统工程进行验收。

3.11　初　步　验　收

所有的新建、扩建和改建项目，都应在完成施工调试之后进行初步验收。初步验收的时间应在原定计划的建设工期内进行，由建设单位组织相关单位（如设计、施工、监理、使用等单位）人员参加。初步验收工作包括检查工程质量、审查竣工材料、对发现的问题提出处理意见以及组织相关责任单位落实解决。

3.12　竣　工　验　收

工程竣工验收为工程建设的最后一个程序。综合布线系统接入电话交换系统、计算机局域网或其他弱电系统，在试运行后的半个月内，由建设方向上级主管部门报送竣工报告（包含工程的初步决算及试运行报告），并请示主管部门组织对工程进行验收。

1. 项目竣工检验的组织

按照综合布线行业的国际惯例，大、中型综合布线工程主要由国家注册具有行业资质的第三方认证服务提供商提供竣工测试验收服务。

通常的综合布线系统工程验收小组可以考虑聘请以下人员参与工程的验收。

（1）工程双方单位的行政负责人。

（2）工程项目负责人及直接管理人员。

（3）主要工程项目监理人员。

初步验收和
竣工验收

（4）建筑设计施工单位的相关技术人员。

（5）第三方验收机构或相关技术人员组成的专家组。

国内当前综合布线工程竣工验收组织形式有以下几种。

（1）施工单位自己组织验收。

（2）施工监理机构组织验收。

（3）第三方测试机构组织验收，包括质量监察部门提供验收服务、第三方测试认证服务提供商提供验收服务。

2. 竣工验收准备

工程施工完成后，还需清理现场，保持现场清洁、美观；汇总各种剩余材料，集中放置一处，并登记其还可使用的数量；对墙洞、竖井等交接处进行修补；做好总结材料，如开工报告、布线工程图、施工过程报告、测试报告、使用报告和工程验收所需的验收报告；做好工程的其他收尾工作。其他收尾工作具体如下。

（1）库房（由工程的销售负责人与库房负责人完成）。

①清点此工程已交付的货物。

②把还需交付的货物全部出库。

③在用户付清全部款项并通过竣工审核后，撤掉此工程的库房账。

（2）财务（由工程的销售负责人配合财务负责人完成）。

①清点应收账款，财务应根据库房的工程出库清单计算应收账款。

②支付各项费用，包括施工材料、雇工等。

③结清所有内部有关此工程的费用，全部报销完毕，还清借款。

④收回全部应收账款。

⑤在用户付清全部款项并通过竣工审核后，撤销财务账。

（3）整理工程文件袋。

工程负责人整理工程文件袋，内容至少包括以下几项。

①合同。

②历次的设计方案、图纸。

③竣工平面图、系统图。

④工程中的洽商记录、接货收条、日志。

⑤竣工技术文件。

⑥工程文件备份，内容包括合同、历次的布线系统设计、工程洽商、日志、给客户的传真等工程实施过程中的文件、工程竣工技术文件、插座、配线架标签。

⑦删除计算机内该工程目录中没用的文件，然后把该工程的所有计算机文件备份到文件服务器中。

（4）工程部验收前的审核。

工程项目负责人做好验收准备后；把项目文件袋和交工技术文件交工程部经理审查。

（5）现场验收。

① 查看主机柜、配线架。

② 查看插座。

③ 查看主干线槽。

④ 抽测信息点。

⑤ 验收签字。

（6）综合布线工程竣工审核。

由各部门经理对项目组的工作进行审核，宣布工程竣工。

（7）移交竣工文档。

3. 竣工技术文件的编制规定

（1）工程竣工后，施工单位应在工程验收以前，将工程竣工技术资料交给建设单位。

（2）综合布线系统工程的竣工技术资料应包括下列内容。

① 竣工图纸。

② 设备材料进场检验记录及开箱检验记录。

③ 系统的中文检测报告及中文测试记录。

④ 工程变更记录及工程洽商记录。

⑤ 随工验收记录，分项工程质量验收记录。

⑥ 隐蔽工程验收记录及签证。

⑦ 培训记录及培训资料。

编制竣工报告

（3）竣工技术文件应保证质量，做到外观整洁、内容齐全、数据正确。

① 文件中的说明和图纸须配套并完整、外观整洁，文件有编号，方便登记归档。

② 竣工验收技术文件最少一式三份，如有需要可增加份数，满足各方需要。

③ 文件内容完整、齐全无漏，图纸数据准确无误，文字图表清晰，叙述表达条理清楚。

④ 技术文件的文字页数和排列顺序及图纸编号等应与目录相对应，做到查阅简便、利于查考，文字和图纸装订成册，取用方便。

（4）竣工图纸应包括说明、设计系统图和反映各部分设备安装情况的施工图。竣工图纸应包括以下内容。

① 安装场地和布线管道的位置、尺寸、标识符等。

② 设备间、电信间、进线间等安装场地的平面图或剖面图及信息插座模块安装位置。

③ 缆线布放路径、弯曲半径、孔洞、连接方法及尺寸等。

4. 验收内容

竣工验收内容及步骤如下。

（1）确认各阶段测试检查结果。

（2）验收组认为必要的项目的复验。

（3）设备的清点核实。

（4）全部竣工图纸、文档资料审查等。

（5）工程评定和签收。

5. 综合布线系统工程的检验

应按《综合布线工程验收规范》（GB 50312—2016）附录 A 所示项目、内容进行检验，检验应作为工程竣工资料的组成部分及工程验收的依据之一，并应符合下列规定。

（1）系统工程安装质量检查。各项指标符合设计要求，被检项检查结果应为合格，被检项的合格率为 100%，工程安装质量应为合格。

（2）竣工验收需要抽检系统性能时，抽样比例不应低于 10%，抽样点应包括最远布线点。

（3）系统性能检测单项合格判定应符合下列规定。

① 一个被测项目的技术参数测试结果不合格，则该项目应为不合格。当某一被测项目的检测结果与相应规定的差值在仪表准确范围内时，则该被检测项目应为合格。

② 按《综合布线工程验收规范》（GB 50312—2016）附录 B 的指标要求，采用 4 对对绞电缆作为水平电缆或主干电缆，所组成的链路或信道有一项指标测试结果不合格，则该水平链路、信道或主干链路、信道应为不合格。

③ 主干布线大对数电缆中按 4 对对绞线对测试，有一项指标不合格，则该线对应为不合格。

④ 当光纤链路、信道测试结果不满足《综合布线工程验收规范》（GB 50312—2016）附录 C 的指标要求时，则该光纤链路、信道均为不合格。

⑤ 未通过检测的链路、信道的电缆线对或光纤可在修复后复检。

（4）竣工检测综合合格判定应符合的规定。

① 对绞电缆布线全部检测时，无法修复的链路、信道或不合格线对数量有一项超过被测总数的 1% 时，应为不合格。光缆布线系统检测时，当系统中有一条光纤链路、信道无法修复时，则为不合格。

② 对绞电缆布线抽样检测时，被抽样检测点（线对）不合格比例不大于被测总数的 1% 时，应为抽样检测通过，不合格点（线对）应予以修复并复检；被抽样检测点（线对）不合格比例如果大于 1%，应为一次抽样检测未通过，应进行加倍抽样，加倍抽样不合格比例不大于 1%，应为抽样检测通过；当不合格比例仍大于 1% 时，应进行全部检测，并按全部检测要求进行判定。

③ 当全部检测或抽样检测的结论为合格时，则竣工检测的最后结论为合格；当全部检测或抽样检测的结论为不合格时，则竣工检测的最后结论为不合格。

（5）综合布线管理系统的验收合格判定应符合的规定。

① 标签和标识应按 10% 抽检，系统软件功能应全部检测，检测结果符合设计要求应为合格。

② 智能配线系统应检测电子配线架链路、信道的物理连接，以及与管理系统软件中显示的链路、信道连接关系的一致性，按 10% 抽检，连接关系全部一致应为合格，有一条及以上链路、信道不一致时，应整改后重新抽测。

6. 光纤到用户单位系统工程合格的判定

用户光缆的光纤链路 100% 测试合格，工程质量判定为合格。

 理论链接 1

综合布线系统工程竣工验收的前提条件

（1）隐蔽工程和非隐蔽工程在各个阶段的随工验收已经完成，且验收文件齐全。

（2）综合布线系统中的各种设备都已自检测试，测试记录完备。

（3）综合布线系统各个子系统已经试运行，且有试运行的结果。

（4）工程设计文件、竣工资料及竣工图样均完整、齐全。此外，设计变更文件和工程施工监理代表签证等重要文字依据均已收集汇总，装订成册。

 理论链接 2

项目竣工验收依据

（1）技术设计方案。

（2）施工图设计。

（3）设备技术说明书。

（4）设计修改变更单。

（5）现行的技术验收规范。

习　题

一、选择题

1. 工程验收项目的内容和方法，应按照（　　　）的规定执行。

　　A. TSB-67　　　　　　　　　　　B. GB 50312—2016

　　C. GB 50311—2016　　　　　　　D. TIA/EIA 568B

2.综合布线系统工程的验收内容中，验收项目（　　　）是环境要求的验收内容。

    A.电缆电气性能测试　　　B.施工电源　　　　C.外观检查　　　　D.消防器材

3.综合布线系统工程的验收内容中，验收项目（　　　）不属于隐蔽工程签证。

    A.管道线缆　　　　　　　B.架空线缆　　　　C.埋式线缆　　　　D.隧道线缆

二、简答题

1.综合布线验收有哪些相关标准?

2.简述综合布线系统验收步骤。

3.简述综合布线系统环境验收内容。

4.简述综合布线系统器材验收内容。

5.简述综合布线系统缆线的敷设与保护方式检查内容。

6.简述综合布线系统设备安装检查内容。

7.简述综合布线系统缆线终接检查内容。

项目 *4*　综合布线工程管理与监理

任务引入

网络布线设计师小吴在设计好某高校新校区综合布线工程施工图纸等资料后，经相关单位审批可以开工。施工员小周按照设计图纸根据施工标准进行综合布线工程施工，小王作为该项目综合布线工程的管理人员，小张作为该项目综合布线工程的监理人员，两人各自带领项目管理团队和监理团队人员，做好每一项管理和监理工作任务。

机电系实训楼一层、二层、三层施工图如图 2-0-1～ 图 2-0-3 所示。

2017 年 5 月 4 日，中华人民共和国住房和城乡建设部公告《建设工程项目管理规范》（GB/T 50326—2017）自 2018 年 1 月 1 日起实施，原《建设工程项目管理规范》（GB/T 50326—2006）同时废止。

综合布线系统工程项目管理是综合布线工程施工质量的保证，作为项目管理人员必须熟悉《建设工程项目管理规范》（GB/T 50326—2017）等相关规范要求。

4.1　综合布线工程项目管理的概念和组织机构

4.1.1　综合布线工程项目管理的概念

根据《建设工程项目管理规范》（GB/T 50326—2017）的规定，建设工程项目管理（construction project management，CPM）是运用系统的理论和方法，对建设工程项目进行的计划、组织、指挥、协调和控制等专业化活动，简称为项目管理。

管理概念和
组织机构

4.1.2　综合布线工程项目管理组织和相关人员

1. 综合布线工程项目管理组织

项目管理组织是为实现其目标而具有职责、权限和关系等自身职能的个人或实施群体，包括发包人、承包人、分包人和其他有关单位为完成项目管理目标而建立的管理组织（以下简称组织）。项目管理组织的构成应明确自身管理范围，并达到相应的资质要求。

2. 综合布线工程项目管理相关人员

（1）发包人。

按招标文件或合同中的约定，具有项目发包主体资格和支付合同价款能力的当事人或者取得该当事人资格的合法继承人。

发包人是工程项目合同的当事人之一，是以协议或其他完备手续取得项目发布主体资格、承认全部合同条件、能够并愿意履行合同义务的合同当事人。项目发包人也可称为甲方。

在项目管理人员小周管理的某局弱电项目中，项目发包人为某局单位，某局为甲方。

（2）承包人。

按合同约定，被发包人接受的具有项目承包主体资格的当事人，以及取得该当事人资格的合法继承人。

承包人是项目合同的当事人之一，是具有法人资格和满足相应资质要求的单位。承包人根据发包人的要求，可以承包项目工程的勘测、设计、采购、施工和试运行全过程，也可以承包其中部分阶段，项目承包人可称为乙方。

在小周管理的这个项目中，项目承包人为某弱电公司，该弱电公司也称为乙方。

（3）分包人。

承担项目的部分工程或服务并具有相应资格的当事人。

承包人将其承包合同中所约定工作的一部分发给具有相应资质的企业承担，简称为分包。当项目承包人将其合同中的部分责任依法发包给具有相应资质的企业时，则该企业也成为项目承包人之一，简称为分包人。

在小周管理的这个项目中，弱电公司将该项目一部分发包给另一个弱电公司建设，则另一个公司为分包人。

（4）相关方。

相关方是指能够影响决策或活动、受决策或活动影响，或感觉自身受到决策或活动影响的个人或组织。

4.1.3　综合布线工程管理机构和构成人员

1. 工程管理机构设置

现场施工人员管理机构设置如图 4-1-1 所示。

2. 各机构主要人员分工

根据组织授权，直接实施项目管理的单位可以是项目管理公司、项目部、工程监理部等。相关人员有工程总负责人、项目经理、项目副经理、项目工程师、材料员和安全员等。

根据现场的实际情况，如工程项目较小，可一人承担两项或三项工作；如工程项目较大，可相应增加管理人员，具体人数视工程项目大小决定。

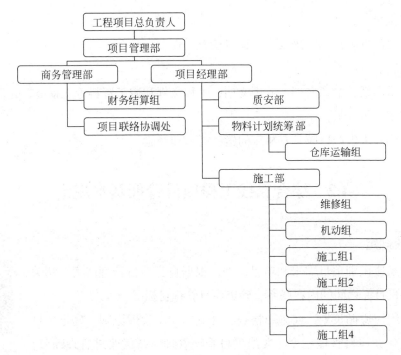

图 4-1-1　现场施工人员管理机构

（1）项目经理。

项目经理又称为项目负责人，是组织法定代表人在建设工程项目上的授权委托代理人。

项目经理应具备丰富的管理经验，负责工程项目的组织管理，编制施工组织设计或施工方案，包括施工组织、安排、检查等；负责进度、质量、安全的计划和管理；负责与项目各方的协调沟通工作，包括总包、业主、分包等关联方协调沟通；负责项目的收款、验收、结算、竣工资料收集整理等工作，保证工程质量、进度及安全文明施工，确保合同的履行和项目的经济效益。

（2）技术人员。

技术人员要求具有丰富的工程施工经验，负责单位工程的施工组织，落实单位工程施工组织设计和工程施工技术措施，负责工程施工的日常技术、质量管理工程，负责施工现场的生产管理工作，对项目实施过程中出现的进度、技术等问题，及时上报项目经理。熟悉综合布线系统的工程特点、技术特点及产品特点，并熟悉相关技术执行标准及验收标准，负责协调系统设备检验与工程验收工作，确保完成建设任务及各项技术质量指标。

（3）质检员。

按国家质量标准组织实施质量综合管理工作。

（4）材料员。

要求熟悉工程所需的材料、设备规格，负责材料、设备的进出库管理和库存管理，负责库存设备的完好无损。

（5）安全员。

负责项目的安全技术管理及安全监督检查工作。

（6）资料员。

负责日常图纸、洽商文档、监理文档、工程文件和竣工资料等工程资料的整理。

（7）施工班组人员。

承担工程施工生产，应具有相应的施工能力和经验。

4.2　综合布线工程项目管理基本规定

4.2.1　一般规定

（1）组织应识别项目需求和项目范围，根据自身项目管理能力、相关方约定及项目目标之间的内在联系，确定项目管理目标。

（2）组织应遵循策划、实施、检查、处置的动态管理原则，确定项目管理流程，建立项目管理制度，实施项目系统管理，持续改进管理绩效，提高相关方满意程度，确保实现项目管理目标。

管理基本规定

4.2.2　项目范围管理

（1）组织应确定项目范围管理的工作职责和程序。

（2）项目范围管理的过程应包括下列内容。

① 范围计划。

② 范围界定。

③ 范围确认。

④ 范围变更控制。

（3）组织应把项目范围管理贯穿于项目的全过程。

4.2.3　项目管理流程

（1）项目管理机构应按项目管理流程实施。项目管理流程应包括启动、策划、实施、监控和收尾过程，各个过程之间既相互独立，又相互联系。

（2）启动过程应明确项目概念，初步确定项目范围，识别影响项目最终结果的内外部相关方。

（3）策划过程应明确项目范围，协调项目相关方期望，优化项目目标，为实现项目目标进行项目管理规划与项目管理配套策划。

（4）实施过程应按项目管理策划要求组织人员和资源，实施具体措施，完成项目管理策划中确定的工作。

（5）监控过程应对照项目管理策划，监督项目活动，分析项目进展情况，识别必要的变更需求并实施变更。

（6）收尾过程应完成全部过程或阶段的所有活动，正式结束项目或阶段。

4.2.4 项目管理制度

（1）组织应建立项目管理制度，项目管理制度应包括下列内容。

① 规定工作内容、范围、工作程序和方式的规章制度。

② 规定工作职权、职责和利益的界定及其关系的责任制度。

（2）组织应根据项目管理流程的特点，在满足合同和组织发展需求的条件下，对项目管理制度进行总体策划。

（3）组织应根据项目管理范围确定项目管理制度，在项目管理各个过程规定相关管理要求并形成文件。

（4）组织应实施项目管理制度，建立相应的评估与改进机制，必要时应变更项目管理制度并修改相关文件。

4.2.5 项目系统管理

（1）组织应识别影响项目管理目标实现的所有过程，确定其相互关系和相互作用，集成项目寿命期阶段的各项因素。

（2）组织应确定项目系统管理方法。系统管理方法应包括下列内容。

① 系统分析。

② 系统设计。

③ 系统实施。

④ 系统综合评价。

（3）组织在项目管理过程中应用系统管理方法应符合下列规定。

① 在综合分析项目质量、安全、环保、工期和成本之间内在联系的基础上，结合各个目标的优先级，分析和论证项目目标，在项目目标策划过程中兼顾各个目标的内在需求。

② 对项目投资决策、招投标、勘察、设计、采购、施工、试运行进行系统整合，在综合平衡项目各过程和专业之间关系的基础上，实施项目系统管理。

③ 对项目实施的变更风险进行管理，兼顾相关过程需求，平衡各种管理关系，确保项目偏差的系统性控制。

④ 对项目系统管理过程和结果进行监督和控制，评价项目系统管理绩效。

4.2.6 项目相关方管理

（1）组织应识别项目的所有相关方，了解其需求和期望，确保项目管理要求与相关方的期望一致。

（2）组织的项目管理应使顾客满意，兼顾其他相关方的期望和要求。

（3）组织应通过实施下列项目管理活动使相关方满意。

① 遵守国家有关法律和法规。

② 确保履行工程合同要求。

③ 保障健康和安全，减少或消除项目对环境造成的影响。

④ 与相关方建立互利共赢的合作关系。

⑤ 构建良好的组织内部环境。

⑥ 通过相关方满意度的测评，提升相关方管理水平。

4.2.7　项目管理持续改进

（1）组织应确保项目管理的持续改进，将外部需求与内部管理相互融合，以满足项目风险预防和组织的发展需求。

（2）组织应在内部采用下列项目管理持续改进的方法。

① 对已经发现的不合格工程采取措施予以纠正。

② 针对不合格的原因采取纠正措施予以消除。

③ 对潜在的不合格原因采取措施，防止不合格工程的发生。

④ 针对项目管理的增值需求采取措施予以持续满足。

（3）组织应在过程实施前评审各项改进措施的风险，以保证改进措施的有效性和适宜性。

（4）组织应对员工在持续改进意识和方法方面进行培训，使持续改进成为员工的岗位目标。组织应对项目管理绩效的持续改进进行跟踪指导和监控。

4.3　综合布线工程的项目管理内容

综合布线工程的项目管理内容包括现场管理制度与要求、现场技术管理要求、现场材料管理要求、现场安全管理要求、现场质量控制管理要求、现场成本控制管理要求、现场施工进度控制管理要求和现场工程施工各类报表管理。

现场管理制度
与要求

4.3.1　现场管理制度与要求

1. 现场管理

施工现场指综合布线施工活动所涉及的施工场地，以及项目各部门和施工人员可能涉及的一切活动范围。综合布线现场管理工作，应着重考虑对施工现场工作环境、居住环境、自然环境、现场物资以及所有参与项目施工的人员行为进行管理。现场管理应按照事前、事中、事后的时间段，采用制订计划、实施计划、过程检查的方式，发现问题后，对问题进行分析、制定预防和纠正措施的程序，达到现场管理的基本要求。

现场管理主要包括以下四个方面。

（1）现场工作环境管理。

项目经理应按照施工组织设计的要求管理现场工作环境，落实各项工作责任人，严格执行检查计划，对于检查中所发现的问题进行分析，制定纠正及预防措施，并给予实施，对工程中的责任事故应按奖惩方案予以奖惩。

（2）现场居住环境管理。

项目经理应对施工驻地的材料放置和厨房卫生进行重点管理，落实驻点管理负责人和工地厨房管理办法、员工宿舍管理办法、驻点防火防盗措施、驻点环境卫生管理办法，教育员工熟悉发生火灾时的逃生通道，保证施工人员和施工材料的安全。

（3）现场周围环境管理。

项目经理需要考虑施工现场周围环境的地形特点、施工的季节、现场的交通流量、施工现场附近的居民密度、施工现场的高压线和其他管线情况、与公路及铁路的交越情况、与河流的交越情况，在满足施工条件的前提下进行施工作业。对重要环境因素应重点对待。

（4）现场物资管理。

在工地驻点的物资存放方面，应根据施工工序的前后次序放置施工材料，并进行恰当标识。现场物资应整齐堆放，注意防火、防盗、防潮。物资管理人员还应做好现场物资进货、领用的账目记录，并负责向业主移交剩余物资，办理相关手续。对上述工作的完成情况，项目经理应在施工过程中进行检查，发现问题时应按照相应规定进行处理。

2. 制度与要求

为提升布线施工项目以及建设单位、监理单位、各施工单位等参与单位的协调施工，保证项目运行的高效性、严密性和条理性，确保项目保质顺利完成，需要制定严格的现场管理制度和要求，并严格执行。

现场基本管理制度包括以下内容。

（1）工地安全文明施工管理制度。

（2）工地现场质量管理制度。

（3）工地现场协调管理制度。

（4）工地现场会议管理制度。

（5）工期管理制度。

（6）现场施工临时用水用电管理制度。

4.3.2 现场技术管理要求

现场技术管理

1. 图纸审核

在工程开工前,工程管理及技术人员应该充分了解设计意图、工程特点和技术要求。

(1)施工图的自审。

施工单位收到有关技术文件后,应尽快熟悉施工图设计,写出自审的记录。自审施工图设计的记录应包括对设计图纸的疑问和对设计图纸的有关建议等。

(2)施工图设计会审。

施工图设计会审一般由业主主持,由设计单位、施工单位和监理单位参加,四方共同进行施工图设计的会审。

审定后的施工图设计与施工图设计会审纪要都是指导施工的法定性文件,在施工中既要满足规范、规程,又要满足施工图设计和会审纪要的要求。图样会审记录是施工文件的组成部分,与施工图具有同等效力,所以图样会审记录的管理办法和发放范围与施工图管理发放相同,并认真实施。

2. 技术交底

技术交底是确保工程项目质量的关键环节,是质量要求、技术标准得以全面认真执行的保证。

(1)技术交底的内容。

技术交底的内容包括工程概况、施工方案、质量策划、安全措施、"三新"技术、关键工序、特殊工序、质量控制点、施工工艺、法律、法规、对成品和半成品的保护,制定保护措施、质量通病预防及注意事项。

(2)技术交底的依据。

技术交底应在合同交底的基础上进行,主要依据有施工合同、施工图设计、工程摸底报告、设计会审纪要、施工规范、各项技术指标、管理体系要求、作业指导书、业主或监理工程师的其他书面要求等。

(3)技术交底的要求。

施工前项目负责人对分项、分部负责人进行技术交底,施工中对业主或监理提出的有关施工方案、技术措施及设计变更的要求在执行前进行技术交底。技术交底要做到逐级交底,根据接受交底人员岗位的不同其交底的内容也有所不同。

3. 工程变更

工程设计经过用户认可后,施工单位无权单方面改变设计。工程施工过程中如确实需要对原设计进行修改,必须由施工单位和用户主管部门协商解决。对局部改动必须填报"工程设计变更单",如表 4-3-1 所示,经审批后方可施工。

表 4-3-1　工程设计变更单

工程名称		原图名称	
设计单位		原图编号	
原设计规定的内容：		变更后的工作内容：	
变更原因说明：		批准单位及文号：	
原工程量		现工程量	
原材料数		现材料数	
补充图纸编号		日期	年　月　日

4.编制现场施工管理文件和综合布线施工文件

（1）施工进度日志。

施工进度日志由现场工程师每日随工程进度填写施工中需要记录的事项。

（2）施工责任人员签到表。

施工责任人员必须按先后顺序签到，每人须亲笔签名，明确施工的责任人。签到表由现场项目工程师负责落实，并保留存档。

（3）施工事故报告单。

施工过程中无论出现何种事故，都应由项目负责人将初步情况填报"事故报告"。

（4）工程开工报告。

工程开工前由项目工程师负责填写开工报告，待有关部门正式批准后方可开工。正式开工后该报告由施工管理员负责保存待查。

（5）施工报停表。

在工程实施过程中可能会受到其他施工单位的影响，或者由于用户单位提供的施工场地和条件及其他原因造成施工无法进行。为了明确工期延误的责任，应该及时填写施工报停表，在有关部门批复后将该表存档。

（6）工程领料单。

项目工程师根据现场施工进度情况安排材料发放工作，具体的领料情况必须有单据存档。具体格式如表 4-3-2 所示。

表 4-3-2　工程领料单

工程名称			领料单位		
批料人			领料日期	年　月　日	
序号	材料名称	材料编号	单　位	数　量	备　注
1					
2					
3					
4					
5					
6					
7					
8					

4.3.3　现场材料管理要求

1. 材料管理

现场材料的管理包括以下内容。

现场材料管理

（1）做好材料采购前的基础工作，制定材料管理制度、使用监督制度。

（2）各分项工程都要控制材料的使用。

（3）在材料领取、限额领料、入库出库、用料、补料和废料回收等环节上引起重视，严格管理，建立材料使用台账。

（4）对于材料操作消耗特别大的工序，由项目经理直接负责。

（5）具体施工过程中，可以按照不同的施工工序，将整个施工工程划分为几个阶段。在工序开始前，由施工员分配大型材料使用数量；施工过程中，如发现材料数量不够，由施工员报请项目经理领料，并说明材料使用数量不够的原因。

（6）每一阶段工程完工后，由施工员清点、汇报材料使用和剩余情况，材料超耗时须分析原因并与奖惩挂钩。

（7）对部分材料实行包干使用，节约有奖、超耗则罚的制度。

（8）及时发现和解决材料使用不节约、出入库不计量，生产中超额用料高等问题。

（9）实行特殊材料以旧换新，领取新料由材料使用人或负责人提交领料原因。材料报废须及时提交报废原因，以便有据可循，作为以后奖惩的依据。

（10）编制工程材料与设备的需求计划和使用计划。

（11）确保材料出厂或进场验收、储存管理、使用管理及不合格品处置等符合规定。

（12）组织对工程材料与设备计划、使用、回收以及相关制度进行考核评价。

2. 材料管理用表

现场材料的管理需要按照表 4-3-3 所示的内容进行。

表 4-3-3 材料管理表

序 号	材料名称	型 号	单 位	数 量	备 注
1					
2					

审核： 仓管： 日期：

4.3.4 现场质量控制管理要求

质量控制主要表现为施工组织和施工现场的质量控制，控制的内容包括工艺质量控制和产品质量控制，影响质量控制的因素主要有人、材料、机械、方法和环境五大方面。因此，对这五方面因素严格控制，是保证工程质量的关键。

一般采取的措施包括检查、规范施工、工程质量责任制、质量教育、技术交底、施工记录、材料品质保障、全面质量管理、高标准、文档保存等。

1. 质量控制管理一般规定

（1）根据需求制定质量管理和质量管理绩效考核制度，配备质量管理资源。

（2）坚持缺陷预防的原则，按照策划、实施、检查、处置的循环方式进行系统运作。

（3）通过对人员、材料、机械、方法、环境因素的全过程管理，确保工程质量满足质量标准和相关方要求。

（4）项目质量管理实施程序如下。

① 确定质量计划。

② 实施质量控制。

③ 开展质量检查与处置。

④ 落实质量改进方法。

现场质量控制管理

2. 编制质量计划

（1）质量目标和质量要求。

（2）质量管理体系和管理职责。

（3）质量管理与协调程序。

（4）法律法规和标准规范。

（5）质量控制点的设置与管理。

（6）项目生产要素的质量控制。

（7）实施质量目标和质量要求所采取的措施。

（8）项目质量文件管理。

3. 质量控制

严格按照质量要求进行管理，在管理过程中，跟踪、收集、整理实际数据，与质量要求进行比较，分析偏差产生的原因并采取措施予以纠正和处置。

4. 质量检查与处置

按计划设置质量控制点，按规定进行检验和检测。对不合格品，按规定进行标识、记录、评价、隔离，防止非预期的使用或交付。采用返修、加固、返工、让步接受和报废措施，对不合格品进行处置。

5. 质量改进

（1）对不合格品，分析不合格的原因，采用改进措施达到预期效果。

（2）了解发包人及其他相关方对质量的意见，确定质量管理改进目标，确保项目管理机构的质量改进。

6. 施工阶段

（1）根据用户提供的建筑图纸，完成结构化布线图的设计，特别应注意线缆的路由。

（2）由项目小组指派认证的布线工程师，定期检查施工中的预埋工程和主干桥架安装工程。

（3）由项目小组指派认证的布线工程师，督导施工队完成各功能区内管槽的布设，以及水平线缆的铺设。

（4）合理进行阶段性测试。

（5）严格管理施工队伍。

4.3.5 现场成本控制管理要求

1. 工程成本控制管理内容

（1）制定成本管理的规定。

（2）做好项目成本计划。

（3）组织签订合理的工程合同与材料合同。

（4）制订合理可行的施工方案。

（5）施工过程中应控制降低材料成本，节约现场管理费用。

（6）对成本进行核算。

（7）工程总结分析。

（8）根据项目部制定的考核制度，体现奖优罚劣的原则。

（9）竣工验收阶段要着重做好工程的扫尾工作。

2. 工程成本控制基本原则

（1）加强现场管理，合理安排材料进场和堆放，减少二次搬运和损耗。

（2）加强材料的管理工作，做到不错发、错领材料，不丢窃遗失材料，施工班组要合理使用材料，做到材料精用。在敷设线缆过程中，既要留有适量的余量，还应力求节约，不要浪费。

（3）材料管理人员要及时组织使用材料的发放和施工现场材料的收集工作。

（4）加强技术交流，推广先进的施工方法，积极采用科学的施工方案，提高施工技术。

4.3.6 现场施工进度控制管理要求

1. 施工进度控制内容

施工进度控制是技术性要求较强的工作，不仅要求施工管理人员掌握施工组织设计的编制，还要熟悉工程劳动定额与工程预算定额、技术方案方面的知识。

在工程项目实施过程中，进度控制就是经过不断地计划、执行、检查、分析和调整的动态循环，做好施工进度的计划与衔接，跟踪检查施工进度计划的执行情况，在必要时进行调整，在保证工程质量的前提下，确保工程建设进度目标的实现。

2. 施工进度控制流程

（1）安装水平线槽。

（2）安装铺设穿线管。

（3）安装信息插座暗盒。

（4）安装竖井桥架。

（5）水平线槽与竖井桥架的连接。

（6）铺设水平 UTP 线缆。

（7）铺设垂直主干大对数电缆、光缆。

（8）安装工作区模块面板。

3. 施工进度管理遵循的程序

（1）编制进度计划。

（2）进度计划交底，落实管理责任。

（3）实施进度计划。

（4）进行进度控制和变更管理。

4.3.7 现场工程施工各类报表管理

1. 施工组织进度表

施工组织进度表控制布线工程的整体施工进度情况，便于宏观管理，确保工期。根据实际情况进行综合布线工程的项目内容划分，在此基础上，制作施工进度表的表名及表头，然后按实际施工时间需求规划日期安排。完整的施工进度表制作效果如图 4-3-1 所示。

2. 施工进度日志

施工进度日志由现场工程师每日随工程进度填写施工中需要记录的事项。具体表格样式如表 4-3-4 所示。

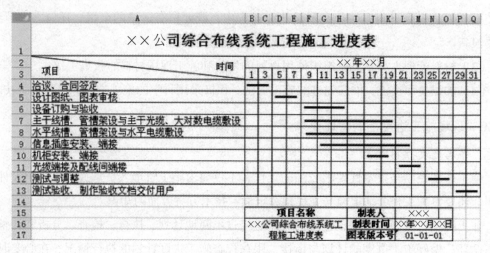

图 4-3-1 施工进度表

表 4-3-4 施工进度日志

组别:	人数:	负责人:	日期:
工程进度计划:			
工程实际进度:			
工程情况记录:			

时间:	方位、编号:	处理情况:	尚待处理情况:	备注:

3. 施工责任人员签到表

施工责任人员必须按先后顺序签到,每人须亲笔签名,明确施工的责任人。签到表由现场项目工程师负责落实,并保留存档。具体表格样式如表 4-3-5 所示。

表 4-3-5 施工责任人员签到表

项目名称:				项目工程师:		
日期	姓名1	姓名2	姓名3	姓名4	姓名5	姓名6	姓名7

4. 施工事故报告单

施工过程中无论出现何种事故,都应由项目负责人将初步情况填报"事故报告"。具体表格样式如表 4-3-6 所示。

表 4-3-6　施工事故报告单

填报单位：	项目工程师：
工程名称：	设计单位：
地点：	施工单位：
事故发生时间：	报出时间：

事故情况及主要原因：

5. 工程开工报告

工程开工前由项目工程师负责填写开工报告，待有关部门正式批准后方可开工。正式开工后该报告由施工管理员负责保存待查。具体表格样式如表 4-3-7 所示。

表 4-3-7　工程开工报告

工程名称：		工程地点：	
用户单位：		施工单位：	
计划开工：	年　月　日	计划竣工：	年　月　日

工程主要内容：

工程主要情况：

主抄：	施工单位意见：	建设单位意见：
抄送：	签名：	签名：
报告日期：	日期：	日期：

6.施工报停表

在工程实施过程中可能会受到其他施工单位的影响，或者由于用户单位提供的施工场地和条件及其他原因造成施工无法进行。为了明确工期延误的责任，应该及时填写施工报停表，在有关部门批复后将该表存档。具体表格样式如表 4-3-8 所示。

表 4-3-8　施工报停表

工程名称：		工程地点：	
建设单位：		施工单位：	
停工日期：	年　月　日	计划复工：	年　月　日
工程停工主要原因：			
计划采取的措施和建议：			
停工造成的损失和影响：			
主抄：	施工单位意见：		建设单位意见：
抄送：	签名：		签名：
报告日期：	日期：		日期：

4.4　综合布线工程监理

根据国家、地方建设主管部门制定的有关工程建设和工程监理的法律、法规的规定，工程施工必须执行工程监理制度，以确保工程的施工质量，控制工程的投资。

建设工程监理是工程监理单位受建设单位委托，根据法律法规、工程建设标准、勘察设计文件及合同，在施工阶段对建设工程质量、进度、造价进行控制，对合同、信息进行管理，对工程建设相关方的关系进行协调，并履行建设工程安全生产管理法定职责的服务活动。工程建设监理具有服务性、独立性、公正性和科学性。

综合布线工程监理依据以下文件。

（1）《建设工程监理规范》（GB 50319—2017）。

（2）合同，如施工承包合同，器材、设备采购合同，监理合同。

（3）设计文件，如施工图设计、设计会审纪要。

（4）《综合布线系统设计规范》（GB 50311—2016）、《综合布线系统验收规范》（GB 50312—2016）。

（5）其他通信管道、线路技术规范与验收规定。

（6）其他国家和行业标准。

4.4.1　综合布线工程监理的职责和服务范围

1. 综合布线工程监理的职责

监理职责

2017年中国建设监理协会会同有关单位修订了2013版监理规范，并出台了《建设工程监理规范》（GB 50319—2017）。各相关行业行政主管部门和地方建设主管部门相继制定了工程建设监理制度，规范监理工作。

综合布线工程监理必须依照综合布线工程建设的行政法规和技术标准，综合运用法律、经济、行政、技术标准和有关政策，约束监理的随意性和盲目性，对综合布线工程建设项目的投资、质量、进度目标进行有效控制，达到维护建设单位和施工单位双方的合法权益，实现合同签订的要求及建设项目最佳综合效益的目的。

综合布线工程监理的主要职责是受建设单位（业主）委托，对项目建设的全过程实施专业化监督管理，包括质量控制、进度控制、投资控制、合同管理和信息管理以及协调有关单位间的工作关系。据此，可将综合布线工程监理的职责概括总结为三控制、二管理、一协调。

2. 综合布线工程监理的服务范围

监理的服务范围是指工程的实施阶段和规模容量。监理的工作内容是指在工程的实施阶段和工程的规模容量内监理单位应做的具体工作。建设工程监理工作的基本服务范围如下。

（1）工程管理方面。

① 对建设单位签订的各个合同进行履约和风险分析，预测各合同履行过程中可能出现的问题或纠纷。

② 提醒或协助建设单位履行合同，如对具备验收条件的工程进行验收。

③ 根据建设单位的授权，发布开工、停工和复工指令。

④ 公正处理承建商提出的索赔要求。

⑤ 组织工程协调会，协调有关各方的关系，公正调解合同争议。

⑥ 进行工程质量控制和验收。

⑦ 进行工程进度控制和检查。

⑧ 进行工程计量、支付的审查。

⑨ 提交有关阶段的专项报告和工程监理总结报告。

⑩ 审核承建商提交的竣工资料和结算文件。

⑪ 做好监理记录，受理工程监理档案。

（2）工程质量控制方面。

① 检查承建商的质量管理体系（机构管理制度和人员素质，如特殊工种上岗证）和进场工具设备。

② 审查分包单位的资质。

③ 审查承建商提交的施工组织设计、技术方案。

④ 检查工程所用材料、半成品、构件和设备的数量和质量、出厂产品合格证，必要时进行现场测试，并做好测试记录签证。

⑤ 现场检查用于工程的各种材料配合比的准备程度。

⑥ 审查测量放样工序，并对现场放样进行检查和复核。

⑦ 对施工工艺过程进行控制，对工程工序质量进行验收。

⑧ 对工程的所有隐蔽工程及时进行验收，并办理签证手续。

（3）工程进度控制方面。

① 审查并确认承建商报送的各种进度计划，包括总体和分项进度计划、季进度计划、月进度计划、周进度计划等。

② 定期检查工程进度，并对比进度计划分析原因。

③ 根据实际情况提出进度控制措施。

（4）工程造价控制方面。

① 对实际完成工程量进行计量。

② 对工程计量进行计价。

③ 审核工程付款申请，重点审核工程进度。

④ 确定工程变更的价款。严格审核工程变更方案是否合理、依据是否充分、图纸是否与实际相符以及预算表格各项数据、统计计算是否正确等。

4.4.2　综合布线工程项目监理机构

1. 项目监理机构

（1）项目监理机构是监理单位派驻工程项目负责履行委托监理合同的组织机构。由总监、总监代表、专业监理工程师和监理员等组成。监理任务完成后监理机构可以撤销。

监理机构

（2）项目监理机构行为规范如下。

① 监理机构必须处理好参与工程建设各单位之间的关系，在授权范围内独立开展工作，科学管理；既要确保建设单位的利益，又要维护承建商的合法权益。

② 监理机构必须坚持原则，热情服务，采取动态与静态相结合的控制方式，抓好关键点，确保工程顺利完成。

③ 监理机构不得聘用不合格的监理人员承担监理业务。

④ 监理机构必须廉洁自律，严禁行贿受贿。不得让承包单位管吃管住。严禁监理机构、建设单位或承包单位串通、弄虚作假，在工程上使用不符合设计要求的器材和设备，降低工程质量。

⑤ 监理机构应实事求是，不向建设单位隐瞒机构人员的状况，以及可能影响服务质量的因素。

⑥ 监理机构中的监理人员不得经营或参与该工程承包施工、设备材料采购或经营销售业务等有关活动，也不得在政府部门、承包单位、设备供应单位任职或兼职。

2. 项目监理机构人员

（1）总监理工程师。

总监理工程师由监理单位法定代表人书面授权，全面负责委托监理合同的履行、主持项目监理机构工作。

在授权范围内总监理工程师是建设单位的代表，是准仲裁员。总监理工程师必须持有专业工程师以上资格证书、行业监理工程师资格证书和岗位证书，并具有三年以上同类工程监理工作经验；有一定的管理水平，具备一定的管理素质和才能；有良好的工作作风和生活作风；具有良好的决策能力、组织指挥能力、调动控制能力、交际沟通能力、谈判能力、说服他人的能力和必要的妥协能力；掌握开会的艺术。

一名总监理工程师只宜担任一项委托监理合同的项目总监理工程师工作。当需要同时承担多项委托监理合同的项目总监理工程师工作时，须经建设单位同意，且最多不得超过三项。

① 总监理工程师的职责如下。

a. 主持编写项目监理规划、审批项目监理实施细则，并负责管理项目监理机构的日常工作。

b. 审查分包单位的资质，并提出审查意见。

c. 检查和监督监理人员的工作，根据工程项目的进展情况可进行监理人员调配，对不称职的监理人员应调换其工作。

d. 主持监理工作会议，签发项目监理机构的文件和指令。

e. 审定承包单位提交的开工报告、施工组织设计、技术方案、进度计划。

f. 确定项目监理机构人员的分工和岗位职责。

② 总监理工程师不得将下列工作委托给总监理工程师代表。

a. 主持编写项目监理规划、审批项目监理实施细则。

b. 签发工程开工 / 复工报审表、工程暂停令、工程款支付证书、工程竣工报验单。

c. 审核签认竣工结算。

d. 调解建设单位与承包单位的合同争议、处理索赔、审批工程延期。

e. 根据工程项目的进展情况进行监理人员的调配，调换不称职的监理人员。

（2）总监理工程师代表。

经监理单位法定代表人同意，由总监理工程师书面授权，代表总监理工程师行使其部分职责和权力的项目监理机构中的监理工程师。具有两年以上同类工程监理工作经验。

总监理工程师代表应履行以下职责。

① 负责总监理工程师指定或交办的监理工作。

② 按总监理工程师的授权，行使总监理工程师的部分职责和权力。

（3）专业监理工程师。

根据项目监理岗位职责分工和总监理工程师的指令，负责实施某一专业或某一方面的监理工作，具有相应监理文件签发权的监理工程师。具有一年以上同类工程监理工作经验。

专业监理工程师必须持有行业监理工程师资格证书和岗位证书，且具有该专业的工程师以上资格证。热爱本职工作，忠于职守，认真负责，具有对建设单位和工程项目高度的责任感；严格按照工程合同实施对工程的监理，既要保护建设单位的利益，又要公正地对待承包单位的利益；严格遵守国家及地方的各种法律、法规和规定，也要求承包商严格遵守，从而保护建设单位的正当权益；廉洁奉公，不接受所支付酬金外的报酬和任何回扣、提成、津贴或其他间接报酬；对了解和掌握的有关建设单位的事业情报资料必须保守秘密，不得有丝毫的泄密行为。

专业监理工程师的职责如下。

① 负责本专业监理工作的具体实施。

② 组织、指导、检查和监督本专业监理员的工作，当人员需要调整时，向总监理工程师提出建议。

③ 审查承包单位提交的涉及本专业的计划、方案、申请、变更，并向总监理工程师提出报告。

④ 负责本专业分项工程验收及隐蔽工程验收。

⑤ 定期向总监理工程师提交本专业监理工作实施情况报告，及时向总监理工程师汇报和请示重大问题。

⑥ 根据本专业监理工作实施情况做好监理日记。

⑦ 负责本专业监理资料的收集、汇总及整理，参与编写监理月报。

⑧ 核查进场材料、设备、构配件的原始凭证、检测报告等质量证明文件及其质量情况，根据实际情况认为有必要时对进场材料、设备、构配件进行平行检验，合格时予以签认。

⑨ 负责本专业的工程计量工作，审核工程计量的数据和原始凭证。

（4）监理员。

监理员人选由总监确定，是经过监理业务培训，具有同类工程相关专业知识，从事具体监理工作的人员。监理员必须持有行业培训合格证，且具有监理专业的技术员以上资格证。有良好的职业道德和敬业精神；熟悉通信工程的基本知识和施工规范，具有一定的施工管理经验和处理实际问题的能力；有较好的工作方法（工作提倡"四勤"和"四自"，即腿勤、嘴勤、手勤、脑勤；自信、自尊、自重、自爱）。

监理人员的职责如下。

① 检查承包单位投入工程项目的人力、材料、主要设备及其使用、运行状况，并做好检查记录。

② 复核或从施工现场直接获取工程计量的有关数据并签署原始凭证。

③ 按设计图及有关标准，对承包单位的工艺过程或施工工序进行检查和记录，对加工制作及工序施工质量检查结果进行记录。

④ 担任旁站工作，发现问题及时指出并向专业监理工程师报告。

⑤ 做好监理日记和有关的监理记录。

（5）资料员。

资料员必须具有计算机操作能力，懂得计算机管理监理工作的基本知识。

4.4.3　综合布线工程监理阶段及工作内容

综合布线系统工程的监理应该对综合布线工程建设项目采取全过程、全方位、多目标的方式，进行公证、客观、全面、科学的监督管理。也就是说，在综合布线工程项目的工程设计、安装施工、竣工验收、工程保养等阶段组成的整个过程中，对其投资、工期和质量等多个目标，在事先、事中（又称过程）和事后进行严格的控制和科学的管理。

1. 工程设计阶段的监理

设计招标是综合布线系统工程的首要环节，能否选择出合适的设计单位，将直接影响整个综合布线系统的后续工作。方案选定后，要尽快签订设计合同书，并严格监督管理合同的实施情况。

各监理阶段和内容

在设计合同实施阶段，工程监理要依据设计任务批准书编制设计资金使用计划、设计进度计划、设计质量标准要求，与设计单位协商，达成一致意见，贯彻建设单位的意图。对设计工作进行跟踪检查、阶段性审查；设计完成后，要对设计文件进行全面审查，主要内容如下。

（1）设计文件的完整性，标准是否符合规范规定要求以及技术的先进性、科学性、安全性和施工的可行性。

（2）设计概算及施工图预算的合理性以及建设单位投资能力的许可性。

（3）全面审查设计合同的执行情况，核定设计费用。

在设计之前确定项目投资目标，设计阶段开始对投资进行宏观控制，持续到工程项目的正式动工。设计阶段的投资控制实施是否有效，将对项目产生重大影响。同时，设计质量将直接影响整个项目的安全可靠性、实用性，并对项目的进度、质量产生一定的影响。

2. 安装施工阶段的监理

在工程安装施工阶段，监理要协助建设方编制标书、组织施工招标、投标、开标和评标等活动，并对工程实施全过程实行专业化监督管理。因此，又可将工程施工阶段的监理分为施工招投标阶段、施工准备阶段和施工阶段 3 个阶段。

施工招投标阶段工程监理的主要工作：审查招投标单位的资格；参与编制招标文件；参加评标与定标；协助签订施工合同等。实际情况是很多设计单位同时也是施工单位。

中标单位选定并签订施工合同后，进入施工准备阶段。监理人员要参加由建设单位组织的设计文件会审，提出设计中存在的问题；总监理工程师组织监理工程师审查施工单位报送的施工组织设计方案和施工技术方案；审核施工单位现场项目管理机构的质量管理体系、技术管理体系和质量保证体系；审核分包单位资质；审核施工单位报送的工程审查表及相关技术资料，由总监理工程师签发开工指令，并报建设单位。组织建设单位、设计单位、施工单位进行现场技术交底。

施工阶段工程监理的主要任务是对工程质量、工程造价和工程进度进行控制，达到合同规定的目标。监理应该以现场旁站方式为主，及时现场检查所用设备材料质量和安装质量，尤其是隐蔽工程质量，记录当日工作量，严格控制变更内容，定期组织现场协调会。

1）质量控制

工程质量包括施工质量和系统工程质量，工程质量控制可通过施工质量控制和系统工程检测验收实现，必须遵照《综合布线系统工程验收规范》（GB 50312—2016）执行，确保工程质量。其监理要点如下。

（1）开工后的工程监理要点。

① 协助审核确定合格分承包方。

② 明确设备器材的分类。

③ 明确设备器材进货检验规程。

④ 明确本工程所用的缆线以及连接硬件的规格、参数、质量，核查器材检验记录。

⑤ 本工程所用的缆线型号是否符合设计合同的要求，缆线识别标志、出厂合格证是否齐全；组织进行电缆电气性能抽样测试，做好记录，严禁不合格产品进入现场。

⑥ 明确施工单位的质量保证体系和安全保证体系。

⑦ 审查承包商提交的细部施工图。

（2）在缆线布放前的监理要点。

① 各种型材、管材和铁件的材质、规格、型号是否符合设计要求，其表面是否完好。

② 各种线槽、管道、孔洞的位置、数量、尺寸是否与设计文件一致；抽查各种管道口的处理情况是否符合设计要求，引线、拉线是否到位；信息插座附近是否有电源插座，距地面高度是否协调一致。

③ 各种电缆桥架的安装高度、距顶棚或其他障碍物的距离是否符合规范要求；线槽在吊顶安装时，开启面的净空距离是否符合规范要求。

④ 各种地面线槽交叉、转弯处的拉线盒，以及因线槽长度太长而安装的拉线盒与地面是否平齐，是否采取放水措施；各种预埋暗管的转弯角度及其个数和暗盒的设置情况；暗管转弯的曲率半径是否满足施工规范要求；暗管管口是否有绝缘套管，是否进行了封堵保护，管口伸出部位的长度是否满足要求。

⑤ 当桥架或线槽水平敷设时，支撑间距是否符合规范要求，垂直敷设时其固定在建筑物上的间距是否符合规范要求；当利用公用立柱布放缆线时，检查支撑点是否牢固。

（3）缆线敷设时的监理要求。

① 各种缆线布放是否自然平直，是否产生扭绞、打圈等现象；路由、位置是否与设计一致；抽查缆线起始、终端位置的标签是否齐全、清晰、正确。

② 电源线、信号电缆、对绞电缆、光缆以及建筑物其他布线系统的缆线分离情况，其最小间距是否满足规范要求。

③ 缆线在电信间、设备间、进线间、工作区的预留长度是否满足设计和规范要求；大对数电缆、光缆的弯曲半径是否满足规范要求，在施工过程中其弯曲半径是否满足要求。

④ 缆线布放过程中，吊挂缆线的支点、牵引端头是否符合要求；水平线槽布放时，线在进出线槽部位、转弯处是否绑扎固定；垂直线槽布放时，缆线固定间隔是否满足规范要求；线槽、吊顶支撑柱布线时，缆线的分束绑扎情况及线槽占空比是否满足规范要求。在钢管、线槽布线时，严禁缆线出现中间接头。

（4）设备安装的监理要点。

① 机柜、机架底座位置与成端电缆上线孔是否对应，如偏差较大，通知施工单位进行校正，检查跳线是否平直、整齐；机柜直列上下两端的垂直度如偏差超过 3mm，通知施工单位进行校正；检查机柜、机架的底座水平度如偏差超过 2mm，也应通知承包商进行校正；检查机柜的各种标识是否齐全、完整。

② 总配线架是否按照设计规范要求进行抗震加固；其防雷接地装置是否符合设计或规范要求，电气连接是否良好。

（5）缆线终接的监理要点。

① 缆线中间不允许有接头，缆线的标签和颜色是否相对应，检查无误后，方可按顺序终接。

② 检查缆线终接是否符合设备厂家和设计要求；终接处是否卡接牢固、接触良好；电缆与插接件的连接是否匹配，严禁出现颠倒和错接。

（6）对绞电缆的监理要点。

① 对绞电缆终接时，应抽查电缆的扭绞长度是否满足施工规范的要求；剥除电缆护套后，抽查电缆绝缘层是否损坏。认准线号、线位色标，不得颠倒和错接。

② 对绞电缆与信息插座的模块化插孔连接时，检查色标和线对卡接顺序是否正确；对绞电缆与信息插座的卡接端子连接时，检查卡接的顺序是否正确（先近后远、先下后上）；对绞电缆与接线模块卡接时，检查卡接方法是否满足设计和厂家要求。

③ 屏蔽电缆的屏蔽层与插接件终端处屏蔽罩是否可靠接触，接触面和接触长度是否符合施工要求。

（7）电缆芯线终接的监理要点。

① 光纤连接盒中，光纤的弯曲半径至少应为其外径的 15 倍；光纤连接盒的标志应清楚、安装应牢固。

② 光纤熔接或机械接续完毕，熔接或接续处是否牢固，是否采取了保护措施；光纤的接续损耗测试是否满足规范要求，必要时应抽查。

③ 光纤跳线的活动连接器是否干净、整洁，适配器插入位置是否与设计要求一致。

（8）系统测试的监理要点。

① 测试用的仪表应具有计量合格证，验证其有效性，不合格的仪表不得在工程测试中使用。测试仪表功能范围及精度应符合规范规定，满足施工及验收要求。

② 测试仪表应能存储测试数据并可输出测试信息。

③ 进行系统测试前，复查设备间的温度、湿度和电源电压是否符合要求。

④ 系统安装完成后，施工单位应进行全面自检，监理人员抽查部分重要环节。

⑤ 测试发现不合格，要查明原因，及时改正，直至符合设计和规范要求。

⑥ 测试记录应真实，打印清晰，整理归档。

⑦ 电缆敷设完毕，除进行导通测试、感官检验外，还应进行综合性校验测试，其现场测试的参数按标准和设计文件执行；测试完毕，应填写系统综合性校验测试记录表。

2）工程进度控制

工程进度控制的主要内容包括以下几项。

（1）建立工程监理日志制度，详细记录每日完成的工程量。

（2）督促施工单位及时提交施工进度月报表，并在审查认定后写出监理月报。

（3）定期召开例会和相关工程（如机电安装、装饰）进度会，对进度问题提出监理意见，协调处理影响进度的问题。

3）工程造价控制

工程造价控制的主要内容包括以下几项。

（1）严格控制设计变更，减少不必要的投资。

（2）按实际情况核准设备、材料的用量，杜绝虚报、假报的情况发生。

（3）按施工承包合同规定的工程付款办法审核工程量，并签发付款凭证（包括工程进度款、设计变更及洽商款、索赔款等），然后报建设单位。

3. 竣工验收阶段的监理

工程完工后，所有进货检验、过程检验、系统测试均完成，结构已满足设计及规范规定要求，才可以进行最终的竣工验收。施工单位应在竣工验收前，将全套文件、资料按规定的份数交给建设单位。竣工资料要内容齐全、数据准确、保证质量、外观整洁。

这一阶段监理工作的主要内容如下。

（1）检查审核竣工技术文件是否完整、真实、准确，一般应包括工程质量监督机构核定文件、竣工资料和技术档案、随工验收记录、工程洽商记录、系统测试记录、工程变更记录、隐蔽工程签证，安装工程量及设备器材明细表等。

（2）组织建设单位、设计单位、施工单位、质监部门进行竣工验收，必要时邀请相关专业专家参加，综合各方意见对工程做出全面评价，签署竣工文件。

（3）验收如果有遗留问题出现或不合格，则应查明原因、分清责任、提出解决办法，并责成责任单位限期整改。

由于各种原因，施工中遗留一些零星项目暂不能完成的要妥善处理，但不能影响办理整体验收手续，应按内容及工程量留足资金，限期完成。

4. 工程保养阶段的监理

工程竣工通过总验收后，工程将移交业主投入开通使用，工程进入保修阶段。在此阶段监理工程师需督促承建商完成下列工作内容。

（1）尽快完成竣工时尚未完成的工程。

（2）按监理工程师要求，对尚存在的一些质量缺陷做修补处理以使工程完全满足合同的质量要求。

（3）监理工程师定期对工程的重要部位的质量进行回访，发现问题应及时处理。

（4）监理工程师在缺陷责任期终止前，对工程进行全面检查，若承建方未完成全部工程，或尚有部分缺陷未修复，监理工程师在缺陷责任期终止日之后 14 天内，根据终止以前检查的结果，要求承建方完成未完成的工程和修补尚未修复的质量缺陷。

（5）在上述工作完成，并得到监理工程师的认可后，监理工程师在缺陷期终止日之后 28 天内签发缺陷责任终止证书。

保修期结束，提交监理业务手册。

4.4.4　监理大纲、监理规划和监理细则

1. 监理大纲

监理大纲又称监理方案，是监理单位为获得监理任务在监理投标阶段编制的项目监理方案型文件，它是监理投标书的组成部分。其目的是要使

监理大纲

建设单位信服，即若采用本监理单位的监理方案，可以实现建设单位的投资目标和建设意图。其作用是为监理单位经营目标服务，起承揽监理任务的作用。对于单项工程一般不编写监理大纲，只编写监理规划，有必要时再编写监理细则。

监理大纲的内容包括：监理单位拟派往从事项目监理的主要监理人员，并对他们的资质情况进行介绍；监理单位根据业主所提供的和自己初步掌握的工程信息制定准备采用的监理方案（监理组织方案、各目标控制方案、合同管理方案、组织协调方案）；明确说明将定期提供给业主的反映监理阶段成果的文件等。

2. 监理规划

监理规划是在监理委托合同签订后，在总监理工程师的主持下编制、经监理单位技术负责人批准，用来指导项目监理机构全面开展监理工作的指导性文件。监理规划的编制应针对项目的实际情况，明确项目监理机构的工作目标，确定具体的监理工作制度、程序、方法和措施，并应具有可操作性。

（1）监理规划的编制程序与依据。

在收到委托监理合同和设计文件后，由总监理工程师主持、专业监理工程师参加，共同编制监理规划。编制完成后必须经监理单位技术负责人审核批准，并应在召开第一次工地会议前报送建设单位。

编制监理规划应依据建设单位的相关法律法规、项目审批文件、与建设工程项目有关的标准规范、设计文件、技术资料、监理大纲、委托监理合同文件以及与建设该工程项目相关的合同文件。

（2）监理规划应包括的主要内容。

① 工程项目概况：工程建设主要内容、工期（开工、竣工日期）、设计单位、施工单位。

② 监理工作范围：工作建设主要内容的施工阶段监理。

③ 监理工作内容如下。

a. 监理工作目标，在总工期内根据建设单位要求进行调整。

b. 质量控制目标，依据监理合同的要求和施工合同有关质量的规定，将工程设计文件以及相关技术规范、操作规程和验收标准，作为本工程的质量控制目标。

c. 进度控制目标，施工合同中确定的日期为工程进度控制总目标。

d. 投资控制目标，按施工合同控制价款，以项目总价款为投资控制目标。若因设计变更、政策性调价按实调整的，一般按合同总价增加 5% 的预备费作为投资控制的目标。

（3）在监理工作实施过程中，如实际情况或条件发生重大变化而需要调整监理规划时，应由总监理工程师组织专业监理工程师研究修改，按原报审程序经过批准后报建设单位。

（4）监理工作依据。

①《建设工程监理规范》（GB 50319—2017）。

② 经有关部门批准的工程项目文件和设计文件。

③ 建设单位与承建单位签订的工程建设施工合同。

④ 建设单位与供货单位签订的工程器材、设备采购合同。

⑤ 建设单位和监理单位签订的工程建设监理合同。

⑥ 专业相关技术标准、规范、文件。

⑦ 项目监理机构的组织形式：明确组织机构和组成成员资料，如：在 ×× 设立本工程现场监理部：项目总监 ×××（电话：×××××××××），总监助理（电话：×××××××××），下设两个监理组：监理一组组长 ×××，监理二组组长 ×××。

⑧ 项目监理机构的人员配备计划：组织机构及监理人员配置表。

⑨ 项目监理机构的人员岗位职责：总监、总监助理、专业监理工程师、监理员等人的职责。

⑩ 监理工作程序（附图）：包括主要材料工地接货验收流程图、工序交接检验流程图、设计变更流程图和施工索赔流程图等。

⑪ 监理工作方法及措施：工程项目目标控制，主要包括进度、质量、投资的控制和协调管理。

（5）监理工作制度。

在监理工作实施过程中，如实际情况或条件发生重大变化而需要调整监理规划时，应由总监理工程师组织专业监理工程师研究修改，按原报审程序经过批准后报建设单位。

3. 监理细则

监理实施细则是根据监理规划，由专业监理工程师编写，并经总监理工程师批准，针对工程项目中某一专业或某一方面监理工作的操作性文件。对中型及以上或专业性较强的工程项目，项目监理机构应编制监理实施细则。监理实施细则应符合监理规划的要求，并应结合工程项目的专业特点，做到详细具体、具有可操作性。

（1）监理实施细则的编制程序与依据应符合下列规定。

① 监理实施细则应在相应工程施工开始前编制完成，并必须经总监理工程师批准。

② 监理实施细则应由专业监理工程师编制。

③ 编制监理实施细则的依据：已批准的监理规划；与专业工程相关的标准、设计文件和技术资料；施工组织设计。

（2）监理实施细则应包括下列主要内容。

① 专业工程的特点。

② 监理工作的流程。

③ 监理工作的控制要点及目标值。

④ 监理工作的方法及措施。

（3）在监理工作实施过程中，监理实施细则应根据实际情况进行补充、修改和完善。

① 质量控制实施细则。具体阐明适用范围、编制依据（检验标准、施工规范、设计

文件、招投标文件、承包合同中的规定等）、控制要点（控制点设置及预控措施）、控制程序、资料管理、有关附录等。

②进度控制实施细则。施工组织设计及工程进度计划审查，计划（出图计划、供应计划、人员计划），控制点，控制措施，周、月度计划，协调会议等。

③投资控制实施细则。涉及工程款支付、合同外费用增加、合同变更、索赔处理、工程结算、竣工决算等各个细节的控制。

4.4.5 监理总结和监理月报

1. 监理总结

监理工作总结应由总监理工程师组织编写，签认后报单位技术总负责人审定。监理总结应在工程初验通过后开始编写，在工程竣工验收前报送业主验收组。

监理总结

监理总结的主要内容如下。

（1）工程概况。

（2）监理组织和监理设施。

（3）监理合同履行情况。

（4）监理工作成效（质量控制、进度控制、投资控制、合同管理、信息管理）。

（5）监理工作的经验、教训和建议。

（6）工程遗留问题处理意见。

（7）工程投资情况。

（8）工程总体评价。

（9）工程照片（有必要时附）。

2. 监理月报

监理月报应由总监理工程师组织编制，签认后报设计单位和监理单位。

施工阶段的监理月报内容如下。

（1）本月工程概况。

（2）本月工程进度。

（3）工程进度：①本月实际完成情况与计划进度比较；②对进度完成情况及采取措施效果的分析。

（4）工程质量：①本月工程质量情况分析；②本月采取的工程质量措施及效果。

（5）工程计量和工程款支付，包括以下内容。

①工程量审核情况。

②工程款审批情况及月支付情况。

③工程款支付情况分析。

④ 本月采取的措施及效果。

（6）合同其他事项的处理情况：①工程变更；②工程延期；③费用索赔。

（7）本月监理小结，包括以下内容。

① 对本月进度、质量、工程款支付等方面情况的综合评价。

② 本月监理工作情况。

③ 有关本工程的意见和建议。

④ 下月监理工作的重点。

4.4.6   监理方法

在工程实施中，监理工程师应经常对承包单位的技术操作工序进行巡视或对操作进行面对面、不间断地督查。《建设工程质量管理条例》规定，监理工程师应当按照工程监理规范的要求采取旁站、巡视和平行检验等形式，对建设工程实施监理。

1. 旁站和巡视

（1）旁站。

旁站是指在关键部位或关键工序的施工过程中，监理人员在施工现场所采取的监督活动。它的要素有以下几个。

① 旁站是针对关键部位或关键工序并为保证这些关键工序或操作符合相应规范的要求所进行的。

② 旁站是监理人员在施工现场进行的。

③ 旁站是一个监督活动，并且一般情况下是间断的。视情况的需要，可以是连续的，可以通过目视，也可以通过仪器进行。

（2）巡视。

监理人员对正在施工的部位或工序在现场进行的定期或不定期的监督活动。

巡视相对于旁站而言，是对于一般的施工工序或施工操作所进行的一种监督检查的手段。项目监理机构为了了解施工现场的具体情况（包括施工的部位、工种、操作机械、质量等情况）需要每天巡视施工现场。

（3）旁站和巡视的区别。

首先，旁站和巡视的目的不同。巡视以了解情况和发现问题为主，巡视的方法以目视和记录为主。旁站是以确保关键工序或关键操作符合规范要求为目的，除了目视外，必要时还要辅以检查工具。其次，实施旁站的监理人员主要以监理员为主，而巡视是所有监理人员都应进行的一项日常工作。

2. 见证和平行检验

（1）见证。

见证也是监理人员现场监理工作的一种方式，是指承包单位实施某一工序或进行某项工作时，应在监理人员的现场监督下进行。见证的适用范围主要是质量的检查工作、工序验收、工程计量以及有关按合同实施人工工日、施工机械台班计量等。例如，监理人员在承包单位对工程材料的取样送检过程中进行的见证取样；又如通信建设监理人员对承包单位在通信设备加电过程中所做的对加电试验过程的记录。

对于见证工作，项目监理机构应在项目的监理规划中确定见证工作的内容和项目，并通知承包单位。承包单位在实施见证工作时，应主动通知项目监理机构有关见证的内容、时间和地点。

（2）平行检验。

平行检验是项目监理机构利用一定的检查或检测手段，在承包单位自检的基础上，按照一定的比例独立进行检查或检测的活动。

4.4.7 监理实施过程

综合布线工程监理实施步骤主要分为：施工图设计会审，施工组织设计审批，分包单位资格审批，开工报告审批，开工指令签发，进场器材、设备检测，隐蔽工程随工签证，监理例会，重大工程质量事故调查，设计变更签证，工程款支付签证，工程索赔签证，工程验收，工程结算审核制度，工程保修等。

监理实施过程

1. 施工图设计会审

（1）审查《施工图设计》的设计深度是否可以指导施工。包括主要电气指标和技术标准是否明确，设计说明与施工图纸是否相符，施工图纸是否齐全、有否差错和矛盾，设计预算所列主要器材、设备数量是否与设计说明、施工图纸相符，有否重列或漏项。

（2）总监在设计会审前，应组织监理人员审查设计中存在的问题、错误，提出建议，整理成文字材料报送业主。

（3）施工图设计会审会议，一般由业主主持召开，由业主、设计、施工、监理单位的工程主管和相关人员参加。

（4）会审提出的问题、意见和建议所形成的《会审纪要》通常由业主或监理记录整理、打印盖章后分发有关各方。

（5）如设计文件分期分批供图，在《会审纪要》上应明确设计单位供图时限，以保证工程进度。

（6）《会审纪要》的全部内容将视同设计的补充或修改，在施工、监理中应严格执行。

2. 施工组织设计审批

施工单位应于开工前（一般为开工前7天）填写《施工组织设计报审表》，将《施工组织设计》报送监理单位。总监理工程师组织监理工程师审查，具体审查《施工组织设计》的工期、进度计划、质量目标是否与施工合同、设计文件相一致。施工方案、施工工艺应符合设计文件要求。施工技术力量、民工人数，应能满足工程进度计划的要求。施工机具、仪表、车辆配备应能满足所承担施工任务的需要。质量管理、技术管理体系健全，措施切实可行且有针对性。安全、环保、消防和文明施工措施切实可行并符合有关规定。

3. 分包单位资格审批

总包单位对工程实行分包必须符合施工合同的规定，总包单位应填写《分包单位资格报审表》，并附分包单位有关资料。分包单位的资质应符合有关规定并满足施工需要，在征得业主同意后，由总监理工程师签发《分包单位资格报审表》予以确认。分包合同签订后，总包单位应将一份《分包合同》副本报监理备案。

4. 开工报告审批

施工单位应于开工前填写《开工申请报告》送监理单位、业主。《开工申请报告》中应注明开工准备情况和存在的问题，以及提前或延期开工的原因。监理单位接到施工单位的《开工申请报告》后，应审查其开工条件是否具备，如已基本具备，则会同业主签发《开工指令》。如某项条件还不具备，则应协调相关单位处理，使之尽快具备开工条件。

5. 进场器材、设备检测

监理和施工单位应对所有进场的器材、设备（包括业主采购部分）进行清点检测，并填写《器材、设备报验申请表》（附：出厂证明、测试记录、入网证明等资料）。对进口器材、设备，供货单位应报送进口商检证明文件，并按事先约定，由业主、施工、供货、监理单位进行联合检查。对于检验不合格的器材、设备要分开存放，严禁运往工地，并请供货商到现场复验认定。

6. 工序报验与隐蔽工程随工签证

坚持上道工序不经检查验收，不准进行下道工序的原则。上道工序完成后，先由施工单位自检合格后，填写《工序报验单》，通知监理人员到现场会同检验，检验合格签证后，方可进行下道工序。通信管道、线路工程的工序繁多，但最关键的工序有挖沟、布管、试通、回填、路面恢复、光（电）缆单盘检测、缆线布放、接头、成端等。

7. 监理例会

由总监理工程师根据工程进展需要召集业主、施工单位（必要时请设计单位）等举行监理例会，检讨工程进展情况，对存在的技术、经济、质量、进度等问题进行协调，提出解决办法与建议，并形成《会议纪要》。现场监理例会则由监理工程师每周定期主持召开，检查监理例会《会议纪要》执行情况，商讨当前待解决的问题，安排下一步实施计划。

8. 重大工程质量事故调查

施工单位在施工过程中发生重大工程质量事故时，施工单位应在事故发生 24 小时内，将《重大工程质量事故报告表》报送业主和监理各一份。总监理工程师或监理工程师应组织进行质量事故的调查，分析质量事故的原因及责任方（人），提出事故处理建议，编写《质量事故调查报告》报送业主。

9. 设计变更、洽商单签证

由于多种原因，施工、设计、业主都有可能提出设计变更，无论哪方提出，均应按《设计变更程序》办理，经施工、设计、监理、业主四方洽商签证后，方可执行。对于一些不影响工程质量标准和费用调整的局部设计变更，如线路工程短于300m的路由改道等，经设计单位授权和业主同意，可简化设计变更手续，由施工单位技术负责人、监理工程师、业主工地代表在《洽商记录单》上签认后即可实施。由设计变更引起的工程量增减和费用调整的，监理人员应根据实际核定施工单位提出的费用追加／减表。

10. 工程款支付签证

监理应根据工程进度，核定施工单位完成的实物工作量，按施工合同条款开具工程进度款拨付证明。

11. 工程索赔签证

由于非施工单位的原因，造成工期延误、返工或自然灾害等损失，监理单位应对施工单位提出的索赔费用清单进行核定。

12. 工程验收

每个单项工程完工后，施工单位应整理编制竣工文件，并填报《完工报验单》，由监理工程师组织工程预验。通过工程预验，监理工程师应对该单项工程作出预验合格或不合格的结论意见，如不合格则限令施工单位进行整改，合格后通知业主验收。

总监理工程师、监理工程师参加业主组织的单项工程验收，由总监理工程师或监理工程师签认工程交接、验收文件。工程验收后（一般在15天内）向业主提交《监理报告》。

13. 工程结算审核

依据施工合同、设计文件、《设计会审纪要》、竣工资料、设计变更签证、概预算规定等，对施工单位提交的《工程结算》进行审核，将审核意见以书面形式提交给业主。

14. 工程保修

在保修期内监理单位应对施工单位的维修工程量进行监理，并见证造成该维修工程量的责任方。

习　题

一、选择题

1. 建设工程监理规范是（　　　）。

A. GB 50311—2016　　　　　　　　B. GB 50319—2017

C. GB 50312—2016　　　　　　　　D. GB 50318—2017

2. 监理实施细则是在监理规范指导下，在落实了各专业监理的责任后，由专业监理工程师针对具体情况制定的更具有实施性和可操作性的业务文件，包括（　　）。

    A. 质量控制实施细则、进度控制实施细则和投资控制实施细则

    B. 项目控制实施细则、进度控制实施细则和投资控制实施细则

    C. 质量控制实施细则、进度控制实施细则和合同控制实施细则

    D. 质量控制实施细则、关系协调实施细则和投资控制实施细则

二、简答题

1. 什么是综合布线系统项目管理？

2. 综合布线工程的项目管理机构有哪些主要人员？各有什么分工？

3. 综合布线系统项目管理内容有哪些？

4. 简述综合布线现场管理制度与要求。

5. 简述技术管理的要求。

6. 简述材料管理的要求。

7. 简述质量控制管理的要求。

8. 简述成本控制管理的要求。

9. 简述施工进度控制管理的要求。

10. 简述综合布线工程监理有哪些阶段及对应的工作内容。

项目 **5** 综合布线工程招投标

任务引入

　　某高校修建新校区，校区有实训楼、教学楼、办公楼、图书馆和宿舍楼等多栋建筑，现对该新校区弱电工程进行招标，某弱电工程公司根据招标文件进行投标。该工程的招标和投标将严格按照招投标要求和程序进行。

　　2017 年 12 月 27 日，第十二届全国人民代表大会常务委员会第三十一次会议修订了《中华人民共和国招标投标法》。

5.1　招　　标

　　根据我国采购法规定，各级国家机关、企事业单位和团体组织的工程项目必须采用政府集中招标采购方式，有利于招标方选择性价比最优设计方案以及售后服务良好的供应商。

招标 1

　　工程项目招标是指业主对自愿参加工程项目投标的投标人及其所提供的投标书进行审查、评议，确定中标单位的过程。业主对项目的建设地点、规模容量、质量要求和工程进度等予以明确后，通过向社会公开招标或邀请招标等，根据投标人的资质、业绩、技术方案、工程报价、技术水平、人员组成及素质、施工能力和措施、工程经验、企业财务及信誉等方面进行综合评价、全面分析，择优选择中标单位。投标人是响应招标、参加投标竞争的法人或其他组织。

招标 2

5.1.1　招标方式

　　综合布线工程的招标方式主要有公开招标、邀请招标、竞争性谈判、询价采购和单一来源采购等方式。

　　1. 公开招标

　　公开招标属于无限竞争招标，即招标单位通过国家指定的报刊、信息网站或其他媒介发布招标公告的方式邀请不特定的法人或其他组织投标的招标。这种招标方式为所有系统集成商提供了一个平等竞争的平台，有利于选择优良的施工单位，有利于控制工程的造价和施工质量。由于投标单位较多，因此会增加资格预审和评标的工作量。对于工程造价较高的工程项目，政府采购法规定必须采取公开招标的方式。

2. 邀请招标

邀请招标属于有限竞争招标，是招标单位向其认为有承建能力、资信良好的承建单位直接发出投标邀请的招标形式。邀请招标也称为选择性招标，是由采购人根据供应商或承包商的资信和业绩，选择一定数目的法人或其他组织（不能少于 3 家），向其发出招标邀请书，邀请他们参加投标竞争，从中选定中标供应商的一种采购方式。有条件的项目应邀请不同地区、不同系统的承建单位参加。这种招标方式存在一定的局限性，但会显著降低工程评标的工程量，因此综合布线工程的招标有时采用邀请招标的方式。

3. 竞争性谈判

竞争性谈判是指招标方或代理机构通过与多家系统集成商（不少于 3 家）进行谈判，最后从中确定最优系统集成商的一种招标方式。这种方式是除公开招标方式之外最能体现采购竞争性原则、经济效益原则和公平性原则的一种的方式。

4. 询价采购

询价采购是指采购人向有关供应商发出询价单让其报价，在报价基础上进行比较并确定最优供应商的一种采购方式。采购的货物规格、标准统一，现货货源充足且价格变化幅度小的政府采购项目，可以采用询价方式采购。

询价采购是指对几个系统集成商（通常至少 3 家）的报价进行比较，以确保价格具有竞争性的一种招标方式。

5. 单一来源采购

单一来源采购是没有竞争的谈判采购方式，是指达到竞争性招标采购的金额标准，但在适当条件下招标方向单一的系统集成商或承包商征求建议或报价来采购货物、工程或服务。通常是所购产品的来源渠道单一或属专利、秘密咨询、属原形态或首次制造、合同追加、后续扩充等特殊的采购。除发生不可预见的紧急情况外，招标方应当尽量避免采用单一来源采购方式。

5.1.2　招标程序

任何一种招标方式，业主都必须按照规定的程序进行招标，并制定统一的招标文件。招标程序包括以下环节。

1. 准备

（1）邀请招标和竞争性谈判招标方式可以在公开招标方式的流程基础上进行简化，但必须包括招标申请、招标文件编制、发布招标通告、招标文件发放、招标文件管理、开标、评标、中标和合同签订等环节。

询价采购方式的流程比较简单，主要包括采购申请、成立采购小组、制定询价文件、确定询价集成商、集成商一次性报价、评价并确定集成商和合同签订等环节。

单一来源采购方式的流程主要包括采购方式申请报批、成立谈判小组、组织谈判并确定成交供应商和合同签订等环节。

（2）成立项目招标小组。为了保证该项目招标的公开、公平和公正，应成立由技术部门、使用部门、设备采购部门和纪检监察部门的代表组成的项目招标小组，对项目招标的关键环节实施管理和监控。

2. 项目需求文档的编制

由技术部门和使用部门一起商议，确定该项目的准确需求并编制文档，以备编制招标文档时使用。如果技术部门力量较为薄弱，也可以邀请业界知名企业作为项目的咨询机构。项目需求文档一般包括以下内容。

（1）工程建设背景。

（2）工程建设目标。

（3）工程建设主要内容。

（4）项目预算及主要设备清单。

3. 招标申请并确定招标代理机构

由采购管理部门根据项目需求文档，整理采购设备清单（一般应包含设备名称、参考品牌、主要技术参数、设备单价等），并将招标小组审核后的设备清单和项目预算上报到政府采购管理部门，同时申请公开招标。政府采购管理部门根据年初确定的申报采购项目书，确认招标申请，并明确该项目的招标代理机构。

4. 招标文档的编制与发布

工程施工招标文档是由建设单位编写的用于招标的文档。它不仅是投标者进行投标的依据，也是招标工作成败的关键，因此工程施工招标文档编制质量的好坏将直接影响到工程的施工质量。编制施工招标文档必须做到系统、完整、准确、明了。招标文档有规范的格式，一般由招标代理机构提供范本，并协助建设单位编制招标文档。

项目招标文档主要包括投标邀请书、投标者须知、货物需求一览表、项目需求文档、合同基本条款及合同书、评定成交标准、竞标函及竞标保证金交纳证明、竞标文件格式等。

（1）投标邀请书。

投标邀请书应包含以下内容。

①建设单位招标项目性质。

②资金来源。

③工程简况（综合布线系统功能要求、信息点数量及分布情况等）。

④ 承包商所需提供的服务内容,如施工安装、设备和材料采购(或联合采购)及劳务等。

⑤ 发售招标文件的时间、地点和售价。

⑥ 投标书送交的地点、份数和截止时间,提交投标保证金的规定额度和时间。

⑦ 开标的日期、时间和地点。

⑧ 现场考察和召开项目说明会议的日期、时间和地点。

(2)投标者须知。

投标者须知是招标文件的重要内容,具体如下。

① 资格要求。包含投标者的资质等级要求、投标者的施工业绩、设备及材料的相关证明。

② 与施工技术人员相关的资料等。

③ 投标文件要求。包括投标书及其附件、投标保证金和辅助资料表等。

(3)货物需求一览表。

货物需求一览表包括与项目相关的主要设备名称、参考品牌、主要技术参数、售后服务要求等信息。

(4)项目需求文档。

项目需求文档主要根据建设单位编制的项目需求文档整理而来,主要包括工程图纸、工程量、技术要求等信息,它可以作为招标和评标的主要参考材料。

(5)合同基本条款及合同书。

合同书主要是对工程项目的货物质保、货物运输、交货检验、工程安装调试、工程竣工验收、付款方式和违约责任等相关条款的约定,并明确项目合同书的规范格式。

(6)评定成交标准。

评定成交标准主要明确评标原则、评标办法和成交候选人推荐原则等内容。

(7)竞标函及竞标保证金交纳证明。

需要明确竞标函及竞标保证金交纳证明的规范格式。

(8)竞标文件格式。

竞标文件格式明确投标文档编制的基本要求,主要包括竞标函、竞标保证金交纳证明、竞标报价表、技术规格偏离表、售后服务承诺书、货物合格证明文件、竞标人资格证明文件以及竞标人认为有必要提供的其他有关材料。

5. 评标

评标专家小组由政府采购管理部门从专家库中随机抽取,建设单位可委派一名或两名代表参加评标。评标在招标代理机构指定评标室内全封闭进行。评标过程中所有人员不允许离开评标现场,不允许使用手机等通信工具。竞争性谈判招标方式的现场评标主要有以下环节。

(1)招标代理机构的项目管理人员宣读评标纪律。

（2）现场拆封所有竞标文件。

（3）专家现场查看项目评分标准。

（4）专家现场查阅竞标文件。主要查阅竞标报价表、技术规格偏离表、售后服务承诺书、货物合格证明文件以及竞标人资格证明文件等，并记录存在的问题。

（5）如果有设备演示要求，则专家观看竞标人的演示。

（6）专家小组整理谈判内容并现场提问，竞标人限时回复。

（7）根据竞标人回复谈判情况以及最终报价，专家小组一起评议各竞标人的最终得分。

（8）专家小组最后确定成交候选人，一般为2~3名。

6. 确认中标结果

招标代理机构整理评标结果上报政府采购管理部门，经审核无异议，给建设单位发招标情况说明。建设单位应及时审核并确定中标候选人，回复确认项目中标函。

7. 签订合同

由招标代理机构通知中标单位，要求与建设单位签订项目合同。中标单位签订合同后，就可以组织设备采购，成立项目管理机构，组织施工队伍准备进场施工。

5.1.3 招标文件的编制

《中华人民共和国招标投标法》规定：招标人应当根据招标项目的特点和需要编制招标文件。招标文件应当包括招标项目的技术要求、对投标人资格审查的标准、投标报价要求和评价标准等所有实质性要求和条件以及拟签订合同的主要条款。

招标文件的编制原则如下。

（1）工程招标文件是由建设单位编写的、用于项目建设招标的文档，它是投标单位编制投标书的依据、评标的准绳。编制招标文件必须做到系统、完整、准确、明了。其编制原则如下。

（2）按照《中华人民共和国招标投标法》规定，招标单位应该具备下列条件。

① 是依法成立的法人或其他组织。

② 有与招标工程相适应的经济主体。

③ 招标项目按照国家有关规定需要履行项目审批手续的，应当先履行审批手续，取得批准。

a. 招标文件必须符合国家的合同法、经济法、招标法等多项有关法规。

b. 招标文件应准确、详细地反映项目的客观真实情况，减少签约和履约过程中的争议。

c. 招标文件涉及投标者须知、合同条件、规范、工程量表等多项内容，力求统一和规范用语。

d. 坚持公正原则，不受部门、行业、地区限制，招标单位不得有亲有疏，对于外部门、外地区的投标单位应提供方便，不得借故阻挠。

　　e. 在编制招标文件时，综合布线系统应作为一个单项子系统分列。

5.2 投　标

5.2.1 投标的概念

　　网络综合布线工程的投标通常是指系统集成施工单位（一般称为投标人）在获得招标人工程建设项目的招标信息后，通过分析招标文件，迅速而有针对性地编写投标文件，参与竞标的一种经济行为。

5.2.2 投标人及其条件

　　投标人是响应招标、参加投标竞争的法人或其他组织。

投标 1

　　（1）投标人应具备规定的资格条件，同时需尽可能提供其他相关资料，证明文件应以原件或复印件经招标单位盖章后生效，具体可包括投标单位的企业法人营业执照、授权证书、专项工程设计证明材料、施工资质证书、ISO 9001 系列质量保证体系认证证书、高新技术企业资质证书、金融机构出具的财务评审报告、产品厂家授权的分销或代理证书。

投标 2

　　（2）投标人应按照招标文件的具体要求编制投标文件，并做出实质性的响应。投标文件中应包括项目负责人及技术人员的职责、简历、业绩和证明文件及项目的施工器械、设备配置情况等。

　　（3）投标文件应在招标文件要求提交的截止日期前送达投标地点，在截止日期前可以修改、补充或撤回所提交的投标文件。

　　（4）两个或两个以上的法人可以组成一个联合体，以一个投标人的身份共同投标。是否能以联合体形式投标要根据不同项目招标文件的具体要求确定。

投标 3

5.2.3 投标的组织

　　工程投标的组织工作应由专门的机构和人员负责，其组成可以包括项目负责人以及管理、技术、施工等方面的专业人员。对投标人应充分体现出技术、经验、实力和信誉等方面的组织管理水平。

5.2.4 投标程序及内容

　　投标程序及内容包括从填写资格预审表至将正式投标文件交付业主为止的全部工作。重点有以下几项工作。

1. 工程项目的现场考察

现场考察应重点调查、了解以下情况。

（1）建筑物施工情况。

（2）工地及周边环境、电力等情况。

（3）本工程与其他工程之间的关系。

（4）工地附近住宿及加工条件。

2. 分析招标文件、校核工程量、编制施工计划

（1）招标文件。

招标文件是投标的主要依据，研究招标文件重点应考虑以下方面。

① 投标人须知。

② 合同条件。

③ 设计图纸。

④ 工程量。

（2）工程量确定。

投标人根据工程规模核准工程量，并作询价与市场调查，这对工程的总造价影响较大。

（3）编制施工计划。

施工计划一般包括施工方案、施工方法、施工进度、劳动力计划，原则是在保证工程质量与工期的前提下，降低成本和增长利润。

3. 工程投标报价

报价应进行单价、利润和成本等分析，投标的报价应取在适中的水平，一般应考虑综合布线系统的等级、产品的档次及配置量。工程报价具体包括以下方面。

（1）设备与主材价格：根据器材清单计算。

（2）工程安装调测费：根据相关预算定额取定。

（3）工程其他费用：包括总包费、设计费、培训费等。

（4）预备费。

（5）优惠价格。

（6）工程总价。

在做工程投资计算时可参照厂家对产品的报价及有关建设、通信、广电行业所制定的工程概算、预算定额进行编制并做出工程投资估算汇总。

5.3 投标文件的编制

根据《中华人民共和国招标投标法》第二十七条规定，投标人应当按照招标文件的要求编制投标文件，并做出实质性的响应。所谓投标文件的实质性响应就是投标文件

应该与招标文件的所有实质性要求相符，无显著性差异或保留。如果投标文件与招标文件规定的实质性要求不相符，即可认定投标文件不符合招标文件的要求，招标可以拒绝该投标，并不允许投标人修改或撤销其不符合要求的差异或保留使之成为实质性响应的投标。

5.3.1 投标文件的组成

投标文件的组成通常包括投标书、投标书附件、投标保证金、法定代表人资格证明书、授权委托书、具有标价的工程量清单与报价表、施工计划以及响应招标文件规定提交的其他资料。

5.3.2 投标文件的编制

1. 编写前的准备

投标文件是承包商参与投标竞争的重要凭证；是评标、中标和订立合同的依据；是投标人素质的综合反映和能否获得经济效益的重要因素。因此，投标人对投标文件的编制应引起足够的重视。

投标文件准备工作主要包括以下几项。

（1）现场考察。要结合招标书调查了解工程主体情况、工地及周边环境等。

（2）研究招标文件。

（3）工程量确定。投标人根据工程规模核准工程量，并作询价与市场调查，根据自己的情况对工程的费用做出正确核算，以便给出合适的报价。

（4）编制完成工程的组织计划。

2. 编制投标文件

投标人应严格按照投标文件的投标须知、合同条款附件的要求编制投标文件，逐项逐条回答招标文件，顺序和编号应与招标文件一致，一般不带任何附加条件，否则会导致投标作废。投标文件对招标文件未提出异议的条款，均被视作接受和同意。

投标文件一般包括商务部分与技术方案部分，需特别注重技术方案的描述。技术方案应根据招标书提供的建筑物平面图及功能划分、信息点的分布情况、布线系统应达到的等级标准、推荐产品的型号和规格、应遵循的标准与规范、安装及测试要求等方面，充分理解和思考最终作出完整的论述。技术方案应具有一定的深度，可以体现布线系统的配置方案和安装设计方案，还要提出建议性的技术方案，供业主与评审评议。切记避免过多地对厂家产品进行烦琐的全文照搬。

3. 注意事项

（1）技术方案。

布线系统的图纸基本要满足施工图设计的要求，应反映出实际的内容。系统设计应遵循下列原则。

①先进性、成熟性和实用性。

②服务性和便利性。

③经济合理性。

④标准化。

⑤灵活性和开放性。

⑥集成与可扩展性。

目前，布线系统所支持的工程与建筑物大体有办公楼、商务楼、政务办公楼、金融证券、公司企业、电信枢纽、厂矿企业、医院、校园、广场、市场超市、博物馆、会展中心、机场、住宅、保密专项工程等类型。投标书应按上述列出的不同类型的工程作出具有特点和切实可行的技术方案。

（2）工程投标报价。

在招标书的要求下，投标人应作充分的市场分析和经济评估，工程造价应有单价，并反映出中档的造价水平，以免产生盲目报价和恶性竞争的局面。报价应进行单价、利润和成本分析，并选定定额，确定费率。投标的报价应取在适中的水平，一般应考虑综合布线系统的等级、产品的档次及配置量。工程报价可包括：根据器材的清单计算的设备与主材价格，根据相关预算定额取定的工程安装调测费，酌情考虑的工程其他费用、优惠价格和工程造价。

（3）施工实施措施与施工组织、工程进度。

其主要体现在工程施工质量、工期和目标的保证体系上，占有一定的分数比例。

（4）售后服务与承诺。

其主要体现在工程价格的优惠条件及备品备件提供、工程保证期、项目的维护响应、软件升级、培训等方面的承诺。优惠条件应切实可行。

4. 企业资质

企业必须具备工程项目相应的等级资质，不能存在虚伪资质证明材料。

（1）评优工程与业绩。

一般要体现近三年的具有代表性的工程业绩，应反映出工程的名称、规模、地点、投资情况、合同文本内容和建设单位的工程验收与评价意见。获奖工程应有相应的证明文件。

（2）项目实施方案。

在招标书要求的基础上，主要对技术方案提出建设性意见，并充分阐述理由（项目实施方案必须在基本方案的基础上另行提出）。

（3）推荐的产品。

应体现产品的性能、规格、技术参数、特点。

（4）图纸及技术资料、文件。

投标书应清晰、完整并符合格式要求。图纸应有实际的内容和达到一定的深度，并不完全强调篇幅的多少。

5. 封送投标书

在招标文件要求提交的截止日期前，将准备妥当的所有投标文件密封送到招标单位。

6. 开标

招标单位按照《中华人民共和国招标投标法》的要求和投标程序进行开标。

7. 评标

评标一般由招标人组成专家评审小组对各投标书进行评议和打分，打分结果应由评委成员签字方可生效。在评标过程中，评委会要求投标人针对某些问题进行答复。因为时间有限，投标人应组织项目的管理和技术人员对评委所提出的问题作简短的、实质性的答复，尤其对建设性的意见阐明观点，不要反复介绍承包单位的情况和与工程无关的内容。

8. 中标与签订合同

根据打分和评议结果选择中标承包商，或根据评委打分的结果，推荐 3 名投标入选人，然后由建设单位与中标承包商签订合同。

5.3.3 投标文件编制过程中应注意的问题

投标文件的编制必须在认真审阅和充分消化、理解招标书中全部条款内容的基础上方可开始。投标文件编制过程中必须对招标文件规定的条款要求逐条作出响应；否则将被招标方视作有偏差或不响应导致扣分，严重的还将导致废标。

（1）投标书的格式是投标文件的灵魂，任何一个细节错误都可能使该投标被视为废标，因此填写时应仔细、谨慎。

（2）投标授权书是投标文件中不可缺少的重要法律文件，一般由所在公司或单位的法人授权给参加投标的人，阐明该授权人将代表法人参与和全权处理一切投标活动，包括投标书签字，与招标方进行标前或标后澄清等。投标授权书一般按招标文件规定的格式书写。

（3）投标保证金是为了保证投标人能够认真投标而设定的保证措施。投标保证金也是投标文件商务部分不可或缺的重要文件。投标书中没有投标保证金，招标方将视为投标人无诚意投标而作废标处理。招标文件中规定了具体保证金金额，办理的方式主要有现金支票、银行汇票、银行保函或招标人规定的其他形式等，办理时要严格按照招标文件要求办理，以免导致废标。

（4）投保书附表应齐全、完整，内容均需按规定填写。按照要规定需提供证件复印件的，需确保证件清晰可辨、有效。

（5）投标文件要多人、多次审查。在投标截止时间允许的情况下，不要急于密封投标文件，要多人、多次全面审查。

① 内容符合。投标文件的内容要严格按照招标文件的要求填写。

② 格式符合。如果招标文件中规定了具体格式，一定要按照招标文件的具体格式填写。

③ 有效性、完整性。投标文件的有效性是指投标书、投标书附录等招标文件要求签署加盖印章的地方，投标人是否按规定签署、加盖了印章；投标的完整性是指投标文件的构成是否完整；不能缺项、漏项，法定代表人授权代表的有效性等。

（6）投递标书应注意的问题如下。

① 注意投标的截止时间。

② 注意包封的标准性和符合性。

③ 当一个招标文件分为多个标段（包）时，要注意不要错装、错投。

5.4 工程招标合同的签订

5.4.1 开标与合同签订

在进行综合布线工程之前，招标人要与中标人签订合同，要做好签订合同的准备工作，要熟悉合同签订的相关知识和流程，能够进行合同签订的谈判事宜，保护各方利益。本次任务要完成的工作主要是学习综合布线工程合同签订的知识、流程和谈判技巧，能够编制工程项目签订的合同文本。

5.4.2 招投标合同

招投标合同是招标人与中标人签订的合同，招投标合同的拟定必须以招标文件为蓝本，不能脱离招标文件的基本要求与范围。根据《中华人民共和国招标投标法》的规定，在确定中标人后，招标人和中标人应当及时签订合同。

5.4.3 书面合同的内容

书面合同的主要内容包括以下几项。

（1）招标公告中招标人的名称和地址，招标项目的内容、规模和资金来源，综合布线工程项目的实施地点和工期，作为书面合同的一方当事人的名称（或姓名）和住所，标的履行期限、地点和方式。

（2）投标文件中的合同主要条款、技术条款、设计图纸、商务和技术偏差表等部分，即确定了工程的质量等级和技术资料。

中标通知书是招标人表明关于要授予特定中标人合同的意向和通知他在 30 日内提供

一份可接受的履约保证并签订合同的文件。因此，中标通知书应当是招标人和投标人就标的达成一致的结果。也就是说，中标通知书的发出，表示招标人和投标人已就招投标合同的主要条款达成一致。书面文件中的这一部分是对中标通知书，即对招投标过程中的要约邀请、要约和承诺的确认，属于确认书的性质。

（3）签订合同。通过开标和评标，确定中标单位后，招标单位应及时以书面形式通知中标单位，并要求中标单位在指定时间内签订合同。同时招标单位应在一周内通知未中标单位，并退回投标保函和投标保证金。合同应包含工程造价、施工日期、验收条件、付款日期、售后服务承诺等重要条款。

习　题

一、选择题

1. 常用的招标方式有（　　）。

 A. 公开招标和邀请招标　　　　　　　B. 电视招标和邀请招标

 C. 电视招标和协议招标　　　　　　　D. 网络直播和广告招标

2. 下面有关编制投标文件的描述，不正确的是（　　）。

 A. 投标文件应逐项逐条回答招标文件，顺序和编号应与招标文件一致

 B. 投标文件可以带附加条件，只要阐明合适的理由

 C. 投标文件对招标文件未提出异议的条款，均被视为接受和同意

 D. 投标文件一般包括商务部分与技术方案部分

3. 下面有关产品选型的描述，不正确的是（　　）。

 A. 满足功能和环境需求　　　　　　　B. 选用同一品牌的主流产品

 C. 综合考虑技术性与经济性　　　　　D. 选择最先进的产品

二、简答题

1. 综合布线招标方式有哪几种？每种方式的含义是什么？

2. 综合布线招标程序有哪些环节？

3. 综合布线投标程序有哪些环节？

4. 综合布线招标文件包括哪些内容？

5. 投标文件编制过程中应注意哪些问题？

参 考 文 献

[1] 王公儒 . 网络综合布线系统工程技术实训教程 [M]. 北京：机械工业出版社，2012.

[2] 李元元 . 综合布线技术 [M]. 北京：机械工业出版社，2012.

[3] 李畅 . 综合布线 [M]. 北京：高等教育出版社，2015.

附录A 综合布线系统工程检验项目及内容表

综合布线系统工程应按附表所列项目、内容进行检验。检测结论作为工程竣工材料的组成部分及工程验收的依据之一。

附表 综合布线系统工程检验项目及内容表

阶 段	验收项目	验收内容	验收方式
施工前检查	1. 施工前准备资料	（1）已批准的施工图 （2）施工组织计划 （3）施工技术措施	施工前检查
	2. 环境要求	（1）土建施工情况：地面、墙面、门、电源插座及接地装置 （2）土建工艺：机房面积、预留孔洞 （3）施工电源 （4）地板铺设 （5）建筑物入口设施检查	
	3. 器材检验	（1）按工程技术文件对设备、材料、软件进行进场验收 （2）外观检查 （3）形式、规格、数量 （4）电缆及连接器件电气特性测试 （5）光纤及连接器件特性测试 （6）测试仪表和工具的检验	
	4. 安全、防火要求	（1）施工安全措施 （2）消防器材 （3）危险物的堆放 （4）预留孔洞防火措施	
设备安装	1. 电信间、设备间、设备机柜、机架	（1）规格、外观 （2）安装垂直度和水平度 （3）油漆不得脱落，标志完整、齐全 （4）各种螺钉必须紧固 （5）抗震加固措施 （6）接地措施及接地电阻	随工检验

阶　段	验收项目	验收内容		验收方式
设备安装	2. 配线模块及 8 位模块式通用插座	（1）规格、位置、质量 （2）各种螺钉必须拧紧 （3）标志齐全 （4）安装符合工艺要求 （5）屏蔽层可靠连接		随工检验
缆线布放 （楼内）	1. 缆线桥架布放	（1）安装位置准确 （2）安装符合工艺要求 （3）符合布放缆线工艺要求 （4）接地		随工检验或隐蔽工程签证
	2. 缆线暗敷	（1）缆线规格、路由、位置 （2）符合布放缆线工艺要求 （3）接地		隐蔽工程签证
缆线布放 （楼间）	1. 架空缆线	（1）吊线规格、架设位置、装设规格 （2）吊线垂度 （3）缆线规格 （4）卡、挂间隔 （5）缆线的引入符合工艺要求		随工检验
	2. 管道缆线	（1）使用管孔孔位 （2）缆线规格 （3）缆线走向 （4）缆线防护设施的设置质量		隐蔽工程签证
	3. 埋式缆线	（1）缆线规格 （2）敷设位置、深度 （3）缆线防护设施的设置质量 （4）回土夯实质量		隐蔽工程签证
	4. 通道缆线	（1）缆线规格 （2）安装位置，路由 （3）土建设计符合工艺要求		隐蔽工程签证
	5. 其他	（1）通信路线与其他设施的间距 （2）进线间设施安装、施工质量		随工检验或隐蔽工程签证
缆线成端	1. RJ-45、非 RJ-45 通用插座	符合工艺要求		随工检验
	2. 光纤连接器件	符合工艺要求		
	3. 各类跳线	符合工艺要求		
	4. 配线模块	符合工艺要求		
系统测试	1. 各等级的电缆布线系统工程电气性能测试内容	A、C、D、E、E_A、F、F_A	（1）连接图 （2）长度 （3）衰减（只为 A 级布线系统） （4）近端串音 （5）传播时延 （6）传播时延偏差 （7）直流环路电阻	竣工检验（随工检验）

续表

阶　段	验收项目	验收内容		验收方式
系统测试	1. 各等级的电缆布线系统工程电气性能测试内容	C、D、E、E_A、F、F_A	（1）插入损耗 （2）回波损耗	竣工检验（随工检验）
		D、E、E_A、F、F_A	（1）近端串音功率和 （2）衰减串音比功率和 （3）衰减近端串音比功率和 （4）衰减近端串音比 （5）衰减远端串音比功率和	
		E_A、F_A	（1）外部近端串音功率和 （2）外部衰减串音比功率和	
		屏蔽布线系统屏蔽层的导通		
		为可选的增项测试 （D、E、E_A、F、F_A）	（1）TLC （2）ELTCTL （3）耦合衰减 （4）不平衡电阻	
	2. 光纤特性测试	（1）衰减 （2）长度 （3）高速光纤链路 OTDF 曲线		
管理系统	1. 管理系统级别	符合设计要求		竣工检验
	2. 标识符与标签设置	（1）专用标识符类型及组成 （2）标签设置 （3）标签材质及色标		
	3. 记录和报告	（1）记录信息 （2）报告 （3）工程图纸		
	4. 智能配线系统	作为专项工程		
工程总验收	1. 竣工技术文件	清点、交接技术文件		
	2. 工程验收评价	考核工程质量，确认验收结果		

　　注：系统测试内容的验收也可随工进行检验，光纤到用户单元系统工程由建筑建设方承担的工程布放验收项目参照此表内容。

附录 *B* 随工记录检查表

附表 随工记录检查表

建设项目名称：_____   建设单位名称：_____

单位或单位工程名称：_____   施工单位名称：_____

开工日期：_____年___月___日   监理单位名称：_____

项目名称	检查地点、内容	检查时间	检查意见	建设单位测试代表（签名）	施工单位测试代表（签名）
管道光缆施工工艺检查					
架空光缆施工工艺检查					
设备安装工艺检查					

建设单位代表（签名）：_____   施工单位代表（签名）：_____

日期：_____   日期：_____

监理单位代表（签名）：_____

日期：_____

附录 C 综合布线信息点抽检电气测试验收记录表

附表 综合布线信息点抽检电气测试验收记录表

项目名称：_____ 项目编号：_____

抽检日期：_____年____月____日

信息点总数		其中	数据点		设备间数		拟抽检点数	
			语音点					
线缆厂家型号			模块厂家型号			配线架厂家型号		
测试标准			使用的测试仪器					
设计单位						施工单位		

选点及抽检结果

序号	电信间	信息点编号	长度	接线图	工作电容	绝缘电阻	近端串扰	直流电阻	回波损耗	结果
1										
2										
3										
4										
5										

测量人员：_____ 监视人员：_____

记录人员：_____ 日期：_____

附录 D 布线光纤抽检测试验收记录表

附表 布线光纤抽检测试验收记录表

项目名称：＿＿＿＿＿＿＿＿＿＿＿ 项目编号：＿＿＿＿＿＿＿＿＿＿＿

抽检日期：＿＿＿＿年＿＿月＿＿日

光纤总根数（段数）		室内（分芯数）		室外（分芯数）		拟抽检根数	
						端接设备厂家型号	
测试标准			使用的测试仪器				
设计单位					施工单位		

选点及抽检结果

序 号	起始设备间	端止电信间	光纤类型编号	经典插入损耗	最大回波损耗	插入损耗	回波损耗	震动	结果
1									
2									
3									
4									
5									

附录 E 综合布线系统安装分项工程质量验收记录表

附表　综合布线系统安装分项工程质量验收记录表

单位（子单位）工程名称			子分部工程	
分项工程名称			验收部位	
施工单位			项目经理	
施工执行标准及编号				
分包单位			分包项目经理	
检测项目（主控项目）			检查评定记录	备　注
1	缆线的弯曲半径			执行 GB 50312—2016 第 5.1.1 条规定
2	电源线、综合布线系统缆线应分开布放			最小间距符合设计要求
				执行 GB 50312—2016 第 5.1.1 条规定
3	电缆、光缆暗管敷设及与其他各项管线最小净距			执行 GB 50312—2016 第 5.1.1 条规定
4	预埋线槽和暗管的线缆敷设			执行 GB 50312—2016 第 5.1.1 条第六款规定
5	架空、管道、直埋电、光缆暗管敷设			执行 GB 50312—2016 第 5 条规定
6	对绞电缆芯线终接			执行 GB 50312—2016 第 4.0.1 条及第 6.0.2 条规定
7	光纤连接损耗值			执行 GB 50312—2016 第 4.0.1 条及第 6.0.3 条规定
8	机柜、机架、配线架的安装	符合规定		执行 GB 50312—2016 第 4.0.1 条及第 8.0.2 条规定
		色标一致		
		色谱组合		
		线序及排列		
9	信息插座安装	安装位置		执行 GB 50339—2016 第 9.2.4 条规定
		防水防尘		
监理（建设）单位验收结果：			施工单位检测结果：	
监理工程师：＿＿＿＿＿＿ （建设单位项目专业技术负责人） ＿＿＿＿年＿＿月＿＿日			施工单位（检测）负责人：＿＿＿＿＿＿ ＿＿＿＿年＿＿月＿＿日	